Bernhard Waszkewitz

Humanisierung der Arbeit

Zur Sicherung und Bewahrung der persönlichen Integrität und Gesundheit der Mitarbeiter und zur Leistungssteigerung

Bernhard Waszkewitz

HUMANISIERUNG DER ARBEIT

Zur Sicherung und Bewahrung der persönlichen Integrität und Gesundheit der Mitarbeiter und zur Leistungssteigerung

ibidem-Verlag
Stuttgart

Bibliografische Information Der Deutschen Bibliothek

Die Deutsche Bibliothek verzeichnet diese Publikation in der Deutschen Nationalbibliografie; detaillierte bibliografische Daten sind im Internet über <http://dnb.ddb.de> abrufbar.

∞

Gedruckt auf alterungsbeständigem, säurefreien Papier
Printed on acid-free paper

ISBN: 3-89821-375-7

Printed in Germany

Vorwort

Sicher, im Laufe der letzten Jahrzehnte ist die Zahl der Arbeitsunfälle durch eifriges Bemühen gesunken. Problematisch erscheinen allerdings die zur Zeit laufenden Bemühungen, Arbeitsschutzmaßnahmen und -bestimmungen einzudämmmen, ganz zu schweigen von den Bemühungen um eine Humanisierung der Arbeit. Ebenso, wenn nicht noch problematischer erscheint in diesem Zusammenhang das Ergebnis einer Kienbaum-Untersuchung, über die allgemein in der Presse berichtet wurde. Danach zeigen 50 bis 60% aller Führungskräfte der höheren Ebenen neurotische Reaktionen bzw. leiden unter neurotischen Störungen. Das bedeutet dann zugleich, daß deren Mitarbeiter mehr oder minder in Mitleidenschaft gezogen werden. Allerdings fehlt es auch hier an einer Aufgliederung nach Art der vorhandenen Störungen, denn dabei muß man strikt zwischen solchen Störungen unterscheiden, die nur den Erkrankten leiden lassen und solchen, die vor allem die Umgebung leiden lassen, worauf wir im Laufe der Ausführungen noch zurückkommen werden.

Wie dem auch sei, zeigen diese Hinweise doch, wie Menschen im Berufsleben weniger durch die Arbeit, mehr noch durch die Umstände und die anderen Menschen belastet werden und vielfach leiden. Natürlich schlägt sich das auf die allgemeine Gesundheit und Leistungsfähigkeit nieder, schwächt den Erfolg und verursacht an vielen Stellen beträchtliche Kosten. Allerdings sollte man sehr vorsichtig sein, diese Folgen etwa allein der Führung und den Führungskräften anzulasten, wie es so häufig geschieht. Auch der Arbeitswelt und ihren Anforderungen kann man nicht einfach die alleinige Verantwortung dafür in die Schuhe schieben, wenn sie vielleicht auch die eine oder andere Belastung vermeiden könnte. Wir haben es vielmehr hier wie auf dem Gebiet der Arbeitsunfälle mit mehrdimensionalen Ursachenketten zu tun. Und das eine oder andere Phänomen bringt dann das Faß zum Überlaufen.

"So sind nach Untersuchungen von Correll ca. 35% der arbeitenden Bevölkerung aufgrund permanenter Frustration am Arbeitsplatz Neurotiker" schreiben Raidt und Erlinghagen[1]. Allerdings kann ich mir kaum denken, daß Correll diese Behauptung in ebenderselben Form aufgestellt hat. Erstens halte ich die Bezeichung "Neurotiker" für derart abwertend, daß eine solche Aussage schon deshalb nicht getroffen werden sollte. Zweitens zeigen Untersuchungen, daß - nach Tiedtke[2]- zwischen 3% und 40% der Bevölkerung an Neurosen, Persönlichkeitsstörungen und psychosomatischen Störungen leiden. Das heißt also, daß derartige Phänomene keineswegs so präzise zu bestimmen sind. Schepank referiert für Neurosen eine Prävalenz von 9,38% für Persönlichkeitsstörungen von 4,76%[3]. Hierbei sind weitgehend erfolgte Behandlungen Ausgangspunkt. Rechnet man die psychosomatischen Formen dazu, kann man davon ausgehen, daß etwa 20% der Bevölkerung einer psychosomatischen, -therapeutischen Behandlung bedürfen. Das schließt natürlich keineswegs aus, daß über diese Zahl hinaus viele Menschen unter gewissen Bedingungen neurotische Reaktionen entwickeln. Dieses dürfte Correll im Auge gehabt haben.[4]

Am wenigsten wird in diesem Zusammenhang im allgemeinen die Frage der Qualifikation des arbeitenden Menschen bezogen auf Beruf und Arbeitsplatz berücksichtigt und beachtet. Zwar spricht man überall davon, daß der richtige Mann am richtigen Platz stehen sollte, wobei man aber nur selten mehr als das rein fachliche Können im Auge hat. Das beginnt schon bei der Berufswahl. Die schulischen Voraussetzungen werden geprüft, ansonsten vielleicht noch das äußere Interesse abgefragt. Hier und dort wirft man noch einen Blick auf Begabungen oder Fähigkeiten, wenn man nicht den Bewer-

[1] Raidt,F. und Erlinghagen, K. "Führen: Strategien für die Zukunft" (9. Kapitel in Feix: Personal 2000) S. 241

[2] Vgl. Tiedtke: "Die Entstehung, Erscheinungsformen, Verlauf und Behandlung neurotischer und psychosomatischer Erkrankungen" in PSYCHIATRISCHE ERKRANKUNGEN DES ERWACHSENEN MENSCHEN Wissenschaftliches Institut der Ortskrankenkassen Bd.15, Bonn 1982

[3] zitiert nach Zimbardo: Lehrbuch der Psychologie, 6. Aufl. S.607f

[4] da die Stelle bei Correll nicht angegeben ist, kann ich leider die Aussage nicht direkt überprüfen

bern sogar nahelegt, irgendeine Ausbildung zu machen, um überhaupt einen Beruf zu haben. Welche Probleme man damit aber für die Zukunft schafft, überlegt sich keiner, obwohl diese Art dem Einzelnen große Belastungen zumutet und der Gesellschaft letztlich beträchtliche Kosten aufbürdet.

Wieso dieses so ist und welche Gegenmittel es gibt, soll u.a. in dieser Arbeit dargelegt werden. Gerade wegen der Komplexität der Verhältnisse wird das nicht immer leicht sein. Ich hoffe aber, daß ich meinen Lesern entsprechendes Rüstzeug geben kann, damit sie für sich und evtl. auch für andere diesen Teufelskreis sprengen können.

Selbstverständlich spielen über dieses Problem hinaus andere Phänomene eine bedeutende Rolle hinsichtlich negativer Einflüsse der Arbeitswelt, Phänomene, die bekämpft werden müssen, wenn man neben physischem auch psychischen Arbeitsschutz betreiben will. Allerdings muß man sich bei alledem auch darüber klar sein, daß die Aufgabe des Arbeitsschutzes weitgehend dem einzelnen Mitarbeiter und der einzelnen Führungskraft überlassen bleiben wird, denn von amtswegen und erst recht nicht aus Kreisen der Wirtschaftsbosse sind in einem Land, in dem psychische Störungen moralisiert oder gar tabuisiert werden, kaum Impulse für humanisierende Verbesserungen zu erwarten. Hier muß also der einzelne Mensch lernen, sich zu schützen. Dazu muß er aber zunächst wissen, was er zu schützen hat. Und damit werde ich meine Ausführungen beginnen.

Künzell 1999/2003
Der Verfasser

Inhaltsverzeichnis

Vorwort 5

Anpassung an die Arbeit 13

Einführung 13

Voraussetzungen 15

Das psychophysische System 15

Das Verhaltenssystem 54

Kontrollmaßnahmen 70

Die Analyse 75

Analyse der psychischen Werte 75

Analyse der Verhaltensvoraussetzungen 76

Die Äquivalenzbestimmung 78

Berufseignungsbestimmung 78

Arbeitsplatzeignungsbestimmung 81

Eignung und Gesundheit 83

Notwendigkeit der Selbstverwirklichung 83

Auf dem Wege zur Anpassung 84

Überprüfung einer Studienwahl 100

Arbeitsplatzwahl 107

Gestaltung von Berufs- und Arbeitsplatzwahl 110

Ausrüstung 113

Problem 113

Lernen, Persönlichkeit und Verhaltensperson 114

Didaktische Aspekte 118

Lehren als Übertragungsproblem 133

Prüfung und Erprobung 151

Anpassung der Arbeit 157

Anforderungsaffinität **157**
Strukturaffinität 157
Niveauaffinität 159
Verlaufsaffinität 161

Sozialaffinität **162**
„Unternehmensphilosphie“ 162
Die betriebliche Sozial- und Führungsstruktur 163

Statusgerechtigkeit **167**
Verhaltensanforderungsaspekt 167
Die globale Arbeitsbewertung 170
Analytische Arbeitsbewertung 173
Stellenverknüpfung 175

„Strahlungsfreiheit“ **178**
Gruppen- und Teamarbeit 178
Gruppen und Organisationen 180
Einstellungen und Überzeugungen 182

Arbeitsqualität und Humanisierung der Arbeit **186**
Richtwerte der Arbeitsumweltgestaltung 188
Raumklima 191
Frischluftbedarf 192
Optische Gestaltung 193
Akustische Gestaltung 200
Schadstoffe 208
Nichtwahrnehmbare Schädigungsquellen 210
Grundsätze und Richtwerte der Arbeitsgestaltung 214
Zeitgestaltung: 214

Anthropometrische Richtwerte **222**
Breiten- und Gliedmaßenmaße 223
Hand- und Fingermaße 224

Besondere Arbeitshaltungen 225
Bewegungsbereiche 225
Arbeitshöhen 226
Arbeitsmöbel: 227
Tragen und Heben: 227
Arbeitshaltungen: 229
Informationsgestaltung 230
Informationsgestaltungsgrundlagen 230
optische Informationen: 231
akustische Informationen 237
Zusammenfassung 241
Literaturverzeichnis 243
Terminikurztabellen 245
Basistabellen 245
Sozialsystem-Syntaktik 291
optimale Einsatzgebiete 293
Störungsquellen (>5,0) in In, Inw und Inx Systemformen 296
Orientierungsweise und Arbeitsstil 299
Lügenwerte (Lü) 303

Anpassung an die Arbeit

Einführung

Ein wesentlicher Aspekt des Arbeitsschutzes liegt in der Anpassung des Menschen an die Arbeit bzw. der Auswahl einer Arbeit, die dem Individuum aufgrund seiner besonderen Eigenart liegt, so daß kein krampfiges Bemühen nötig wird, die Anforderungen zu erfüllen. Ein besonders wichtiger Aspekt im Zusammenhang mit unserem Thema stellt daher der Begriff der **Eignung** dar. Allerdings muß man sich darüber klar werden, daß die Eignung eine Vielzahl von Perspektiven bzw. Formen aufweist. Zwar betrifft Eignung generell die Übereinstimmung von Forderungen und Erfüllungsgrößen, ist also letztlich ein **Äquivalenzproblem.** Je nach der geltenden Währung sind aber unterschiedliche Größen und Algorithmen beteiligt. Beginnen wir mit der Grundfrage, die sich mit der Berufswahl stellt, so heißt Eignung **Berufseignung**:

Berufseignung ist der Grad der Übereinstimmung von psychophysischer Persönlichkeit mit den psychopyhsischen Anforderungen des Berufes.

Diese Definition läßt klar werden, daß Berufseignung nur dann bestimmt werden kann, wenn auf der einen Seite ein Weg gefunden wird, die psychophysische Persönlichkeit des Menschen zu beschreiben, und zwar präzise und eindeutig. Um sie aber mit den entsprechenden Anforderungen des Berufes vergleichen zu können, braucht man Möglichkeiten die Anforderungen einer Berufstätigkeit im gleichen Code beschreiben zu können wie die psychophysische Persönlichkeit. Ferner verlangt dieses, daß man Verfahren findet, einerseits die psychophysische Persönlichkeit zu analysieren und zu bestimmen, andererseits auch die Berufsanforderungen in dem gleichen Code herauszufinden. Das ist sicher nicht ganz einfach, kann bis heute nur teilweise als lösbar bezeichnet werden. Wir werden noch sehen, warum und inwieweit.

Geht es darum, im Betrieb eine Stelle optimal zu besetzen oder einen passenden Arbeitsplatz nach absolvierter Berufsausbildung zu finden,

so geht es um die Arbeits- oder Jobeignung. Hierbei wird im allgemeinen vorausgesetzt – meistens allerdings stillschweigend -, daß der Beruf der Aufgabe entspricht, daß also Berufseignung gegeben ist. Dann kommt es allerdings nur noch darauf an, daß der Betreffende so arbeitet, wie es in dem jeweiligen Betrieb und an dem infrage stehenden Arbeitsplatz gewollt ist. Hier bleibt nur noch die Frage des Verhaltens zu beantworten:
Arbeitseignung ist der Grad der Übereinstimmung der Arbeitsverhaltensweisen des Mitarbeiters mit den am Arbeitsplatz geforderten Verhaltensweisen.
Auch hier eine Äquivalenzforderung, aber auf einer ganz anderen Ebene, wobei jedoch die stillschweigende Voraussetzung nicht übersehen werden darf, denn ein geeignetes Arbeitsverhalten bei fehlender Berufseignung – und das ist durchaus möglich -, birgt nicht unerhebliche Komplikationen, wie noch zu zeigen sein wird. Voraussetzung zur Bestimmung der Arbeitseignung ist folglich eine präzise und differenzierte Beschreibung des Arbeitsverhaltens einer Person, aber auch eine ebenso präzise Beschreibung der Verhaltensanforderungen des Arbeitsplatzes. Das ist nicht ganz leicht und mit einigem Aufwand verbunden, weshalb es leider häufig unterbleibt. Und dann wundern sich die Menschen, wenn ihre Vorstellungen nicht eintreffen, wenn sie frustriert werden, wundern sich Unternehmer und Vorgesetzte, daß ihre Mitarbeiter versagen und krank werden.

Bedenkt man darüber hinaus, daß ja nicht nur die berufliche Tätigkeit und die Arbeit selbst zu bewältigen sind, daß vielmehr in den meisten Fällen diese in einem sozialen Kontext stattfinden, so muß man auch ihn berücksichtigen, wenn es um die Frage der Eignung geht. Da haben wir einmal die sozialen Anforderungen der jeweiligen Berufswelt oder Berufsgesellschaft, die es manchem aus einem berufsfremden Milieu kommenden Menschen erschweren, jemals wirklich in seiner Berufsgesellschaft Fuß zu fassen. Wir haben aber darüber hinaus auch die sozialen Verhaltensformen und Selbstverständlichkeiten zu bedenken, die am Arbeitsplatz und im Betriebe gelten und beachtet sein wollen. Wiederum müssen wir zwei unterschiedliche Äquivalenzwerte beachten:

- ***Die soziale Berufseignung bestimmt der Grad der Übereinstimmung der psychosozialen Einstellung des Individuums mit den Einstellungen und dem Kodex der Berufsgesellschaft bzw. ihrer relevanten Teile.***
- ***Die soziale Arbeitseignung bestimmt der Grad der Übereinstimmung des Sozialverhaltens des Individuums mit den Sozialformen im Betrieb und am Arbeitsplatz.***

Man sieht also deutlich, daß auch hier sehr unterschiedliche Faktoren zu berücksichtigen sind. Auch dazu muß man entsprechende Beschreibungssysteme verwenden und passende Analysemethoden entwickeln, wenn man nicht beträchtliche Komplikationen aus mangelhafter Anpassung des Menschen an die Arbeit riskieren will. Darüber hinaus spielen natürlich Mitmenschen und soziale Konstellationen im psychischen Arbeitsschutz eine wichtige Rolle, worauf wir später zurückkommen.

Voraussetzungen

Das psychophysische System

Um einerseits die Voraussetzungen zu erfahren, andererseits zu Lösungen vorzudringen, müssen wir uns mit dem Menschen und seiner Wesensart näher beschäftigen. Dabei müssen wir uns darüber klar werden, daß schon auf der körperlichen Seite vieles nicht direkt zu beobachten ist, daß vieles nur erschlossen und indirekt erfahren werden kann. Das gilt erst recht für die psychische Wesensart[5], die wir nicht direkt wahrnehmen können, vor allem nicht bei anderen. Wir beobachten zwar deren Verhalten, ebenso die jeweiligen Situationen, aber nicht, was dabei in dem anderen Menschen vorgeht. Das können wir nur erschließen. Wo wir dieses wissenschaftlich tun, schaffen wir **Modelle**, die uns helfen, die Vorgänge zu beschreiben und zu verstehen. Diese Modell sind aber nicht die psychische Wesensart, nicht die Persönlichkeit, sondern nur eine Form der Beschreibung. Diese Modelle sind heute ziemlich kompliziert in Anbetracht der Komplexität des psychischen Geschehens. Auch auf der physischen Seite benötigen wir vielfach solche

[5] Ich werde die Verdeutschung "Seele" vermeiden, da dieser Terminus speziell in religiösen und esoterischen Bereichen eine ganz andere Bedeutung hat.

Modelle, weil wir in die Systeme nicht hineinschauen können, weil wir nur Meßdaten zur Verfügung haben, die es zu interpretieren gilt.

Während es nun bis heute auf der physischen Seite noch kein geschlossenes und differenziertes Modell des Menschen gibt, solche Modelle auf der psychischen Ebene aber doch schon ziemlich vollständig vorhanden sind, wenden wir uns zunächst einmal dem Geschehen auf dieser Ebene zu, die für unser Thema besonders wesentlich ist, sind Neurosen und neurotische Reaktionen doch Tatbestände des psychischen Geschehens. Dabei müssen wir uns darüber klar sein, daß der Mensch ein informationsverarbeitendes System (IVS) ist. Und dieser Verarbeitungsprozeß läßt sich in seinen wesentlichen Stationen grafisch darstellen, wie es die nachfolgende Skizze zeigt.

Das graphische Modell zeigt zugleich die Komplexität und Differenziertheit des Prozeßablaufes. Es läßt deutlich werden, daß das System ein komplexes System ist und über eine Vielzahl von Rückkopplungsvorgängen gesteuert wird. Es handelt sich hier also sicher nicht um ein stabiles und statisches System. Im Gegenteil, man kann davon ausgehen, daß nur durch ständige Steuerungseingriffe das Gleichgewicht in diesem System einigermaßen gehalten werden kann. Das System ist infolgedessen recht anfällig und störbar, was sich bei der Beobachtung menschlichen Verhaltens ja auch bestätigt. Zudem enthält das System - das graphische Modell ist natürlich sehr vereinfacht - eine Fülle von Störungsquellen, etwa durch Ausfall von einem oder mehreren Rückkopplungsvorgängen, aber auch durch Leitungs- und Übertragungsstörungen, ebenso wie infolge der Komplexität auch plötzliche Übergänge in andere bzw. neue Organisationsformen möglich sind. Daneben muß man damit rechnen, daß Rezeptoren, Aktoren bzw. die jeweiligen Zentren beeinträchtigt sein können. Alle diese Störungen - mit Ausnahme des Überganges - sind zum physischen Teil zu rechnen, also nicht Gegenstand der Psychologie, wenn sie sich auch psychisch und im Verhalten der betroffenen Individuen auswirken.

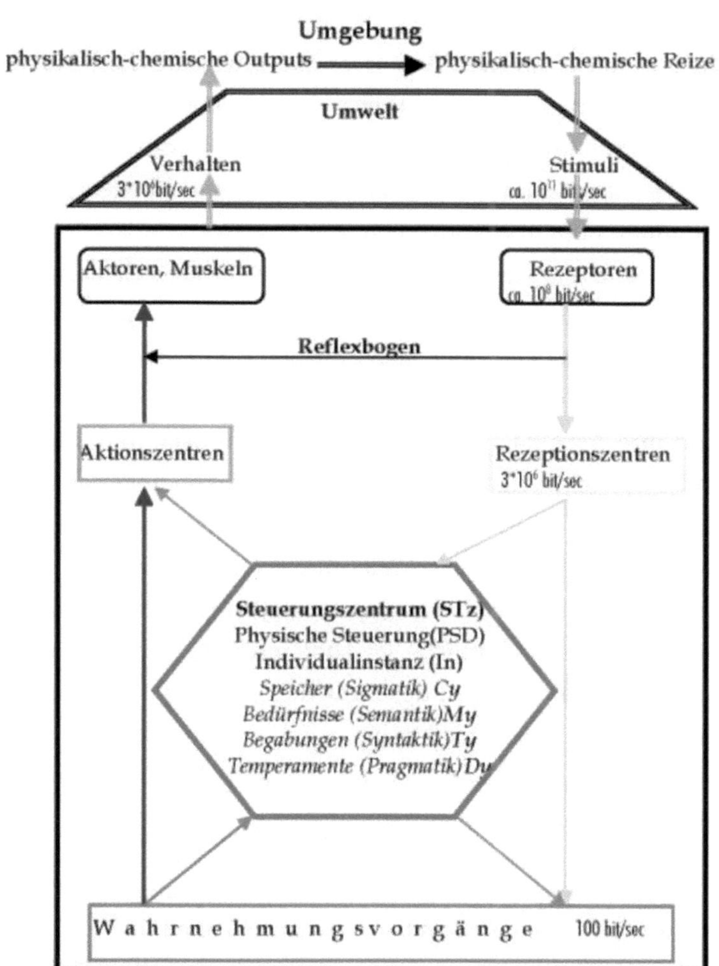
Umgebung
physikalisch-chemische Outputs
physikalisch-chemische Reize
Umwelt
Verhalten
3*10⁶bit/sec
Stimuli
ca. 10¹¹ bit/sec
Aktoren, Muskeln
Rezeptoren
ca. 10⁸ bit/sec
Reflexbogen
Aktionszentren
Rezeptionszentren
3*10⁶ bit/sec
Steuerungszentrum (STz)
Physische Steuerung(PSD)
Individualinstanz (In)
Speicher (Sigmatik) Cy
Bedürfnisse (Semantik)My
Begabungen (Syntaktik)Ty
Temperamente (Pragmatik)Dy
W a h r n e h m u n g s v o r g ä n g e
100 bit/sec

Das IVS-Mensch ist folglich labil, aber es ist noch mehr, es ist ein sog. chaotisch-deterministisches System. Das heißt, daß die Ursache-Wirkungskette keineswegs aufgehoben ist, daß aber kleine Ursachen große Wirkungen, große evtl. nur kleine oder gar keine Wirkungen auslösen können. Das System ist nicht linear, wie wir es für physikalische Systeme in der Schule gelernt haben, sondern nichtlinear. Wir können also selbst bei genauer Kenntnis der Systemwerte und der eingehenden Informationen nur näherungsweise Aussagen machen, nur von Wahrscheinlichkeiten des Eintretens eines bestimmten Ereignisses sprechen.

Im Zentrum dieses IVS steht als psychisches Steuerungszentrum die **Individualinstanz**, d.h. das Modell dessen, was wir im Alltag als menschliche Persönlichkeit oder menschlichen Charakter bezeichnen. Allerdings darf man aus der obigen Skizze nicht schließen, daß die Individualinstanz und ihre Aspekte auch physisch so geschlossen und kompakt angeordnet sind. Physisch verteilen sich diese Größen dann über das gesamte nervöse und hormonale System. Um diese Individualinstanz nun zu bestimmen brauchen wir zunächst ein Beschreibungssystem. Das heißt, daß wir die vielen Faktoren und ihre Beziehungen zueinander bestimmen müssen, worum sich die wissenschaftliche Psychologie seit gut 100 Jahren bemüht hat.[6] Nachstehend folgt ein auf der Basis menschlicher Denkkategorien und der Erkenntnisse der verschiedensten Schulen entwickeltes differentielles Beschreibungssystem zur Persönlichkeit, bei dem jede Größe, jeder Zustand in einer Skala von 1 bis 9 mit dem Mittelwert 5 beschrieben wird.

Elemente	Aspekt	Komponenten
Pp Primitivperson {A} α- natürliche Emotionalität β- impulsive Triebhaftigkeit γ-motorische Störungen δ-Affektarmut	Sigmatik (C)	nul- lebenspraktisches Wissen α-lebensnahe Inhalte β-lebensnaher Hintergrund γ- vitale Wahnvorstellungen δ- verdrängte Vitalinhalte

[6] Vgl. auch Waszkewitz: Psychologie der Persönlichkeit, Stuttgart 2003

	Semantik (M)	l- vitale Bedürfnisse α- angemessene β- infantile-übersteigerte γ- suchthafte δ- Welt ohne Aufforderung
	Syntaktik (T)	vl- lineare Vorstellfähigkeit
	Pragmatik (D)	z-Zyklothymie α- unmittelbar β- überschwenglich γ- hyperkinetisch δ- impulslos
Rp Rationalperson {B} α- Vernünftigkeit β- Vernünftelei γ- Desorientierung δ- Verwahrlosung	Sigmatik	gei- geistiges Wissen α- gedankliche Inhalte β- gedankliche Hintergründe γ- utopische Wahninhalte δ- geistige Verdrängungen
	Semantik	g- geistige Bedürfnisse α- erkenntnistheoretische β- spekulative γ- paranoide δ- geistfremde, -feindliche
	Syntaktik	dk- Denkkanaltrennung
	Pragmatik	s- Schizothymie α- diszipliniert, überlegt β- schematisch, eingeengt γ- verwirrt, weltfremd δ- steuerlos, abhängig
Up Umweltperson {C} α- Weltzuwendung β- Darstellung γ- Hysterie δ- Umweltängste	Sigmatik	pub- weltliches Wissen α- gesellschaftliche Inhalte β- weltliche Hintergründe γ- weltliche Wahnideen δ- weltliche Verdrängungen

	Semantik	w- weltliche Bedürfnisse α- Öffentlichkeit β- Prestige γ- Beachtungssucht δ- Öffentlichkeitsangst
	Syntaktik	ff- Fingergeschick
	Pragmatik	e- Extraversion α- kontaktaktiv β- ansprüchig γ- narzißtisch δ- kontaktgehemmt
Üp Überichperson {D} α- Innenorientierung β- Egozentrizität γ- ideologische Zwänge δ– Opportunismus	Sigmatik	wel – Ideologiewissen α- weltanschauliche Inhalte β- weltanschauliche Hintergründe γ- ideologische Wahnideen δ- ideologische Verdrängungen
	Semantik	t- taxonomische Bedürfnisse α- weltanschauliche Bindung β- weltanschauliche Fixierung γ- Ideologiewahn δ- neutralistische Gehemmtheit
	Syntaktik	we- Willensenergie
	Pragmatik	**j- Intraversion** α- reservier β- isoliert γ- Flucht-,Totstellreflexe δ- zudringlich
Kp Kulturperson {E} α- Idealismus β- Schwärmerei γ- Phobische Zwänge δ- Indolenz	Sigmatik	kus- Sozialwissen α- kulturelle Inhalte β- kulturelle Hintergründe γ- verschrobene kulturelle Inhalte δ- kulturelle Verdrängungen
	Semantik	u- universale Bedürfnisse α- Kulturbedürfnisse β- zweckferne Bedürfnisse γ- A-Funktionalismus δ- Kulturängste

	Syntaktik	vp- planare Formvorstellung
	Pragmatik	v- Versatilität α- agil, sprühend β- unruhig, unstet γ- ekstatisch δ– gehemmt, träge
Bp Beziehungsperson {F} α- Humanität β- Sentimentalität γ- pranoide Projektion δ- Humanitätsängste	Sigmatik	**ige- Humanwissen** α- menschliche Inhalte β- menschliche Hintergründe γ- Sendungswahnformen δ- humane Verdrängungen, Tabus
	Semantik	**x- Individuationsbedürfnisse** α- Selbstverwirklichungsbedürfnis β- Absonderungsbedürfnisse γ- Ichwahn δ- Ichzweifel
	Syntaktik	dp- Denkplastizität
	Pragmatik	h- Conjunktivität α- gefühlstief β- romantisch γ- ichhafte Gefühle δ- bindungsgehemmt
Gp Gestaltungsperson {G} α-Gestaltungsaktivität β- Machertum γ- Bewältigungswahn δ-Gestaltungsgehemmtheiten	Sigmatik	maf- Machtwissen α-Führungs-, Gestaltungsinhalte β- Gestaltungshintergründe γ- Bewältigungswahnideen δ- Machtverdrängungen
	Semantik	b- Bewältigungsbedürfnis α-Führungs-, Gestaltungsstreben β- Unterdrückungsstreben γ- Zerstörungssucht δ- Gestaltungsängste
	Syntaktik	**fh- Handgeschick**

	Pragmatik	a- Aktivität α- angreifend, durchsetzend β- aggressiv-heftig γ- rücksichtslos-streitsüchtig δ- aggressionsgehemmt
Sp Sozialperson {H} α- Hingabe β- Nachgiebigkeit γ- Funktionalschwäche δ- Sozialängste	Sigmatik	men- Anpassungswissen α- soziale Inhalte β- soziale Hintergründe γ- Sozialutopien δ- Soziale Verdrängungen
	Semantik	c- caritative Bedürfnisse α- Beteiligungsdrang β- Fürsorgedrang γ- Betreuungssucht δ- Sozialängste
	Syntaktik	wm- Willensmobilität
	Pragmatik	p- Pathik α- empfänglich β- beeinflußbar γ- haltlos δ- hingabegehemmt
Ep Einstellungsperson {I} α- Sicherheit β- Unbedenklichkeit γ- Größenwahn δ- Minderwertigkeitsgefühle	Sigmatik	wek- Werkwissen α- Qualitätsinhalte β- Qualitätshintergründe γ- Qualitätswahnvorstellungen δ- Qualitätenverdrängungen
	Semantik	q- Qualitätsbedürfnisse α- Qualitäts-, ästhetisches Streben β- Effektstreben γ- verschrobenes Effektstreben δ- Nivellierungsstreben
	Syntaktik	vk-kubische Vorstellung
	Pragmatik	m- Sanguinik α- optimistisch β- leichtfertig γ- manisch δ- verängstigt

Op Ordnungsperson {J} α- Abwägen β- Pedanterie γ- Wahrnehmungsstörungen δ- Chaotismus	Sigmatik	fos- Formalwissen α- Ordnungsinhalte β- Ordnungshintergründe γ- verschrobene Ornungsformen δ- verdrängte Ordnungsformen
	Semantik	o- Ordnungsbedürfnisse α- Systematisierungsdrang β- Schematisierungsdrang γ- Ordnungszwänge δ- Ordnungsängste
	Syntaktik	de-Denkelastizität
	Pragmatik	**d-Melancholie,** α- ernst, tiefsinnig β- verdrossen, mißmutig γ- depressiv-leer δ- getrieben-flüchtig
Fp Fortschrittsperson {K} α- Expansivität β- Veränderungsdrang γ- Veränderungssucht δ- Fremdheitsängste	Sigmatik	fot- Zukunftswissen α- Zukunftsinhalte β- Zukunftshintergründe γ- utopistische Wahninhalte δ- Zukunftsverdrängungen
	Semantik	f- Bedürfnisse der Ferne α- Bedürfnis nach Unbekanntem β- Abwechslungssuche γ- Abenteuersucht δ- Veränderungsängste
	Syntaktik	**fk- Bewegungskoordination**
	Pragmatik	k- Kaptation α- schwungvoll β- hektisch-cholerisch γ- eruptiv δ- kaptativ gehemmt

Tp Traditionsperson {L} α- Bewahrung β- Verfestigung γ- Retardation δ- Wurzellosigkeit	Sigmatik	bog- Sicherheitswissen α- ökonomisch-traditionelle Inhalte β- Sicherheitshintergründe γ- lokale Wahnvorstellungen δ-Sicherheitsinhaltsverdrängungen
	Semantik	n-Bedürfnisse der Nähe α- Vertrautheitssuche β- Absolutheitssuche γ- Stabilitätssucht δ- Ängste vor dem Üblichen
	Syntaktik	wk- Willenskonstanz
	Pragmatik	r- Retention α- unbeirrbar β- stur-phlegmatisch γ- negativistisch δ- retentiv gehemmt

An linearen zusätzlichen Größen spielen in der Berufsumwelt die nachstehenden, teilweise physischen Größen, eine wichtige Rolle.

Bereich	**Code**	**Funktion**
Sinneseigenschaften	ss	Sehschärfe
	sh	Hell-Dunkel-Adaption
	ft	Farbtüchtigkeit
	ht	Hörtüchtigkeit
	hd	Hörfrequenzumfang
	ge	Geruchsempfindsamkeit
	gn	Geschmacksempfindsamkeit
	tk	Kitzel-, Berührungsaufgeschlossenheit
	tg	Tastempfindsamkeit
	wn	Wärmeempfindsamkeit
	kn	Kälteempfindsamkeit
	sn	Schmerzempfindsamkeit
physische, Verhaltensreaktionen	kk	aktive Körper- und Muskelkraft

	kb	körperliche Robustheit, Haltungsbelastbarkeit
	kw	körperliche Wendigkeit und Beweglichkeit
	kg	körperliche Gesundheit und Immunität
	iw	persönliche Ausstrahlung
	um	Benehmen, Manieren
	au	Autretensbestimmtheit
	sg	Gepflegtheit, (auch in Kleidung etc.)
	aw	sprachliche Rezeptionskompetenz
	an	nichtsprachliche Rezeptionskompetenz
	vf	sprachliche Ausdrucksfähigkeit, -gewandtheit
	sf	nichtsprachliche Ausdrucksfähigkeit
Bildung und Erfahrung	ab	Allgemeinbildungsniveau
	le	Lebenserfahrung
	fn	Fachwissen
	fu	Tätigkeitserfahrung
	fe	Führungserfahrung
	pe	pädagogische Erfahrung

Dieses Beschreibungssystem ist die Grundlage der Arbeit der Fachleute, für Personalfach- und Führungskräfte jedoch zu umständlich in der Handhabung. Daher beschränken wir uns hier auf die Elemente des Systems und ihre Begabungskomponenten nach folgendem Muster:

Persönlichkeitskurzsystem

Elemente	
Pp Primitivperson {A} α- natürliche Emotionalität β- impulsive Triebhaftigkeit γ-motorische Störungen δ-Affektarmut	**Rp Rationalperson {B}** α- Vernünftigkeit β- Vernünftelei γ- Desorientierung δ- Verwahrlosung
vl: lineare Vorstellfähigkeit	**dk:** Denkkanaltrennung

Up Umweltperson {C} α- Weltzuwendung β- Darstellung γ- Hysterie δ- Umweltängste	**Üp Überichperson {D}** α- Innenorientierung β- Egozentrizität γ- ideologische Zwänge δ– Opportunismus
ff: Feingeschick	**we:** Willensenergie
Kp Kulturperson {E} α- Idealismus β- Schwärmerei γ- Phobische Zwänge δ- Indolenz	**Bp Beziehungsperson {F}** α- Humanität β- Sentimentalität γ- pranoide Projektion δ- Humanitätsängste
vp: planare Vorstellfähigkeit	**dp:** Denkplastizität
Gp Gestaltungsperson {G} α-Gestaltungsaktivität β- Machertum γ- Bewältigungswahn δ-Gestaltungsgehemmtheiten	**Sp Sozialperson {H}** α- Hingabe β- Nachgiebigkeit γ- Funktionalschwäche δ- Sozialängste
fh: Handgeschick	**wm:** Willensmobilität
Ep Einstellungsperson {I} α- Sicherheit β- Unbedenklichkeit γ- Größenwahn δ- Minderwertigkeitsgefühle	**Op Ordnungsperson {J}** α- Abwägen β- Pedanterie γ- Wahrnehmungsstörungen δ- Chaotismus
vk: kubische Vorstellfähigkeit	**de:** Denkelastizität
Fp Fortschrittsperson {K} α- Expansivität β- Veränderungsdrang γ- Veränderungssucht δ- Fremdheitsängste	**Tp Traditionsperson {L}** α- Bewahrung β- Verfestigung γ- Retardation δ- Wurzellosigkeit
fk: Bewegungskoordination	**wk:** Willenskonstanz

Eine feinere Umschreibung der Codebedeutungen zum besseren Verständnis der Codes liefert die folgende Übersicht, wenn sie auch keine Definitionen im üblichen Sinne aufweist, was wegen der Beschränktheit unserer Sprache auch kaum möglich sein wird, speziell nicht in der Sprache einer pluralistischen Gesellschaft.

Bezeichnung	**Pp- Primitivperson**[7]
γPp	**atavistische Grenzform** *Motor Disturbances* motorische Störungen, bizarre Haltungen, wiederholte eigenartige und manierierte Gesichts- und Körperbewegungen, Hyperkinese; Primitivismen, Echopraxien, pervertierte Genußsucht, Zurück-zur-Natur- Wahn
δPp	**gehemmte Grenzform** *emotionale Gehemmtheit:*: Welt hat keinen Aufforderungscharakter, natürliche und unmittelbare Reaktionen sind nicht möglich, Starre, Leere, Impulslosigkeit, Affektarmut, ängstliche Genußunfähigkeit, die Welt verliert für das Subjekt den Aufforderungscharakter zum Handeln und vor allem zum aktiven Erleben, zu affektiver Assimilation; es bilden sich Starre, Leere, Impulslosigkeit und Affektarmut, wobei körperliche, organische, sensuale und vitale Genußwünsche nicht entfaltet werden; das führt zu Desinteresse am lebendigen und sinnlichen Geschehen und zur Ausbildung von Genußunfähigkeit im Vitalen aus Angst.
βPp	**infantile Form,** *Triebhaftigkeit,* Kreatürlichkeit des Erlebens, kindliche Unmittelbarkeit, Genießernaturell, Eindrucksabhängigkeit des Erlebens, Impulsivität, Augenblicksabhängigkeit, übertriebene Genußwünsche,
αPp	**reife Form** *Emotionalität,* Natürlichkeit und Unmittelbarkeit des Erlebens, aus dem Es heraus erleben, Anschauungsnähe, Alltagsnähe, Genußfähigkeit, Zyklothymie, Seele, physiologische und vitale Bedürfnisse, praktische Ausrichtung, Augenmaß,
vl	lineare Vorstellfähigkeit, Augenmaß, Distanzengefühl- und abschätzung
Bezeichnung	**Rp- Rationalperson**

[7] zu den atavistischen Grenzformen sei auf Lorr verwiesen, Stichwort Psychose in Arnold/Eysenck/Meili: Lexikon der Psychologie, Freiburg 1987

γRp	**atavistische Grenzform,** *Disorientation,* Desorientierung, funktionale Desorientierung hinsichtlich Zeit und Ort, es kann zur Unfähigkeit kommen, Menschen wiederzuerkennen, die der Patient kennen müßte, traumhaftes und nebelhaftes Erleben, Verwirrtheitszustände, paranoide Neugier, Gefühl durch das Schweigen anderer ausgeschlossen zu werden, esoterische Wahnvorstellungen,
δRp	**gehemmte Grenzform,** *rationale Gehemmtheit:* es fehlt an Steuerung der Abläufe und damit der Bezug zu Ordnungen und Regeln, es fehlt aber auch das Leiden daran, Züge neurotischer Verwahrlosung treten hervor, Irrationalität, Unvernunft, indirekte Augenblicksabhängigkeit, Uninteressiertheit, Angst vor eigener Neugier, die vernunftbestimmte Ichsteuerung wird nicht herausgebildet; es bilden sich Steuer- und Disziplinlosigkeit, Unvernunft und die sog. Neurotische Verwahrlosung.
βRp	**infantile Form,** *Vernünftelei,* Neigung zu Schematismus und eingeengtem Formalismus, Züge von Schablonenhaftigkeit, Enge, Intellektualismus, irrationale Weltfremdheit,
αRp	**reife Form,** *Vernünftigkeit,* Überlegung, Selbstdisziplin, Steuerung und kritische Haltung, Geist, noetischer Oberbau, Ichperson, intellektuelle, rationale Bedürfnisse, theoretische Ausrichtung, Unterscheidungsschärfe,
dk	Denkkanaltrennung, geistige Unterscheidungsgabe und Abstraktionsfähigkeit, analytisches Denkvermögen, Urteilsfähigkeit
Bezeichnung	**Up- Umweltperson**
γUp	**atavistische Grenzform** *Excitement* Erregungszustand mit beschleunigter Sprache, laut, schwer zu unterbrechen, erhöhte Stimmungslage und Selbstwertschätzung, ungezügelter und schauspielerischer Ausdruck, hysterische Reaktionen, Selbstbespiegelungen, narzißtische Reaktionen, exhibitionistische Zwänge,

δUp	**gehemmte Grenzform** *Zuwendungsgehemmtheit:* Umweltangst, Scheu, Kontakthemmungen in dinglicher und menschlicher Hinsicht, Öffentlichkeitsscheu, Aussteigermentalität, Anspruchsängste, es bildet sich keine aktive Zuwendung zur Welt und Umwelt heraus; Isolierungstrends, Kontaktscheu und Kontakthemmungen werden deutlich. Bedürfnisse der Weltzuwendung und der erlebenden Teilnahme der Welt konnten nicht entfaltet werden; ängstliches Desinteresse gegenüber Öffentlichkeit, Gesellschaft und Welt, Anspruchsängste, Öffentlichkeitsscheu und Aussteigertendenzen sind die Folge.
βUp	**infantile Form,** *Darstellungsdrang* Prestige- und Statusdrang, will auf sich aufmerksam machen und dadurch Beziehungen zur Umwelt gewinnen, Geltungsdrang,
αUp	**reife Form** *Weltzuwendung* extravertiertes Verhalten, sucht Gesellschaft und Öffentlichkeit, wendet sich der Welt zu, Aufgeschlossenheit, Geselligkeitsbedürfnisse, Selbstschätzungsbedürfnisse, Feingeschick
ff	manuelles Feingeschick, Fingerbeweglichkeit und -geschick
Bezeichnung	Üp- Überichperson
γÜp	**atavistische Grenzform** *,Anxious Depression* ängstliche Verstimmung, von unbestimmter Angst, aber auch bestimmten Sorgen wird berichtet, die Stimmung ist dysphorisch bei gleichzeitigen Selbsterniedrigungstendenzen, zusätzlich sind Schuldgefühle und Gewissensbisse über wirkliche oder eingebildete Verfehlungen zu beobachten, Verfolgungsängste, inadäquate Fluchtreaktionen, totstellreflexartige Mechanismen, Unheimlichkeitsaffekte, ideologische Zwänge und Verabsolutierungen, Gerechtigkeitszwänge, religiöses Eiferertum,

δÜp	**gehemmte Grenzform,** *integrative Gehemmtheit* : Verlust der inneren Orientierung, fehlende Werthaltungen und Distanz, Abhängigkeit von Außenlenkung, fehlende Fluchtdistanz, Angst vor dem Alleinsein, rücksichtslose Aufdringlichkeit, Neutralismus, Relativismus, Opportunismus, areligiös, amoralisch, es entwickelt sich keine Fluchtdistanz, die Orientierung aus sich heraus bleibt verschlossen; es bilden sich rücksichtslose Aufdringlichkeit und Angst vor dem Alleinsein, die Welt wird affektiv nicht integriert.
βÜp	**infantile Form,** *Egozentrizität* bezieht alles auf sich, übertriebene Schamgefühle und Gewissensreaktionen, Unfreiheit, Isolierung, Abkapselung, übermäßige Verschlossenheit, orthodoxe und fanatische ideologische Haltungen,
αÜp	**reife Form** *Innenlenkung* orientiert sich an inneren Wertvorstellungen, wahrt Abstand und Distanz, Intraversion, Streben nach Werten, ideologische Bedürfnisse (u.a. religiöse Bedürfnisse, ethische Vernünftigkeit), Bewußtheitsklarheit,
we	Willensenergie, Entschlossenheit, Entschiedenheit, Bewußtheitsklarheit, Apperzeptionsdeutlichkeit
Bezeichnung	Kp- Kulturperson
γKp	**atavistische Grenzform,** *Obsessional Phobic* phobischer Zwang mit unkontrollierbaren Handlungen und Ritualen, wiederkehrende ungewollte Ideen, bestimmte Ängste und Ideen über Persönlichkeitsveränderungen und Irreales, halluzinäre, rauschhafte Zustände, kultureller Sendungswahn, Kulturaposteltum, Maschinenstürmerei,

δKp	**gehemmte Grenzform,** *Gefühlsreaktionsgehemmtheit:* Verlust der Mitte, Funktionalismus, Angst vor Kultur und lebhaften Gefühlen, Gefühlsindolenz und -trägheit, nicht zu begeistern, Unfähigkeit vorhandene Bindungen zu lösen, gefühlshaftes Kleben, interesselos gegenüber Sprache, Kultur etc., Zweckfunktionalismus, geht mit einem Verlust der gefühlsmäßigen Äußerungsfähigkeit als Basis der inneren Assimilation sozialer Verbindungen einher, so daß sich keine Begeisterungsfähigkeit bilden kann; diese Menschen können sich innerlich nicht auf neue Menschen einstellen und auf sie zugehen, sind unfähig vorhandene Bindungen zu lösen und gegen neue einzutauschen. Es sind Gefühlsindolenz und -trägheit zu verzeichnen.
βKp	**infantile Form,** *Schwärmerei* übersteigerte, unstete Gefühlsäußerungen mit ekstatischen und illusionären Zügen, Ästhetizismus, zweckentfremdete Schöngeistigkeit, Antifunktionalismus,
αKp	**reife Form,** *Idealismus* kulturelle Orientierung, Lebhaftigkeit der sozialen, kulturellen und sprachlichen Äußerungen, Äußerungsleichtigkeit, Gefühlslebhaftigkeit, Wachsamkeit, kulturelle Bedürfnisse, schöngeistige Bedürfnisse, Formensinn
vp	planare Vorstellfähigkeit, Formvorstellungsfähigkeit, Formensinn
Bezeichnung	Bp- Beziehungsperson
γBp	**atavistische Grenzform,** *Paranoid Projection* Verfolgungswahn mit ungerechtfertigten fixen Ideen, die Personen aus der Umgebung des Individuums aggressive, verfolgerische und kontrollierende Absichten zuschreiben, verschrobene, auf die eigene Person gerichtete Bindungen, Hundeheimweh, persönlicher Sendungswahn, dabei sich von anderen verfolgt fühlen,

δBp	**gehemmte Grenzform,** *Humanitätsängste:* Angst vor dem Menschlichen, vor Partnerschaften, aber auch der Selbstverwirklichung, Rückzug ins Kollektiv, Züge der Kälte und Unpersönlichkeit, fehlende innere soziale Beziehungen, und Bindungen, Gemütsarmut, betonte Sachlichkeit als Sublimation, führt zur Nichtausbildung der integrierenden sozialen Tiefenfunktion und damit zu einem Fehlen sozialer Bezogenheit und Bindungen, was als Kälte und Gemütsarmut erscheinen kann.
βBp	**infantile Form,** *Sentimentalität* Gefühlchen, Gefühlsduselei, romantische Schwärmerei, Gemütsegoismus, Singularisierung, Ichbetonung,
αBp	**reife Form,** *Humanität* Gefühlstiefe und Bindungsfähigkeit verbunden mit Eigenständigkeit des gefühlsmäßigen Erlebens, Individualität, Gemüt, Bedürfnis nach Selbstbestimmung und Selbstverwirklichung in dem Zusammenleben mit anderen, geistige Einfälle und Adaption,
dp	Denkplastizität, Denkadaption, Informationsaufnahme von innen und außen, Einfälle, Kreativität, Phantasie
Bezeichnung	Gp- Gestaltungsperson
γGp	**atavistische Grenzform,** *Hostile Belligerence* aggressive Streitsucht, bei der Beschwerden über Aggressivität und Ressentiment gegen andere üblich sind, die Schuld an Schwierigkeiten und Versagen anderen gegeben wird, Selbstzerfleischungs- und -zerstörungsreaktionen, verschrobene Macht- und Herrschaftssüchte,

δGp	**gehemmte Grenzform,** *Machtängste:* Gestaltungsgehemmtheiten, Aggressionsgehemmtheiten, Bewältigungsgehemmtheiten, Angst, anderen ins Gehege zu kommen, Angst vor dem Sichdurchsetzen, fehlender sozialer Ehrgeiz aus Angst, Nichtentfaltung aktiven Handelns in sozialen Bezügen, wodurch Selbstdurchsetzung und Angriffslust verlorengehen, es entsteht ständige Angst, anderen ins Gehege zu kommen oder sie zu verletzen.
βGp	**infantile Form,** *Beherrschung* Machtwünsche, Züge von Herrschsucht und Aggressivität, Schärfe der Reaktionen, Hitzigkeit, Machenwollen um jeden Preis,
αGp	**reife Form,** *Gestalten* Aktivität des Gestaltens und Machens, aber auch der Durchsetzung, Führungs- und Lenkungsdrang, Leistungsbedürfnis, manuelles Tun,
fh	Handgeschick, Handwerkliches Geschick
Bezeichnung	Sp- Sozialperson
γSp	**atavistische Grenzform,** *Functional Impairment* Funktionale Schwäche mit Beschwerden über die Unfähigkeit, sich zu konzentrieren, zu arbeiten oder Entscheidungen zu treffen; Interesse an anderen Menschen, am anderen Geschlecht oder gesellschaftlicher Aktivität ist herabgesetzt oder fehlt, Verführbarkeits- und Hingabezwänge; Zwang, Unbrauchbares zu erhalten;
δSp	**gehemmte Grenzform,** *Sozialängste:* Angst vor der Anpassung an soziale Gegebenheiten, Neigung zu unangemessenem Freiheitsdrang, unsensibel, rigide, vertrauenslos in sozialer Hinsicht, Angst vor sozialen Aufgaben, vor Helfen, Hegen und Pflegen, Hingabegehemmtheit, Nichtentfaltung von Beeindruckbarkeit und Sensibilität - besonders im Umgang mit der sozialen Umwelt -, das führt zu Rigidität, Vertrauenslosigkeit, Anpassungsunfähigkeit, Mangel an Lösung und Entspannung.

βSp	**infantile Form,** *Abhängigkeit* Nachgiebigkeit, Beeinflußbarkeit, erdrückende Fürsorge, die keinen echten Halt und keine wirkliche Hilfe gibt, die zur Beherrschung anderer führt, Herrschen durch Schwäche,
αSp	**reife Form,** *Hingabe* soziale Bedürfnisse, Engagement in der Gemeinschaft, Dienstbereitschaft, Anpassung, Beeindruckbarkeit, Hegen und Pflegen, soziale Anpassung, fluktuierende Aufmerksamkeit, Bewußtheitsweite,
wm	Willensmobilität, Horizontweite, Bewußtheitsweise, fluktuierende Aufmerksamkeit, Willensreagibilität
Bezeichnung	Ep- Einstellungsperson
γEp	**atavistische Grenzform,** *Grandiosity* Größenwahn, eine Einstellung der Überlegenheit verbunden mit unberechtigten Gefühlen, über ungewohnte Kräfte zu verfügen; göttliches Sendungsbewußtsein kann ebenfalls beobachtet werden; ideenflüchtige Reaktionen, bei denen alles unabhängig von den Realitäten durch eine rosarote Brille betrachtet wird, Qualitätswahn, Künstlerwahn,
δEp	**gehemmte Grenzform,** *Minderwertigkeitsgefühle:* manische Gehemmtheit, Lebensangst, Depressionen, depressive Verstimmungen, reine Nützlichkeitshaltungen, Quantitätssucht als Kompensation, Frische und Selbstvertrauen werden nicht ausgebildet, womit ein Verlust von Wagemut, Optimismus und Risikobereitschaft ebenso verbunden ist wie Lebensangst, Minderwertigkeitsgefühle und Depressionen.
βEp	**infantile Form,** *Unbedenklichkeit* überhöhte Risikobereitschaft, Mangel an Selbstkritik, Hektik, Leichtfertigkeit,, Flüchtigkeit, Tollkühnheit, effekt- und äußerlichkeitsorientiert
αEp	**reife Form,** *Sicherheit* Frische, Heiterkeit, sanguinisch, Selbstvertrauen, Wagemut, ästhetische Bedürfnisse, musische und künstlerische Bedürfnisse, Qualitätssinn, plastische Vorstellung,

vk	kubische Vorstellfähigkeit, räumliches Vorstellvermögen,
Bezeichnung	Op- Ordnungsperson
γOp	**atavistische Grenzform,** *Perceptual Distortions* Wahrnehmungsstörungen, Erlebnisse unechter Wahrnehmungen in Form von Stimmen, die bedrohlich anklagen oder etwas fordern, Beeinträchtigungswahn, Verfolgungsängste, Hoffnungslosigkeit und verschrobene Schuldgefühle, hypochondrische Reaktionen, Kontroll- und Ordnungszwänge,
δOp	**gehemmte Grenzform,** *Ordnungsängste:* Chaotismus, Angst vor Ordnung, Systematik und Regeln, Mangel an Ernst und Besinnlichkeit, Flachheit, Verantwortungslosigkeit, Nachlässigkeit, Schlamperei, Ernst, natürliche Vorsicht und Besonnenheit werden nicht entfaltet; eine erhebliche Unfähigkeit zum Abwägen, Flachheit, Verantwortungslosigkeit, Leichtsinn und lässige Tollkühnheit werden wirksam.
βOp	**infantile Form,** *Pedanterie* Übervorsicht, Mißtrauen, Verdrossenheit, Mißmut, strenge, fixierte und wenig sinnvolle Ordnungsbildung, Listenführungsdrang, bürokratische Tendenzen und Verhaltensformen,
αOp	**reife Form,** *Abwägen* Besinnlichkeit, Besonnenheit, Systematik, Tiefsinn, Ernst, melancholisch, Ordnungsstreben, Streben nach Gliederung und Systematik, Organisationsdrang, intellektuelle Verknüpfungsvielfalt,
de	Denkelastizität, Kobinationsgabe, praktisches Denken, Gedankenverknüpfungsfähigkeit, Denkgewandtheit
Bezeichnung	Fp- Fortschrittsperson

γFp	**atavistische Grenzform,** *Conceptual Disorganisation* Auffassungsstörungen, bei denen die Sprache weitschweifig, unzusammenhängend und ohne Bezug zu gestellten Fragen ist; die gleichen Wörter oder Sätze werden in stereotyper Weise wiederholt, neue Wörter (Neologismen) können erfunden und in die Sprache aufgenommen werden, hyperkinetische Störaktionen, Veränderungssucht, Nichtseßhaftigkeit,
δFp	**gehemmte Grenzform,** *Fremdheitsängste:* Angst etwas zu unternehmen, Zukunftsängste, ängstliche Lahmheit und Mattheit, Furcht vor eigenem Handeln, Angst vor Neuem, Fremdem, Fernem und Unbekanntem. Unternehmerischer Ausgriff, schwungvolle Expansion werden nicht ausgebildet;
βFp	**infantile Form,** *Überschwang* Heftigkeit, Hitzigkeit, Abenteuerertum, Betriebsamkeit, Geschäftigkeit, Abwechslungssucht, Neuheitensucht,
αFp	**reife Form,** *Expansivität* Schwung, Unternehmungsgeist, cholerisch, eifrig, dynamisch, Bedürfnisse nach Neuem und Veränderungen, Zukunftsstreben, progressiv, zielsichere motorische Koordination,
fk	Bewegungskoordination, Geschmeidigkeit, Wendigkeit und Harmonie der körperlichen Bewegungsabläufe
Bezeichnung	Tp- Traditionsperson
γTp	**atavistische Grenzform,** *Retardation* Verlangsamung von Sprache und Vorstellung, Verminderung der motorischen Aktivität bis zur Blockierung, Apathie und Desinteresse an der Zukunft kommen hinzu, Stuporerscheinungen, negativistische Haltungen, Katzenheimweh, Zukunftsphobien,

δTp	**gehemmte Grenzform,** *Traditions- und Vertrautheitsängste:* Wurzellosigkeit, Mangel an Standpunkt, haltloses Schwanken, Mangel an Bodenständigkeit, kann nicht nein sagen, Flucht vor Sicherem, Gewohntem und Vertrautem Es entwickelt sich keine Behauptung, Festigkeit und Eigenwillen sowie Beharrungsvermögen werden nicht entfaltet; ängstliche Standpunktschwäche sowie wurzel- und haltloses Schwanken sind die Folge,
βTp	**infantile Form,** *Fixiertheit* Verfertigung, Trotz, Abwehr, Unelastizität, Phlegma, Sturheit, Gewohnheitenverhaftung, Traditionsfixierung, Sicherheit um jeden Preis,
αTp	**reife Form,** *Bewahrung* Festigkeit, Selbstbehauptung, Traditionsgebundenheit, Traditions- und Besitzbedürfnisse, ökonomische Bedürfnisse, Phlegma, Gelassenheit, Beharrung, Beständigkeit, Bewußtheitsschärfe, fixierende Aufmerksamkeit.
wk	Willenskonstanz, Konzentration, fixierende Aufmerksamkeit, Bewußtheitsschärfe und -genauigkeit

Die unterschiedlichen Zustandsformen α, β, δ, γ verbinden sich zu Resultanten im komplexen Zahlensystem, ohne daß hier näher darauf eingegangen werden muß. Als Verknüpfungsergebnisse der Resultanten folgen daraus mit einer schlagwortartigen sprachlichen Umschreibung der Wirkungsbereichscodes:

Elemente	***Wirkungsbereiche***
Pp:Primitivperson - Rp: Ichperson	=Sbg: Selbstbestimmung
(Pp:Primitivperson + Rp: Ichperson)/2	=Sbs: Selbstbetrachtung
Up: Umweltperson - Üp: Überichperson	= Säg: Selbstäußerung
(Up: Umweltperson + Üp: Überichperson)/2	= Säs: Weltverhältnis
(Sbg+Säg)/2	= Eg: Egoerlebens- und -lebensstil
(Sbs+Säs)/2	= Egs: Egoeinstellung
Kp: Kulturperson - Bp: Beziehungsperson	= Geg: Gemeinschaftsstil
(Kp: Kulturperson + Bp: Beziehungsperson)/2	= Ges: Gemeinschaftseinstellung
Gp: Gestaltungsperson - Sp: Sozialperson	= Gbg: Gemeinschaftsbewältigungsstil
(Gp: Gestaltungsperson + Sp: Sozialperson)/2	= Gbs: Gemeinschaftsbewältigungseinstellung

(Geg+Gbg)/2	= Mn: sozialer Begegnungsstil
(Ges + Gbs)/2	= Mns: soziale Begegnungshaltung
Ep: Einstellungsperson - Op: Ordnungsperson	= Weg: Welterfassungsstil
(Ep: Einstellungsperson + Op: Ordnungsperson)/2	= Wes: Welteinstellung
Fp: Fortschrittsperson - Tp: Traditionsperson	= Wbg: Weltbewältigungsstil
(Fp: Fortschrittsperson + Tp: Traditionsperson)/2	= Wbs: Handlungseinstellung
(Weg+Wbg)/2	= Wt: Weltbegegnungsstil
(Wes+Wbs)/2	=Wts: Weltbegegnungshaltung
(Eg+Mn+Wt)/3	= IN: Gesamterscheinungsbild
(Summe der Elementenwerte)/12	= In= In'+iln'': Grundstruktur
In'/In''=Ing	Ing: Stabilität des Systems
Verknüpfungsfaktoren	
Vy. Vorstellungspotential	
vl: lineare Vorstellfähigkeit	
vp: planare Vorstellfähigkeit	$Vy=100*e^{(vl*vp*vk/729)-1}$ pkt
vk: kubische Vorstellfähigkeit	
Iy. Denkpotential	
dk: Denkkanaltrennung	
dp: Denkplastizität	$Iy=100*e^{(dk*dp*de/729)-1}$ pkt
de: Denkelastizität	
Fy. Fertigungspotential	
ff: Feingeschick	
fh: Handgeschick	$Fy=100*e^{(ff*fh*fk/729)-1}$ pkt
fk. Bewegungskoordination	
Wy. Bewußtheitspotential	
we: Willensenergie	
wm: Willensmobilität	$Wy=100*e^{(we*wm*wk/729)-1}$ pkt
wk: Willenskonstanz	
Ty. Gesamtbegabungspotential	$Ty = (Vy*Iy*Fy*Wy)^{0,25}$

Zur Interpreation und Umsetzung in die Sprache empfehle ich u.a. das folgende Textprogramm

Persönlichkeitskurzbefund (DPkb)

Name:

Alter:

Vorbildung:

Beruf:

Untersuchungsmaterial:

Prüfverfahren:

Die Komplexität und Vielschichtigkeit der menschlichen Persönlichkeit an sich läßt es nicht zu, sie mit wenigen Angaben zu erfassen und zu charakterisieren. Ein solcher Kurzbefund kann daher lediglich als vorläufige Orientierung dienen.

Der erste Eindruck, den man von dieser Persönlichkeit gewinnt, pendelt im allgemeinen zwischen *IN* und *iIN*. Dieser bildet sich auf einer *Ing In* Grundlage verbunden mit *iIn* Zügen bei |*In*| Intensität und *Ty* Begabungen. Den Verlauf des inneren Geschehens bestimmen dabei generell die *Dyg Dy* Tendenzen begleitet von *iDy* Zügen. Die allgemeine Ausrichtung und Einstellung werden von einer *Myg* sowie *My* und zugleich *iMy* Struktur beherrscht.

Auf dieser Basis entwickelt sich eine *Eg* sowie *iEg* Form des Selbst, die von einer *Egs*, dabei *iEgs* Struktur getragen wird. Das führt zu einem *Sbg* aber auch *iSbg* Erlebnisstil auf der Basis einer *Sbs* Erlebnisweise mit *iSbs* Zügen. Dazu trägt ein *Pp* sowie *iPp* Es bei, das die Impulse liefert, sowie ein *Rp* und *iRp* Ich, das die Übersicht und Lenkung managen soll. Nach außen bildet dabei ein *Säg*, aber auch *iSäg* Stil der Begegnung mit der Welt an sich und der Gesellschaft, der von einem *Säs* sowie *iSäs* Verhalten unterstützt wird. Der Umwelt wendet dieser Mensch sich nämlich im allgemeinen *Up*, wenn auch *iUp* zu, während von seinem Überich *Üp* und *iÜp* Impulse ausgehen, die seine Haltung zu und in dieser Welt mitformen.

In sozialer Hinsicht wirkt die Persönlichkeit *Mn* und *iMn* bei vorwiegend *Mns* und *iMns* Verhaltensweisen. Dahinter steht im allgemeinen eine *Geg*, aber auch *iGeg* Einstellung zur Gemeinschaft mit anderen bei *Ges* und *iGes* Reaktionsweisen. Verbunden damit ist eine *Kp* zugleich auch *iKp* soziale Ansprechbarkeit, und das bei einer *Bp* Einstellung mit *iBp* Zügen zu humanen Fragen und Beziehungen. Sobald es um die Auseinandersetzung mit und das Leben in der sozialen Umwelt geht, stößt man bei diesem Menschen auf *Gbg*, aber auch *iGbg* Züge sowie ein *Gbs* und *iGbs* Verhalten. Dieses ist gepaart mit einer *Gp* Bewältigungsweise verbunden mit *iGp* Zügen sowie einer *Sp* und *iSp* Anpassung.

Im Umgang mit den Dingen, Problemen und Aufgaben des Lebens und auch des Berufs stößt man im vorliegenden Falle generell bei diesem Menschen auf einen *Wt* und doch *iWt* wirkenden Handlungsstil auf der Basis einer *Wts* und *iWts* Handlungsstruktur. Dabei werden die mannigfachen Eindrücke von ihm *Weg*, aber auch *iWeg* erfaßt, was auf dem Hintergrund einer *Wes* Grundauffassung des Geschehens mit *iWes* Zügen zu werten ist. Die allgemeine Einstellung zu derartigen Situationen erscheint dabei *Ep* und *iEp*, wobei die erfaßten Inhalte weitgehend *Op* und *iOp* verarbeitet werden dürften. Der Umgang mit den Situationen, Dingen, Aufgaben und Problemen wird im allgemeinen von einem *Wbg* aber auch *iWbg* Aktionsstil im Rahmen einer *Wbs* sowie *iWbs* Weltbewältigungsweise geleitet. Dahinter stehen einerseits Züge von *Fp* und *iFp*, andererseits solche von *Tp* und *iTp*.

Dabei bringt er eine *Iy* Denkbegabung mit. Die *Wy* ausgeprägte Willens- und Bewußtheitsfähigkeit steht wie die anderen Begabungen im Dienste der aufgezeigten Persönlichkeitszüge und wird von ihnen eingesetzt. Insgesamt gesehen entwickelt er an integrierenden, d.h. verarbeitenden Begabungen *we,wm,wk* Bewußtheit und *dk,dp,de* Denken. Bei *we* Entscheidungsweise und Bewußtheitsklarheit kann er das Wesentliche geistiger Probleme *dk* erkennen, d.h. zugleich analytisch denken. Auf dieser Grundlage entwickelt er eine *we#dk* Urteilsweise. Auf die Vielfalt der Eindrücke spricht er *wm* an, wie es seinem Bewußtseinshorizont entspricht. Innere, aber auch äußere Informationen nimmt er geistig *dp* auf, um sie im Zuge der Informationsverarbeitung zu nutzen. Das ist die Grundlage für eine *wm#dp* Lernweise und Informationsverarbeitung. Da er zudem über die Fähigkeit verfügt, sich seiner Bewußtheitsschärfe entsprechend *wk* zu konzentrieren und seine Gedanken und Denkinhalte *de* miteinander zu verknüpfen, steht ihm eine *wk#de* Kombinationsweise zur Bewältigung praktischer Probleme zur Verfügung.

Auf Seiten der assimilierenden, gestaltenden Begabungen finden sich *Vy* Vorstellungs- und *Fy* Fertigungsfähigkeiten. Das *vl* lineare Vorstellvermögen als Basis der Distanzeneinschätzung verbindet sich mit *ff* Fingergeschick zu *vl#ff* Feingeschick. Von der Handfertigkeit her erweist er sich als *fh* entwickelt, und das bei *vp* Formvorstellungsvermögen, so daß damit zu rechnen ist, daß er handwerklich *vp#fh* arbeiten wird. Infolge der *vk* ausgebildeten räumlichen Vorstellfähigkeit und *fk* wirkenden Bewegungskoordination kann im allgemeinen mit einer *vk#fk* Ausführungsweise bei Gestaltungsprozessen gerechnet werden.

Dementsprechend liegen ihm Aufgaben und Betätigungen folgender Art am ehesten:

Zu bedenken sind im Rahmen der Lebensgestaltung als hintergründige Störungsquellen grundsätzlicher Art :

-.-

Um dem Laien, insbesondere auch Führungskräften und Personalfachleuten diese Überlegungen und die damit verbundenen Rechenarbeiten abzunehmen, verwenden wir zur Analyse Fragebogen und Beobachtungsprotokolle, etwa DIk oder DJk und zur Bestimmung und Beschreibung entsprechend gestaltete Tabellenprogramme für die Nutzung am Computer. In diese werden die Ergebnisse der Analysemittel eingetragen. Sie führen dann die Auswertungs- und Rechenarbeiten automatisch (DAE). Die Ergebnisse finden sich dann jeweils im eingerahmten Teil, den man sich zur Interpretation ausdrucken lassen sollte. Mit Hilfe von Termini-Tabellen kann man dann unter Nutzung des jeweiligen Textprogramms eine näherungsweise sprachliche Umschreibung und Interpretation des Ergebnisses erhalten. Wie das aussieht, zeigt die folgende Ergebniswiedergabe und die sich daran anschließende Interpretation:

Gehen wir nun von folgendem Befragungsergebnis aus:

	real	imag	| |	real	imag	real	imag	| |	
P	**6,0**	**4,2**	**5,6 Sbg**	**-0,6**	**-0,6 Eg**	**-0,3**	**-0,5 vl**	**7,0 Vy**	**53,5**
R	**6,6**	**4,8**	**6,1 Sbs**	**6,3**	**4,5 Egs**	**5,5**	**4,6 dk**	**6,8 Iy**	**59,9**

U	4,7	4,8	5,2	Säg	-0,1	0,4				ff	5,5	Fy	41,8
Ü	4,8	4,4	5,0	Säs	4,8	4,6				we	5,3	Wy	50,4
K	5,8	4,1	5,4	Geg	-1,5	-1,0	Mn	-0,7	0,2	vp	6,5	Ty	51,0
B	7,4	5,1	6,6	Ges	6,6	4,6	Mns	5,7	3,9	dp	7,3		
G	4,7	2,5	4,2	Gbg	-0,2	-1,5				fh	4,3		
S	4,9	4,1	4,9	Gbs	4,8	3,3				wm	6,3		
E	5,2	4,0	5,1	Weg	-1,6	-1,6	Wt	-0,4	-0,5	vk	6,0		
O	6,8	5,6	6,5	Wes	6,0	4,8	Wts	5,7	4,7	de	7,3		
F	5,0	4,2	5,1	Wbg	-0,7	-0,7				fk	4,0		
T	5,8	4,9	5,7	Wbs	5,4	4,6				wk	7,0		
In	5,7	4,4	5,4	Ing	1,3		IN	-0,4	-0,2			Lü	51,4

	γ	δ
P	1,0	2,0
R	1,0	1,0
U	3,0	2,5
Ü	2,5	4,5
K	1,0	2,5
B	2,0	1,0
G	1,5	3,0
S	1,5	3,0
E	1,0	1,5
O	1,5	2,0
F	3,0	1,5
T	2,5	2,5

Zur Veranschaulichung der Arbeit mit den Ergebnissen greifen wir zunächst wieder auf unser obiges Beispiel einer Individualinstanzanalyse zurück, wie es die obige Tabelle zeigt. Dieses nur dem Fachmann verständliche Ergebnis läßt sich unter Zuhilfenahme des Textprogramms DPbk interpretieren und in die Sprache übersetzen, wenn man an die Stelle der Codes darin die entsprechenden Termini aus den Tabellen des Anhangs einsetzt *(im Schrägdruck gesetzt)*:

Persönlichkeitskurzbefund (DPbk)

Name	NN
Alter	63 Jahre
Vorbildung	Abitur
Beruf	Lehrer
Untersuchungsmaterial	DIk-Fragebogen
Prüfverfahren	DIk-DAE

Die Komplexität und Vielschichtigkeit der menschlichen Persönlichkeit an sich läßt es nicht zu, sie mit wenigen Angaben zu erfassen und zu charakterisieren. Ein solcher Kurzbefund kann daher lediglich als vorläufige Orientierung dienen.

Der erste Eindruck, den man von dieser Persönlichkeit gewinnt, pendelt im allgemeinen zwischen *eher ausgeglichen* und *leicht uneindeutig.* Dieser bildet sich auf einer *mäßig gefestigten eher eigenständigen* Grundlage verbunden mit *gewollten* Zügen bei *durchschnittlicher* Intensität und *überdurchschnittlichen* Begabungen.

Auf dieser Basis entwickelt sich eine *eher gedämpfte* sowie *leicht gespannte* Form des Selbst, die von einer *sehr selbständigen,* dabei *forcierten* Struktur getragen wird. Das führt zu einem *eher gesteuerten* aber auch *eher nüchternen* Erlebnisstil auf der Basis einer *eigenständigen* Erlebnisweise mit *gewollten* Zügen. Dazu trägt ein *sehr naturnahes* sowie *alltägliches* Es bei, das die Impulse liefert, sowie ein *prüfendes* und *gespanntes* Ich, das die Übersicht und Lenkung managen soll. Nach außen bildet sich dabei ein *verhaltener,* aber auch *relativierender* Stil der Begegnung mit der Welt an sich und der Gesellschaft, der von einem *selbständigen* sowie *forcierten* Verhalten unterstützt wird. Der Umwelt wendet dieser Mensch sich nämlich im allgemeinen *ansatzweise,* wenn auch *begrenzt beteiligt* zu, während von seinem Überich *an-*

satzweise bestimmte und *eher verschwommene* Impulse ausgehen, die seine Haltung zu und in dieser Welt mitformen.

In sozialer Hinsicht wirkt die Persönlichkeit *mäßig gedämpft* und *uneindeutig* bei vorwiegend *eher eigenständigen* und *legeren* Verhaltensweisen. Dahinter steht im allgemeinen eine *verständige,* aber auch *eher beeinflußbare* Einstellung zur Gemeinschaft mit anderen bei *sehr eigenständigen* und *forcierten* Reaktionsweisen. Verbunden damit ist eine *eher kulturgebundene* zugleich auch *eher materialistische* soziale Ansprechbarkeit, und das bei einer *ausgesprochen beteiligten* Einstellung mit *romantischen* Zügen zu humanen Fragen und Beziehungen. Sobald es um die Auseinandersetzung mit und das Leben in der sozialen Umwelt geht, stößt man bei diesem Menschen auf *fortführende,* aber auch *folgsame* Züge sowie ein *selbständiges* und *leicht abhängiges* Verhalten. Dieses ist gepaart mit einer *ausgesprochen kooperativen* Bewältigungsweise verbunden mit *zaghaften* Zügen sowie einer *ansprechbaren* und *eher uninteressierten* Anpassung.

Im Umgang mit den Dingen, Problemen und Aufgaben des Lebens und auch des Berufs stößt man im vorliegenden Falle generell bei diesem Menschen auf einen *eher ausgeglichenen* und doch *leicht uneindeutig* wirkenden Handlungsstil auf der Basis einer *eher eigenständigen* und *forcierten* Handlungsstruktur. Dabei werden die mannigfachen Eindrücke von ihm *eher gegliedert,* aber auch *eher registrierend* erfaßt, was auf dem Hintergrund einer *eher eigenständigen* Grundauffassung des Geschehens mit *forcierten* Zügen zu werten ist. Die allgemeine Einstellung zu derartigen Situationen erscheint dabei *eher sicher* und *irritierbar,* wobei die erfaßten Inhalte weitgehend *umfassend* und *vorsichtig* verarbeitet werden dürften. Der Umgang mit den Situationen, Dingen, Aufgaben und Problemen wird im allgemeinen von einem *regen* aber auch *ungleichmäßigen* Aktionsstil im Rahmen einer *sehr selbständigen* sowie *forcierten* Weltbewältigungsweise geleitet. Dahinter stehen einerseits Züge von *einiger Rührigkeit* und *wenig Interesse,* andererseits solche von *erhöhtem Gleichmaß* und *erhöhter Unbestimmtheit.*

Dabei bringt er eine *ausgeprägte* Denkbegabung mit. Die *deutlich* ausgeprägte Willens- und Bewußtheitsfähigkeit steht wie die anderen Begabungen im Dienste der aufgezeigten Persönlichkeitszüge und wird von ihnen eingesetzt. Insgesamt gesehen entwickelt er an integrierenden, d.h. verarbeitenden Begabungen *eine straffe, horizontweite* Bewußtheit und *ein vielseitiges vernetztes* Denken. Bei *ansatzweise bestimmter* Entscheidungsweise und Bewußtheitsklarheit kann er das Wesentliche geistiger Probleme *deutlich* erkennen, d.h. zugleich analytisch denken. Auf dieser Grundlage entwickelt er eine *sichere* Urteilsweise. Auf die Vielfalt der Eindrücke spricht er *leicht beschleunigt* an, wie es seinem Bewußtseinshorizont entspricht. Innere, aber auch äußere Informationen nimmt er geistig *annähernd umfassend* auf, um sie im Zuge der Informationsverarbeitung zu nutzen. Das ist die Grundlage für eine *flexible* Lernweise und Informationsverarbeitung. Da er zudem über die Fähigkeit verfügt, sich seiner Bewußtheitsschärfe entsprechend *recht gut* zu konzentrieren und seine Gedanken und Denkinhalte *vielseitig* miteinander zu verknüpfen, steht ihm eine *gezielte* Kombinationsweise zur Bewältigung praktischer Probleme zur Verfügung.

Auf Seiten der assimilierenden, gestaltenden Begabungen finden sich *höhere* Vorstellungs- und *mittlere* Fertigungsfähigkeiten. Das *größere* lineare Vorstellvermögen als Basis der Distanzeneinschätzung verbindet sich mit *eher mittlerem* Fingergeschick zu *genauem* Feingeschick. Von der Handfertigkeit her erweist er sich als *mäßig* entwickelt, und das bei *gut durchschnittlichen* Formvorstellungsvermögen, so daß damit zu rechnen ist, daß er handwerklich *gerichtet* arbeiten wird. Infolge der *durchschnittlich* ausgebildeten räumlichen Vorstellfähigkeit und *ausgesprochen mäßig* wirkenden Bewegungskoordination kann im allgemeinen mit einer *mäßig gerichteten* Ausführungsweise bei Gestaltungsprozessen gerechnet werden.

Dementsprechend liegen ihm Aufgaben und Betätigungen folgender Art am ehesten:

Tätigkeiten, die Ichsteuerung, bewußte, überlegte und kontrollierte Handlungen verlangen, die mehr kritischer und prüfender disziplinierter Haltung bedürfen, Planungs-, Prüfungs- und Kontrollfunktionen, selbstdisziplinierte Haltung, schematische und formalisierte Arbeiten. Ideen, Geistiges, Wissenschaft, Philosophie,

Erkenntnislehre, Gedankliches, Abstraktes, Theoretisches, Ätherisches, Esoterik, Spekulatives, Neugier-Weckendes, Intellektualistisches

Tätigkeiten, die Individualität und Eigenständigkeit von innen heraus in sozialen Bezügen verlangen, bei denen ein innerliches Engagement für andere Menschen verlangt wird. Tätigkeiten in enger Teambeziehung, Arbeiten mit festen sozialen Bindungen, die wenig wechseln, gefühls- und gemütsbezogene Arbeiten, personenbezogene Beratungs- und pädagogisch-führende Tätigkeiten, Arbeiten, Individuation, Selbstgestaltung, Selbstverwirklichung, Partnerschaft, , Psychologie, Individualtherapie,

Tätigkeiten, bei denen Folgsamkeit entscheidend ist. Aufgaben, die rücksichtsvolles, Vorgehen verlangen. Einfügen, Einordnen, Unterordnen, Nachvollziehen, Folgen; Aufgaben für eher zaghaftes und zögerndes Vorgehen, Arbeiten, bei denen Unterordnung und Unselbständigkeit gefordert werden.

Tätigkeiten, bei denen es auf eine systematische und formale innere Verarbeitung der Qualitäten ankommt. Arbeit in kleinen Schritten, Fein- und Ordnungsarbeiten, Präzisionsarbeiten, Innendienst, Büroarbeit, Bearbeitung von Kleinigkeiten, besinnliche und ernste Arbeitshaltung mit Vorliebe zum Abwägen erforderlich. Verwaltung, Organisation, Logistik, Ordnung, Zahlen, Gliederung, Systematik, Formales, Informatik, EDV, Ordnungsvorschriften

Zu bedenken sind im Rahmen der Lebensgestaltung als hintergründige Störungsquellen grundsätzlicher Art : *(keine γ– und δ-Werte > 5,0)*

-.-

Manchem Leser wird dieser Text besonders zu denken geben, denn zu jeder angemessenen, der Realität gerecht werdenden „Eigenschaft" findet sich auch eine, die weniger angemessen erscheint. Das ist gewissermaßen die individuelle Kehrseite, die jedes Individuum in sich trägt, denn fast alle Menschen sind nur bis zu einem gewissen Grade ausgereift, sind weder Engel noch Götter. Und darum weisen sie auch derartige Kehrseiten auf, die oft hinderlich sind, aber auch Chefs oft menschlich erscheinen lassen. Und diese Tatsache zu berücksichtigen, haben uns die neueren Erkenntnisse der Persönlichkeitspsychologie gelehrt, und die sollte ich auch beim gekürzten Verfahren nicht aufgeben werden[8]. Den Befund versuchen wir nun in eine Beurteilung als nächster Interpretationsstufe umzuwandeln, indem wir das Nebeneinander von Eigenschaften und Kehrseiten in ein Miteinander umwandeln, was allerdings eine Inaugenscheinnahme des Beurteilten durch einen erfahrenen Diagnostiker erfordert, mit einiger Lebenserfahrung und genauer Kenntnis der Terminibedeutungen aber auch zu leisten ist[9]. Damit kommt dann allerdings der Einfluß der Persönlichkeit des Untersuchers stärker zur Geltung, was u.U. die Gutachterunabhängigkeit des Ergebnisses einschränkt. Dafür wird das Ergebnis für den Nichtfachmann verständlicher.

Persönlichkeitskurzbeurteilung

Name	NN
Alter	63 Jahre
Vorbildung	Abitur
Beruf	Lehrer
Untersuchungsmaterial	DIk-Fragebogen
Prüfverfahren	DIk-DAE

Die Komplexität und Vielschichtigkeit der menschlichen Persönlichkeit an sich läßt es nicht zu, sie mit wenigen Angaben zu erfassen und zu charakterisieren. Eine solche Kurzanalyse kann daher lediglich als vorläufige Orientierung dienen.

Der erste Eindruck, den man von dieser Persönlichkeit gewinnt, pendelt im allgemeinen zwischen eher ausgeglichener und leicht uneindeutiger Haltung. Dieser bildet sich auf einer mäßig gefestigten eher eigenständigen Grundlage verbunden mit gewollten Zügen bei durchschnittlicher Intensität und überdurchschnittlichen Begabungen.

Auf dieser Basis entwickelt sich eine eher gedämpfte und leicht gespannte Form des Selbst, die von einer sehr selbständigen, aber auch for-

---

[8]dazu vgl. auch B. Waszkewitz: Psychodiagnostisches verhaltens- und gestaltungsanalytisches Praktikum, Stuttgart 2003

[9] Über die Bedeutungen der Termini findet der Leser die nötigen Hinweise in meinem Büchlein „Lexikon der Persönlichkeitsmerkmale" Stuttgart 2004

cierten Struktur getragen wird. Das führt dann zu einem eher gesteuerten aber auch nüchternen Erlebnisstil auf der Basis einer eigenständigen Erlebnisweise mit gewollten Zügen. Dazu trägt ein sehr naturnahes und alltägliches Es bei, das die Impulse liefert, sowie ein prüfendes und gespanntes Ich, das die Übersicht und Lenkung managen soll. Nach außen bildet sich dabei ein verhaltener, aber auch relativierender Stil der Begegnung mit der Welt an sich und der Gesellschaft, der von einem selbständigen und forcierten Verhalten unterstützt wird. Der Umwelt wendet dieser Mensch sich nämlich im allgemeinen ansatzweise, und nur begrenzt beteiligt zu, während von seinem Überich ansatzweise bestimmte und oft eher verschwommene Impulse ausgehen, die seine Haltung zu und in dieser Welt mitformen.

In sozialer Hinsicht wirkt die Persönlichkeit mäßig gedämpft und uneindeutig bei vorwiegend eher eigenständigen und legeren Verhaltensweisen. Dahinter steht im allgemeinen eine verständige, aber auch eher beeinflußbare Einstellung zur Gemeinschaft mit anderen bei sehr eigenständig wirkenden, jedoch forcierten Reaktionsweisen. Verbunden damit ist eine eher kulturgebundene zugleich aber auch eher materialistische soziale Ansprechbarkeit, und das bei einer ausgesprochen beteiligten Einstellung mit romantischen Zügen zu humanen Fragen und Beziehungen. Sobald es um die Auseinandersetzung mit und das Leben in der sozialen Umwelt geht, stößt man bei diesem Menschen auf fortführende, aber auch folgsame Züge sowie ein selbständiges und leicht abhängiges Verhalten. Dieses ist gepaart mit einer ausgesprochen kooperativen Bewältigungsweise gespeist von zaghaften Zügen sowie einer ansprechbaren jedoch eher uninteressierten Anpassung.

Im Umgang mit den Dingen, Problemen und Aufgaben des Lebens und auch des Berufs stößt man im vorliegenden Falle generell bei diesem Menschen auf einen eher ausgeglichenen und zugleich leicht uneindeutig wirkenden Handlungsstil auf der Basis einer eher eigenständigen aber auch forcierten Handlungsstruktur. Dabei werden die mannigfachen Eindrücke von ihm eher gegliedert, aber auch mehr registrierend erfaßt, was auf dem Hintergrund einer eher eigenständigen Grundauffassung des Geschehens bei gewollten Zügen zu werten ist. Die allgemeine Einstellung zu derartigen

Situationen erscheint dabei eher sicher aber irritierbar, wobei die erfaßten Inhalte weitgehend umfassend jedoch auch vorsichtig verarbeitet werden dürften. Der Umgang mit den Situationen, Dingen, Aufgaben und Problemen wird im allgemeinen von einem regen aber auch ungleichmäßigen Aktionsstil im Rahmen einer sehr selbständigen und forcierten Weltbewältigungsweise geleitet. Dahinter stehen einerseits Züge von einiger Rührigkeit bei wenig Interesse, andererseits solche von erhöhtem Gleichmaß und Unbestimmtheit.

Ab hier bleibt der Text des Befundes erhalten, da er im funktionalen Teil keine Kehrseiten mehr enthält. Der Leser wird aber erkennen, daß diese Beurteilung leichter verständlich wirkt als der ursprüngliche Befund, wenn auch im Grunde nichts anderes darin enthalten ist außer ein paar formalen Änderungen.

Manchem Leser wird dieser Text besonders zu denken geben, denn zu jeder angemessenen, der Realität gerecht werdenden „Eigenschaft“ findet sich auch eine, die weniger angemessen erscheint. Das ist gewissermaßen die individuelle Kehrseite, die jedes Individuum in sich trägt, denn fast alle Menschen sind nur bis zu einem gewissen Grade ausgereift, sind weder Engel noch Götter. Und darum weisen sie auch derartige Kehrseiten auf, die oft hinderlich sind, aber auch Chefs oft menschlich erscheinen lassen. Und diese Tatsache zu berücksichtigen, haben uns die neueren Erkenntnisse der Persönlichkeitspsychologie gelehrt, und die sollte ich auch beim gekürzten Verfahren nicht aufgeben werden[10].

Analysieren wir nun mit dem DBk den vorgesehenen Arbeitsplatz eines Teamleiters in der psychodiagnostischen Verhaltensanalyseverfahrensentwicklung, so erhalten wir das folgende Ergebnis

	real	imag	| |		real	imag		real	imag	| |		
Px	5,3	3,6	4,9	**Sbgx**	-2,2	-2,7	**Egx**	-1,5	-1,0	**vlx**	5,2 **VyX**	42,4
Rx	7,5	6,3	7,1	**Sbsx**	6,4	4,9	**Egsx**	5,8	4,8	**dkx**	8,1 **IyX**	64,7
Ux	5,6	4,3	5,4	**Sägx**	0,8	-0,7				**ffx**	6,6 **FyX**	44,4

---

[10]dazu vgl. auch B. Waszkewitz: Psychodiagnostisches verhaltens- und gestaltungsanalytisches Praktikum, Stuttgart 2003

Üx	4,8	5,0	5,3	Säsx	5,2	4,6				wex	4,5	WyX	47,8
Kx	5,4	3,7	5,1	Gegx	-0,7	-1,2	Mnx	-0,2	-0,2	vpx	5,4	TyX	49,1
Bx	6,2	5,0	5,9	Gesx	5,8	4,4	Mnsx	5,3	3,8	dpx	6,6		
Gx	4,7	2,8	4,3	Gbgx	-0,3	-0,8				fhx	4,0		
Sx	4,9	3,6	4,7	Gbsx	4,8	3,2				wmx	5,8		
Ex	4,1	3,6	4,3	Wegx	-2,7	-3,7	Wtx	-1,2	-1,4	vkx	3,7		
Ox	6,7	7,2	7,1	Wesx	5,4	5,4	Wtsx	5,3	5,1	dex	7,7		
Fx	5,1	4,3	5,1	Wbgx	-0,3	-0,9				fkx	5,2		
Tx	5,4	5,2	5,6	Wbsx	5,2	4,7				wkx	7,3		
Inx	5,5	4,5	5,4	Ingx	1,2		INX	-1,0	-0,9	Lü			

	γ	δ
P	2,2	2,1
R	3,5	2,7
U	2,5	2,1
Ü	3,9	3,4
K	1,8	3,1
B	2,9	3,5
G	1,5	2,6
S	2,6	3,7
E	4,3	4,9
O	4,3	3,4
F	3,1	2,8
T	3,7	3,4

Dieses erlaubt einmal die Beschreibung der Anforderungen dieser Stelle an den Stelleninhaber mit Hilfe des DWbk- Textprogramms, indem man auch hier die Codes im Textprogramm durch die den Ergebnissen entsprechenden Bezeichnungen der Terminitabellen des Anhangs ersetzt. Auch Fragen der Adäquanz beantwortet das Auswertungsverfahren, wenn die mit Hilfe des DBk, DSk oder DWk ermittelten Anforderungen in den doppelt eingerahmten Vergleichsteil des DAE jeweils unter SOLL eingetragen werden.

Versuchen wir nun zunächst, dieses Anforderungssystem zu beschreiben:

Umweltsystemkurzbefund (DWbk)

Name	Teamleiter Verfahrensentwicklung
Alter	neu eingerichtet
Entwicklung	in Erprobung
Untersuchungsmaterial	diverse Analyseprotokolle DBk
Prüfverfahren	DAE

Der erste Eindruck, den man von diesem System gewinnt, pendelt im allgemeinen zwischen *mäßig gedämpft* und *leicht übersteuert.* Dieser bildet sich auf einer *mäßig gefestigten sehr selbständigen* Grundlage verbunden mit *begrenzt entwickelten* Zügen.

Auf dieser Basis entwickelt sich eine *deutlich gedämpfte* sowie *gespannte* Form des Systems, die von einer *sehr eigenständigen,* dabei *begrenzt entwickelten* Struktur getragen wird. Das führt zu einer *eher überlegten* aber auch *lebensfernen* Selbstbestimmungsweise auf der Basis einer *eigenständigen* Selbstbeträchtungsweise mit *begrenzt entwickelten* Zügen. Dazu trägt ein *naturnahes* sowie eher *alltägliches* Element bei, das die Impulse liefert, sowie ein *intellektuelles* und *verspanntes* Organ, das die Übersicht und Lenkung managen soll. Nach außen bildet dabei ein *eher aufgeschlossener,* aber auch *begrenzender* Stil der Begegnung mit der Welt an sich und umfassenderen Gesellschaften, der von einem *sehrn selbständigen* sowie *begrenzt entwickelten* Verhalten unterstützt wird. Der Umwelt wendet dieses System sich nämlich im allgemeinen *lebhaft,* wenn auch *eher unbeteiligt* zu, während von seinen Normen *ansatzweise bestimmte* und *ansatzweise illiberale* Impulse ausgehen, die seine Haltung zu und in dieser Welt mitformen.

In sozialer Hinsicht wirkt das System *eher ausgeglichen* und *leicht uneindeutig* bei vorwiegend *sehr selbständigen* und *mäßig affizierbaren* Begegnungsweisen. Dahinter steht im allgemeinen ein *eher verständiger,* aber auch *beeinflußbarer* Gemeinschaftsstil mit anderen bei *eher eigenständiger* und *wenig ausgreifter* Gemeinschaftseinstellung. Verbunden damit ist eine *sehr anregbare* zugleich auch *materialistische* soziale Ansprechbarkeit, und das bei einer *ansatzweise beteiligten* Einstellung mit *eher romantischen* Zügen zu humanen Fragen und Beziehungen. Sobald es um die Auseinandersetzung mit und das Leben in der sozialen Umwelt geht, stößt man bei diesem System auf *fortführende,* aber auch *folgsame* Züge sowie eine *selbständige* und *affizierbare* Einstellung. Dieses ist gepaart mit einer *ausgesprochen kooperativen* Bewältigungsweise verbunden mit *eher zaghaften* Zügen sowie einer *ansprechbaren* und *uninteressierten* Anpassung.

Im Umgang mit den Dingen, Problemen und Aufgaben des Lebens und auch des Berufs stößt man im vorliegenden Falle generell bei diesem System auf einen *gedämpft* und doch *eher übersteuert* wirkenden Handlungsstil auf der Basis einer *selbständigen* und *gespannten* Handlungsstruktur. Dabei werden die mannigfachen Eindrücke von ihm *straff gegliedert,* aber auch *stark einzelheitlich* erfaßt, was auf dem Hintergrund einer *sehr selbständigen* Grundauffassung des Geschehens mit *gespannten* Zügen zu werten ist. Die allgemeine Einstellung zu derartigen Situationen erscheint dabei *eher realistisch* und *iritierbar,* wobei die erfaßten Inhalte weitgehend *umfassend* und *sorgfältig katalogisierend* verarbeitet werden dürften. Der Umgang mit den Situationen, Dingen, Aufgaben und Problemen wird im allgemeinen von einem *eher regen* aber auch *ungleichmäßigen* Aktionsstil im Rahmen einer *sehr selbständigen* sowie *begrenzt entwickelten* Weltbewältigungsweise geleitet. Dahinter stehen einerseits Züge von *großer Rührigkeit* und *wenig Interesse,* andererseits solche von *Gleichmaß* und *einigen Verfestigungen.*

Dabei bringt es eine *ausgeprägte* Denkart mit. Die *überdurchschnittlich* ausgeprägte Willens- und Bewußtheitsfähigkeit steht wie die anderen Begabungen im Dienste der aufgezeigten Strukturen und wird von ihnen eingesetzt. Bei *ausgesprochen kompromiß bereiter* Entscheidungsweise und Bewußtheitsklarheit ist das Wesentliche geistiger Probleme *ausgesprochen scharf* zu erkennen, d.h. zugleich analytisch zu erfassen. Auf dieser Grundlage benötigt man eine *rationale* Urteilsweise. Auf die Vielfalt der Eindrücke spricht es *normal* an, wie es seinem Bewußtseinshorizont entspricht. Innere, aber auch äußere Informationen nimmt es geistig *weitgehend* auf, um sie im Zuge der Informationsverarbeitung zu nutzen. Das ist die Grundlage für eine *aufgeschlossene* Lernweise und Informationsverarbeitung. Da es zudem über die Fähigkeit verfügt, sich seiner Bewußtheitsschärfe entsprechend *annähernd straff* zu konzentrieren und seine Gedanken und Denkinhalte *eher vielfältig* miteinander zu verknüpfen, steht ihm eine *geschickte* Kombinationsweise zur Bewältigung praktischer Probleme zur Verfügung.

Auf Seiten der assimilierenden, gestaltenden Begabungen finden sich *durchschnittliche* Vorstellungs- und *deutliche* Fertigungsfähigkeiten. Das *ziemlich normale* lineare Vorstellvermögen als Basis der Distanzeneinschätzung verbindet sich mit *leicht erhöhtem* Feingeschick zu *geschmeidigen* Handhabungen. Von der Handfertigkeit her erweist es sich als *eher mäßig* entwickelt, und das bei *ziemlich normalem* Formvorstellungsvermögen, so daß damit zu rechnen ist, daß es handwerklich *einigermaßen* funktionieren wird. Infolge der *sehr mäßig* ausgebildeten räumlichen Vorstellfähigkeit und *eher mittel* wirkenden Bewegungskoordination kann im allgemeinen mit einer *ungenauen* Ausführungsweise bei Gestaltungsprozessen gerechnet werden.

Zu bedenken sind bei alledem als hintergründige Störungsquellen elementarer Art: ./.

Ein Vergleich der Texte für Person und Arbeitsplatz läßt schon vermuten, daß die Anforderungen dieser Stelle in vielen Dingen den Strukturen der Persönlichkeit von NN entsprechen. Genauer zeigen das die Übereinstimmungswerte im Vergleichstableau von DAE:

- Begabungen: 85,7%
- angemessene Systemelemente: 89,5%
- unangemessene Systemelemente: 88,2%
- Gesamtwert: 87,8%

Das bedeutet, daß nicht mit belastenden Wirkungen dieser Stelle auf den Bewerber gerechnet werden muß, also ein sehr günstiges Ergebnis, vor allem auch für NN. Aus diversen, noch zu besprechenden Gründen werden

Führungs- und Personalfachkräfte nur selten Gelegenheit haben, derartige Persönlichkeitsbefunde zu erstellen und zu bekommen. Das gilt schon eher für den Mitarbeiter hinsichtlich seiner eigenen Person, aber auch für Berufsberater, Staatsanwälte, Richter usw., die dann aber auch oft mit umfangreicheren und differenzierteren Beschreibungen konfrontiert werden.

Das Verhaltenssystem

Etwas anders sieht die Situation im Falle der Arbeitseignung aus, die voraussetzt, daß die Berufseignung vorhanden ist, was leider oft nicht bedacht wird, woraus sich dann Fehlanpassungen entwickeln. Natürlich wäre es zweckmäßig, auch im Falle der Arbeitsplatzwahl Persönlichkeitswerte und psychophysische Anforderungen zugrundezulegen. Wir haben hier, d.h. im Betrieb, aber oft nicht die Möglichkeit, das psychophysische System, vor allem die Individualinstanz zu ermitteln, zumal das Grundgesetz die Intimsphäre der Menschen schützt. Und da es hierbei nicht darum geht, das richtige Berufsfeld für eine Persönlichkeit zu finden, sondern für eine bestimmte Arbeit denjenigen Menschen des Berufszweiges auszusuchen, der für diese Arbeit die bestmöglichen Voraussetzungen, also Arbeitsverhaltensweisen mitbringt, ist das nicht ganz so gravierend.[11] Das bedeutet, daß wir uns hierbei auf das Arbeitsverhalten des Menschen beschränken können. Bedenkt man aber, daß menschliches Verhalten ca. $3*10^{6}$ bit/sek hervorbringt, also etwa 10^{10} bit/h, d.h. 10 Gigabit in der Stunde liefert, so erkennt man, daß es auch nicht ganz leicht sein wird, dieses Verhalten präzise zu erfassen und zu beschreiben. Erschwert wird das dadurch, daß einerseits gar nicht genügend sprachliche Termini für die vielen Unterschiede vorhanden sind, daß andererseits die vorhandenen Termini recht ungenau und undefiniert sind. Um also die Vielfalt zu erfassen, bedarf es eines besonderen Beschreibungssystems, das ebenfalls eine spezielle Codierung verlangt, eben weil die sprachlichen Termini nicht definiert sind. Auch hierbei ist eine Quantifizierung – wieder-

---

[11] Das gilt allerdings eigentlich nur unter der Voraussetzung, daß eine qualifizierte Berufsberatung stattgefunden hat.

um in einer 9stufigen Skala – erforderlich. Die folgende Übersicht zeigt die Eckpunkte des auf die Elemente des Verhaltenssystems und die Fähigkeitskomponenten reduzierten Beschreibungssystems:

Verhaltenselementensystem

Module	Komponenten
Pv: Emotionsmodul +Pv-natürliche Emotionalität +iPv-impulsive Triebhaftigkeit	Rv- Steuerungsmodul +Rv-Vernünftigkeit +iRv- Vernünftelei
vlv: Augenmaß	dkv- geistige Unterscheidung
Uv- Umweltmodul +Uv- Weltzuwendung +iUv- Darstellung	Üv- Normenmodul +Üv- Innenorientierung +iÜv- Egozentrizität
ffv- Feingeschick	wev- Entschlossenheit
Kv- Kulturmodul +Kv- Idealismus +iKv- Schwärmerei	Bv- Beziehungsmodul +Bv- Humanität +iBv- Sentimentalität
vpv- Formvorstellung	dpv- Denkadaption
Gv- Gestaltungsmodul +Gv- Gestaltungsaktivität +iGv- Machertum	Sv- Sozialmodul +Sv- Hingabe +iSv- Nachgiebigkeit
fhv- Handgeschick	**wmv- Willensreagibilität**
Ev-Einstellungsmodul +Ev- Sicherheit +iEv- Unbedenklichkeit	Ov- Ordnungsmodul +Ov- Abwägen +iOv- Pedanterie
vkv- räumliche Vorstellung	dev- Denkgewandtheit
Fv- Fortschrittsmodul +Fv- Expansivität +iFv- Veränderungsdrang	Tv- Traditionsmodul +Tv- Bewahrung +iTv- Verfestigung
fkv- Bewegungskoordination	wkv- Willenskonstanz

Nähere Angaben zu den Elementen und Komponenten sowie ihren Resultanten enthält die folgende Übersicht:

Pv- Emotionsmodul
iPv: unangemessene Form, *Triebhaftigkeit,* Kreatürlichkeit des Erlebens, kindliche Unmittelbarkeit, Genießernaturell, Eindrucksabhängigkeit des Erlebens, Impulsivität, Genußsucht, hyperkinetische Reaktionen
Pv: angemessene Form *Emotionalität,* Natürlichkeit und Unmittelbarkeit des Erlebens, aus dem Es heraus erleben, Anschauungsnähe, Alltagsnähe, Genußfähigkeit, Zyklothymie, Seele, physiologische und vitale Bedürfnisse, praktische Ausrichtung, Augenmaß,
vlv: **lineare** Vorstellfähigkeit, Augenmaß
Rv: Steuerungsmodul
iRv: **unangemessene Form,** *Vernünftelei,* Neigung zu Schematismus und eingeengtem Formalismus, Züge von Schablonenhaftigkeit, Enge, Intellektualismus, weltfremde Spekulationen,
Rv: **angemessene Form,** *Vernünftigkeit,* Überlegung, Selbstdisziplin, Steuerung und kritische Haltung, Geist, noetischer Oberbau, Ichperson, intellektuelle, rationale Bedürfnisse, theoretische Ausrichtung, Unterscheidungsschärfe,
dkv: **geistige Unterscheidung,** analytisches Denken, geistige Kanaltrennung
Uv: Umweltmodul
iUv: **unangemessene Form,** *Darstellungsdrang* Prestige- und Statusdrang, will auf sich aufmerksam machen und dadurch Beziehungen zur Umwelt gewinnen, Geltungsdrang, hysterische Reaktionen
Uv: **angemessene Form** *Weltzuwendung* extravertiertes Verhalten, sucht Gesellschaft und Öffentlichkeit, wendet sich der Welt zu, Aufgeschlossenheit, Geselligkeitsbedürfnisse, Selbstschätzungsbedürfnisse, Feingeschick
ffv: **manuelles Fein- und Fingergeschick**
Üv: Normenmodul

iÜv: **unangemessene Form,** _Egozentrizität_ bezieht alles auf sich, übertriebene Schamgefühle und Gewissensreaktionen, Unfreiheit, Isolierung, Abkapselung, übermäßige Verschlossenheit, orthodoxe und fanatische ideologische Haltungen, Fluchtreaktionen, Verfolgungsängste
Üv: a **angemessene Form** _Innenlenkung_ orientiert sich an inneren Wertvorstellungen, wahrt Abstand und Distanz, Intraversion, Streben nach Werten, ideologische Bedürfnisse, religiöse Bedürfnisse, ethische Vernünftigkeit, Bewußtheitsklarheit,
wev : **Entschlossenheit,** Bewußtheitsklarheit, Deutlichkeit
Kv: Kulturmodul
iKv: **unangemessene Form,** _Schwärmerei_ übersteigerte, unstete Gefühlsäußerungen mit ekstatischen und illusionären Zügen, Ästhetizismus, zweckentfremdete Schöngeistigkeit, Antifunktionalismus, halluzinäre Zwangshandlungen
Kv: **angemessene Form,** _Idealismus_ kulturelle Orientierung, Lebhaftigkeit der sozialen, kulturellen und sprachlichen Äußerungen, Äußerungsleichtigkeit, Gefühlslebhaftigkeit, Wachsamkeit, kulturelle Bedürfnisse, schöngeistige Bedürfnisse, Formensinn
vpv : **Formvorstellvermögen,** Formensinn
Bv: Beziehungsmodul
iBv: **unangemessene Form,** _Sentimentalität_ Gefühlchen, Gefühlsduselei, romantische Schwärmerei, Gemütsegoismus, Singularisierung, Ichbetonung, Hundeheimweh, fixe Ideen, Sendungsideen
Bv: **angemessene Form,** _Humanität_ Gefühlstiefe und Bindungsfähigkeit verbunden mit Eigenständigkeit des gefühlsmäßigen Erlebens, Individualität, Gemüt, Bedürfnis nach Selbstbestimmung und Selbstverwirklichung in dem Zusammenleben mit anderen, geistige Einfälle und Adaption,
dpv: **Denkplastizität,** Denkadaption, Informationsaufnahme von innen und außen, Einfälle, Kreativität, Phantasie
Gv: Gestaltungsmodul

iGv: **unangemessene Form,** *<u>Beherrschung</u>* Machtwünsche, Züge von Herrschsucht und Aggressivität, Schärfe der Reaktionen, Hitzigkeit, Machenwollen um jeden Preis, aggressive Streitsucht, bei der Beschwerden über Aggressivität und Ressentiment gegen andere
Gv: **angemessene Form,** *<u>Gestalten</u>* Aktivität des Gestaltens und Machens, aber auch der Durchsetzung, Führungs- und Lenkungsdrang, Leistungsbedürfnis, manuelles Tun,
fhv : **Handgeschick,** manuelle Fähigkeiten
Sv: Sozialmodul
iSv: **unangemessene Form,** *<u>Abhängigkeit</u>* Nachgiebigkeit, Beeinflußbarkeit, erdrückende Fürsorge, die keinen echten Halt und keine wirkliche Hilfe gibt, die zur Beherrschung anderer führt, Herrschen durch Schwäche, funktionale Schwäche
Sv: **angemessene Form,** *<u>Hingabe</u>* soziale Bedürfnisse, Engagement in der Gemeinschaft, Dienstbereitschaft, Anpassung, Beeindruckbarkeit, Hegen und Pflegen, soziale Anpassung, fluktuierende Aufmerksamkeit, Bewußtheitsweite,
wmv: **Willensmobilität,** Horizontweite, fluktuierende Aufmerksamkeit, Bewußtheitsweite, Willensreagibilität
Ev: Einstellungsmodul
iEv: **unangemessene Form,** *<u>Unbedenklichkeit</u>* überhöhte Risikobereitschaft, Mangel an Selbstkritik, Hektik, Leichtfertigkeit,, Flüchtigkeit, Tollkühnheit, effekt- und äußerlichkeitsorientiert, Einstellung der Überlegenheit verbunden mit unberechtigten Gefühlen, über ungewohnte Kräfte zu verfügen
Ev: **angemessene Form,** *<u>Sicherheit</u>* Frische, Heiterkeit, sanguinisch, Selbstvertrauen, Wagemut, ästhetische Bedürfnisse, musische und künstlerische Bedürfnisse, Qualitätssinn, plastische Vorstellung,
vkv : **kubische Vorstellfähigkeit,** räumliches Vorstellvermögen,
Ov: Ordnungsmodul

iOv: **unangemessene Form,** *Pedanterie* Übervorsicht, Mißtrauen, Verdrossenheit, Mißmut, strenge, fixierte und wenig sinnvolle Ordnungsbildung, Listenführungsdrang, bürokratische Tendenzen und Verhaltensformen, bedrohende Ängste
Ov: **angemessene Form,** *Abwägen* Besinnlichkeit, Besonnenheit, Systematik, Tiefsinn, Ernst, melancholisch, Ordnungsstreben, Streben nach Gliederung und Systematik, Organisationsdrang, intellektuelle Verknüpfungvielfalt,
idv: **Mißmut,** Verdrossenheit, Unlust, Übervorsicht, Pessimismus, Beeinträchtigungswahn, Verfolgungsängste, Hoffnungslosigkeit und verschrobene Schuldgefühle
dv: **Ernst,** Verhaltenheit, Abwägen, Besonnenheit, Tiefsinn,
iov: **Schematismus,** Pedanterie, Listenzwang, Schematismus, Regelabhängigkeit, Normzwang, Wahrnehmungsstörungen, Erlebnisse unechter Wahrnehmungen in Form von Stimmen
ov: **Ordnungsstreben,** Gliederungsstreben, Systematisierungsstreben, Organisationsdrang
dev: **Denkelastizität,** Kombinationsgabe, praktisches Denken, Gedankenverknüpfung, Denkgewandtheit,
Fv: Fortschrittsmodul
iFv: **unangemessene Form,** *Überschwang* Heftigkeit, Hitzigkeit, Abenteurertum, Betriebsamkeit, Geschäftigkeit, Abwechslungssucht, Neuheitensucht,
Fv: **angemessene Form,** *Expansivität* Schwung, Unternehmungsgeist, cholerisch, eifrig, dynamisch, Bedürfnisse nach Neuem und Veränderungen, Zukunftsstreben, progressiv, zielsichere motorische Koordination,
fkv : **Bewegungskoordination,** Geschmeidigkeit, Wendigkeit und Harmonie der körperlichen Bewegungsabläufe
Tv: Traditionsmodul
iTv: **unangemessene Form,** *Fixiertheit* Verfertigung, Trotz, Abwehr, Unelastizität, Phlegma, Sturheit, Gewohnheitenverhaftung, Traditionsfixierung, Sicherheit um jeden Preis,

Tv: **angemessene Form,** *Bewahrung* Festigkeit, Selbstbehauptung, Traditionsgebundenheit, Traditions- und Besitzbedürfnisse, ökonomische Bedürfnisse, Phlegma, Gelassenheit, Beharrung, Beständigkeit, Bewußtheitsschärfe, fixierende Aufmerksamkeit.
wkv: **Willenskonstanz,** Konzentration, fixierende Aufmerksamkeit, Bewußtheitsschärfe und -genauigkeit

Entsprechend ergeben sich folgende Verknüpfungsformen[12]:

Elementenverknüpfungen	***Bedeutungen***
Pv: Emotionalverhalten - Rv: Vernunfthaltung	=Sbgv: Selbstbehauptungsverhalten
Uv: Umweltverhalten - Üv: Überichsteuerung	= Sägv: Selbstäußerungsverhalten
(Sbgv+Sägv)/2	= Egv: Eigenverhalten
Kv: Anregungsverhalten - Bv: Beziehungsverhalten	= Gegv: Gemeinschaftseinstellungsverhalten
Gv: Lenkungsverhalten - Sv: Sozialverhalten	= Gbgv: Gemeinschaftsbewältigungsverhalten
(Gegv+Gbgv)/2	= Mnv: sozialer Begegnungsstil
Ev: Aufnahmeverhalten - Ov: Verarbeitungsverhalten	= Wegv: Welterfassungsverhalten
Fv: Expansionsverhalten - Tv: Bewahrungsverhalten	= Wbgv: Weltbewältigungsverhalten
(Wegv+Wbgv)/2	= Wtv: Aufgabenverhalten
(Eg+Mn+Wt)/3	= INV: Gesamterscheinungsbild
(Summe der Elementenwerte)/12	= Inv=Inv'+iInv'': Grundstruktur
Inv'/Inv` `	Ingv: Stabilitätsfaktor
VyV. Vorstellfähigkeit	
vlv: Augenmaß	
vpv: Formensinn	$VyV=100*e^{(vlv*vpv*vkv/729)-1}$ pkt
vkv: Raumvorstellung	
IyV. Denkfähigkeit	
dkv: geistige Unterscheidung	
dpv: geistige Adaption	$IyV=100*e^{(dkv*dpv*dev/729)-1}$ pkt
dev: geistige Gewandtheit	
FyV. Fertigungsfähigkeit	
ffv: Fingergeschick	
fhv: Handgeschick	$FyV=100*e^{(ffv*fhv*fkv/729)-1}$ pkt
fkv. Bewegungskoordination	

[12] die Strukturformen entfallen hier weitgehend, da es sich nur um Situationsverhaltenserscheinungen handelt.

WyV. Willenshaltung	
wev: Entscheidungskraft	
wmv: fluktuierende Aufmerksamkeit	$WyV=100*e^{(wev*wmv*wkv/729)-1}$ pkt
wkv: fixierende Aufmerksamkeit	
Gesamtpotential	$TyV = (VyV*IyV*FyV*WyV)^{0,25}$

Auch hier dient ein Textprogramm zusammen mit den Terminitabellen der Interpretation:

Verhaltenspersonkurzbefund (DVkb)

Name:
Alter:
Vorbildung:
Beruf:
Zweck der Untersuchung:
Untersuchungsmaterial:
Prüfverfahren:

Die Auswertung des Untersuchungsmaterials vermittelt den Anschein einer *INV* Person mit *iINV* Zügen. Soweit es den direkten Umgang mit sich und der Welt, angeht, zeigt sie einen *Egv und iEgv* Verhaltensstil. Dahinter steht eine *Sbgv und iSbgv* Art, das Geschehen zu erleben und sich selbst zu bestimmen. Dieses wird durch *Pv und iPv* Impulse und eine *Rv und iRv* Haltung beeinflußt. Diese Art der Einstellung ist bei ihm mit *Sägv und iSägv* Lebens- und Aktionsweise gegenüber der Welt im allgemeinen und der Gesellschaft als Institution verbunden. Dazu tragen eine *Uv und iUv* Handlungsweise gegenüber der Umwelt und *Üv und iÜv* Züge als Begrenzer bei.

In sozialer Hinsicht, also in der Beziehung zu Menschen und Menschlichem stößt man bei diesem Menschen auf einen zunächst *Mnv und iMnv* wirkenden Stil des Verhaltens, dem eine *Gegv und iGegv* Einstellung zugrunde liegen könnte. So erfährt er dann die anderen Menschen und sich in der sozialen und kommunikativen Situation. Dementsprechend zeigt er eine *Kv und iKv* Ansprechbarkeit und einen *Bv und iBv* Beziehungsstil. Sobald es um die Auseinandersetzung mit der sozialen Umwelt – nicht nur um die innere - geht, stößt man bei ihm auf *Gbgv und iGbgv* Züge und *Gv und iGv* Gestaltungstendenzen sowie *Sv und iSv* Hingabe an andere und anderes.

Im Umgang mit den Dingen, Problemen und Aufgaben des Lebens und des Berufs zeigt er eine zunächst *Wtv und iWtv* wirkende Umgangsweise. Dabei erfaßt er die auf ihn zukommenden Eindrücke *Wegv und iWegv*. Die damit eng verbundene allgemeine Lebensauffassung erscheint *Ev und iEv*. Das, was er aufgrund dieser Einstellung erfaßt hat, wird er *Ov und iOv* verarbeiten. Der Umgang mit den Situationen, Dingen, Aufgaben und Problemen wird im allgemeinen von einem *Wbgv und iWbgv* Handlungsstil geleitet, hinter dem einerseits Züge von *Fv und iFv* und andererseits solche von *Tv und iTv* wirksam werden.

Dabei bringt er eine *IyV* Denkweise mit. Die *WyV* ausgeprägte Willensbetätigung steht wie die anderen Begabungen im Dienste der Persönlichkeit. Insgesamt gesehen entwickelt er an integrierenden, d.h. verarbeitenden Begabungen *wev,wmv,wkv* Willenshaltung und *dkv,dpv,dev* Denken. Bei *wev* Entscheidungsweise kann er das Wesentliche geistiger Probleme *dkv* erkennen, d.h. zugleich analytisch denken. Auf dieser Grundlage entwickelt er eine *wev#dkv* Urteilsweise. Auf die Vielfalt der Eindrücke spricht er *wmv* an. Innere, aber auch äußere Informationen nimmt er geistig *dpv* auf, um sie im Zuge der Informationsverarbeitung zu nutzen. Das ist die Grundlage für eine *wmv#dpv* Lernweise und Informationsverarbeitung. Da er zudem über die Fähigkeit verfügt, sich *wkv* zu konzentrieren und seine Gedanken und Denkinhalte *dev* miteinander zu verknüpfen, steht ihm eine *wkv#dev* Kombinationsweise zur Bewältigung praktischer Probleme zur Verfügung.

Auf Seiten der assimilierenden, gestaltenden Begabungen finden sich *VyV* Vorstellungs- und *FyV* Fertigungsfähigkeiten. Das *vlv* lineare Vorstellvermögen als Basis der Distanzeneinschätzung verbindet sich mit *ffv* Fingergeschick zu *vlv#ffv* Feingeschick. Von der Handfertigkeit her erweist er sich als eher *fhv* ausgebildet, und das bei *vpv* Formvorstellungsvermögen, so daß damit zu rechnen ist, daß er handwerklich *vpv#fhv* arbeiten wird. Infolge der *vkv* ausgebildeten räumlichen Vorstellfähigkeit und *fkv* Bewegungskoordination kann im allgemeinen mit einer *vkv#fkv* Ausführungsweise bei Gestaltungsprozessen gerechnet werden.

Als Arbeits- und Tätigkeitsgebiete eignen sich für ihn am besten:

ORIENTIERUNGSWEISE[13]

Seiner Verhaltensstruktur entsprechend benötigt der Beurteilte zur erfolgreichen Orientierung im Leben und zu effektiven Lernen möglichst *Pv und Rv* Situationen. Passend wäre dazu eine *Üv und Uv* Umgebung, wobei *Kv* soziale Beziehungen mit *Bv* Bindungen die Effektivität seiner Orientierung und seines Lernens unterstützen könnten. Die Aufgaben sollten *Gv* und *Sv* Reaktionsweisen erfordern. Dabei sollte die Darbietung aufzunehmender Inhalte *Ev* und *Ov* erfolgen. *Fv und Tv* sollten den Lehrprozeß bestimmen.

ARBEITSSTIL UND EINSATZBEREICH

Der persönliche Arbeitsstil bestimmt den günstigsten Tätigkeitsbereich. Daher wird das Wirken des Beurteilten am effektivsten sein, wenn die jeweiligen Aufgaben *Pv und Rv* Einstellungen verlangen. Es werden ihm Aufgaben besonders liegen, die *Uv* und *Üv* Umweltsituationen bieten, die zudem *Kv* soziale Umstände mit *Bv* inneren Beziehungen zu anderen Menschen aufweisen. Arbeiten, die eine *Gv und Sv* Reaktionsweise voraussetzen, bieten ihm gute Entfaltungsmöglichkeiten. Dabei sind Tätigkeiten zu bevorzugen, bei denen die Situationen *Ev* erfaßt und *Ov* bearbeitet werden müssen. Der Aufgabenbereich sollte dazu *Fv und Tv* in der Einsatzweise verlangen.

ZUSAMMENFASSUNG:

Aufgrund der Analyse ergibt sich hinsichtlich der geprüften Faktoren bezogen auf die entsprechenden Anforderungen der vorgesehenen Position eine Übereinstimmung von

+System:

+iSystem:

Begabungen:

---

[13]ab hier stehen die Codes für Kombinationstermini aus angemessenen und unangemessenen Werten

also

Gesamteignung

Dabei gelten folgende Bedeutungen der Übereinstimmungsgrade:

	<60%	wenig geeignet
60 bis	67%	kaum geeignet
68 bis	74%	teilweise (bedingt) geeignet
75 bis	83%	weitgehend (noch) geeignet
	>83%	geeignet

Deutlich erkennt man wesentliche Unterschiede zur Persönlichkeitsbeurteilung schon darin, daß keinerlei Aussagen über lebensbeeinträchtigende Störungsfaktoren gemacht werden und werden können. Dafür wird aber auch nur etwas über das Arbeitsverhalten, nichts dagegen über grundlegende allgemeine Einstellungen ausgesagt. Es bedarf daher auch nicht so umfassender Studien und Analysen wie im Falle der Persönlichkeitsbeurteilung. Analyseprotokolle DBBk, DCk und DFk reichen in solchen Fällen aus, lassen sich aber auch nicht nur so nebenbei bearbeiten. Die dabei erhaltenen Werte werden dann in das Auswertungsprogramm DAEB eingetragen, das sie automatisch - auch für die Bewertungen mehrerer Beobachter - auswertet.

Hierzu nun ein Beispiel, und zwar zur gleichen Person wie oben und zum gleichen Arbeitsplatz.

Als Personergebnisse erhalten wir:

<table>
<tr><th></th><th>real</th><th>imag</th><th>| |</th><th></th><th>real</th><th>imag</th><th></th><th>real</th><th>imag</th><th>| |</th><th></th><th></th><th></th></tr>
<tr><td>**Pv**</td><td>6,1</td><td>5,1</td><td>5,9</td><td>**Sbgv**</td><td>-0,4</td><td>-0,7</td><td>**Egv**</td><td>0,1</td><td>-0,5</td><td>**vlv**</td><td>7,0</td><td>**VyV**</td><td>53,5</td></tr>
<tr><td>**Rv**</td><td>6,5</td><td>5,8</td><td>6,4</td><td></td><td></td><td></td><td></td><td></td><td></td><td>**dkv**</td><td>6,8</td><td>**IyV**</td><td>59,9</td></tr>
<tr><td>**Uv**</td><td>4,8</td><td>4,8</td><td>5,2</td><td>**Sägv**</td><td>-0,7</td><td>0,3</td><td></td><td></td><td></td><td>**ffv**</td><td>5,5</td><td>**FyV**</td><td>41,8</td></tr>
<tr><td>**Üv**</td><td>5,5</td><td>4,6</td><td>5,4</td><td></td><td></td><td></td><td></td><td></td><td></td><td>**wev**</td><td>5,3</td><td>**WyV**</td><td>50,4</td></tr>
<tr><td>**Kv**</td><td>6,0</td><td>4,9</td><td>5,8</td><td>**Gegv**</td><td>-1,3</td><td>-0,6</td><td>**Mnv**</td><td>-0,5</td><td>0,6</td><td>**vpv**</td><td>6,5</td><td>**TyV**</td><td>51,0</td></tr>
<tr><td>**Bv**</td><td>7,3</td><td>5,6</td><td>6,7</td><td></td><td></td><td></td><td></td><td></td><td></td><td>**dpv**</td><td>7,3</td><td></td><td></td></tr>
</table>

Gv	4,9	2,9	4,5	Gbgv	-0,2	-1,8				fhv	4,3		
Sv	5,2	4,7	5,3							wmv	6,3		
Ev	5,2	4,9	5,4	Wegv	-1,7	-1,6	Wtv	-0,4	-0,3	vkv	6,0		
Ov	6,9	6,5	6,9							dev	7,3		
Fv	5,0	4,2	5,0	Wbgv	-0,9	-0,9				fkv	4,0		
Tv	5,9	5,1	5,9							wkv	7,0		
Inv	5,8	4,9	5,7	Ingv	1,2		INV	-0,3	-0,1	Lü	51,4		

Für den Arbeitsplatz dazu als Verhaltensanforderungen:

	real	imag	| |		real	imag		real	imag	| |			
Pv	5,4	3,8	5,1	Sbgv	-2,4	-2,3	Egv	-1,4	-1,0	vlv	5,2	VyV	42,4
Rv	7,7	6,1	7,1							dkv	8,1	IyV	64,7
Uv	5,7	4,5	5,5	Sägv	0,5	-0,2				ffv	6,6	FyV	44,4
Üv	5,2	4,7	5,3							wev	4,5	WyV	47,8
Kv	5,7	4,2	5,4	Gegv	-0,9	-0,9	Mnv	-0,2	-0,2	vpv	5,4	TyV	49,1
Bv	6,6	5,0	6,2							dpv	6,6		
Gv	4,8	3,2	4,5	Gbgv	-0,6	-0,5				fhv	4,0		
Sv	5,3	3,8	5,0							wmv	5,8		
Ev	4,8	3,3	4,6	Wegv	-2,3	-3,3	Wtv	-0,9	-1,4	vkv	3,7		
Ov	7,2	6,6	7,1							dev	7,7		
Fv	5,3	4,3	5,2	Wbgv	-0,5	-0,6				fkv	5,2		
Tv	5,7	4,9	5,7							wkv	7,3		
Inv	5,8	4,5	5,6	Ingv	1,3		INV	-0,8	-0,8	Lü			

Das bringt folgende Eignungsgrade:

Beg.%	85,7
+S%	88,9
+iS%	85,5
ges%	86,7

Im Vergleich zur Berufseignung liegen diese Werte auf ähnlichem Niveau. Doch nun zur Interpretation der Verhaltenspersonergebnisse, wobei eine zweite Form des Textprogramms DVkb verwendet werden soll

Verhaltenspersonkurzbefund (DVkb)

Name	N.N.
Alter	56 Jahre
Vorbildung	Abitur
Beruf	Psychologe
Zweck der Untersuchung	Eignung zum Teamleiter Entwicklung
Untersuchungsmaterial	Vorstellungsgespräch
Prüfverfahren	DCk_DAEB

Die Auswertung des Untersuchungsmaterials vermittelt den Anschein einer *eher ausgeglichenen* Person mit *leicht uneindeutigen* Zügen. Soweit es den direkten Umgang mit sich und der Welt, angeht, zeigt sie einen *ausgeglichenen bis leicht gespannten* Verhaltensstil. Dahinter steht eine *ausgewogene und eher nüchterne* Art, das Geschehen zu erleben und sich selbst zu bestimmen. Dieses wird durch *eher emotionale und impulsive* Impulse und Aufnahmeweisen sowie eine *besonnene und verengte* Haltung als Steuerungspotential beeinflußt. Diese Art der Einstellung ist bei ihm mit *ausgesprochen verhaltener und relativierender* Lebens- und Aktionsweise gegenüber der Welt und der Gesellschaft verbunden. Dazu tragen eine *ansatzweise lebendige bis begrenzt beteiligte* Handlungsweise gegenüber der Umwelt und *bedingt bestimmte bis illiberale* Züge als Bewerter und Begrenzer des Verhaltens bei.

In sozialer Hinsicht, also in der Beziehung zu Menschen und Menschlichem stößt man bei diesem Menschen auf einen zunächst *eher ausgeglichen und recht uneindeutig* wirkenden Stil des Verhaltens, dem unter anderem eine *verständige und eher beeinflußbare* Einstellung zugrunde liegt. So erfährt er dann die anderen Menschen und sich in der sozialen und kommunikativen Situation und bettet sie dementsprechend ein. Dazu trägt eine *eher kulturgebundene bis veräußerlichte* Ansprechbarkeit und ein *ausgesprochen beteiligter und sehr romantischer* Bindungs- und Abgrenzungsstil bei. Sobald es um die tätige Auseinandersetzung mit der sozialen Umwelt - nicht nur um die innere - geht, stößt man bei ihm auf *fortführende und ausgesprochen folgsame* Züge. Dahinter stehen *ausgesprochen kooperative und eher zaghafte* Gestaltungstendenzen sowie *ausgesprochene ansprechbare und sensitive* Hingabe an andere und anderes.

Im Umgang mit den Dingen, Problemen und Aufgaben des Lebens und des Berufs zeigt er eine zunächst *eher ausgeglichen und leicht uneindeutig* wirkende Umgangsweise. Dabei erfaßt er die auf ihn zukommenden Eindrücke und die Situationen *eher gegliedert und eher registrierend.* Die diesem zugrunde liegende allgemeine Lebensauffassung erscheint *eher sicher bis unbestimmt.* Das, was er aufgrund dieser erfaßt hat, wird er *umfassend und eher katalogisierend* verarbeiten. Der tätige Umgang mit den Situationen, Dingen, Aufgaben und Problemen wird im allgemeinen von einem *regen und ungleichmäßigen* Weltbewältigungsstil geleitet, hinter dem einerseits Züge von *einiger Rührigkeit und wenig Interesse* und andererseits solche von *erhöhtem Gleichmaß und einigen Verfestigungen* wirksam werden.

Dabei bringt er eine *ausgeprägte* Denkweise mit. Die *deutlich* ausgeprägte Willensbetätigung steht wie die anderen Begabungen im Dienste der Persönlichkeit. Insgesamt gesehen entwickelt er an integrierenden, d.h. verarbeitenden Begabungen *eine straffe horizontweite* Willenshaltung und *ein vielseitiges vernetztes* Denken. Bei *ansatzweise bestimmter* Entscheidungsweise kann er das Wesentliche geistiger Probleme *deutlich* erkennen, d.h. zugleich analytisch denken. Auf dieser Grundlage entwickelt er eine *sichere* Urteilsweise. Auf die Vielfalt der Eindrücke spricht er *leicht beschleunigt* an. Innere, aber auch äußere Informationen nimmt er geistig *annähernd umfassend* auf, um sie im Zuge der Informationsverarbeitung zu nutzen. Das ist die Grundlage für eine *flexible* Lernweise und Informationsverarbeitung. Da er zudem über die Fähigkeit verfügt, sich *recht gut* zu konzentrieren und seine Gedanken und Denkinhalte *vielseitig* miteinander zu verknüpfen, steht ihm eine *gezielte* Kombinationsweise zur Bewältigung praktischer Probleme zur Verfügung.

Auf Seiten der assimilierenden, gestaltenden Begabungen finden sich *höhere* Vorstellungs- und *mittlere* Fertigungsfähigkeiten. Das *größere* lineare Vorstellvermögen als Basis der Distanzeneinschätzung verbindet sich mit *eher mittlerem* Fingergeschick zu *genauem* Feingeschick. Von der Handfertigkeit her erweist er sich als eher *mäßig* ausgebildet, und das bei *gut durchschnittlichem* Formvorstellungsvermögen, so daß damit zu rechnen ist, daß er handwerklich *gerichtet* arbeiten wird. Infolge der *durchschnittlich* ausgebildeten räumlichen Vorstellfähigkeit und *ausgesprochen mäßiger* Bewegungskoordination kann im allgemeinen mit einer *gerichteten* Ausführungsweise bei Gestaltungsprozessen gerechnet werden.

Als Arbeits- und Tätigkeitsgebiete eignen sich für ihn am besten:

Pv *Tätigkeiten, die emotionales Handeln und Reagieren sowie unmittelbare natürliche Beteiligung am Geschehen verlangen, anschauungsgebundene Arbeitsweise, emotionales Engagement an dem Tun, unmittelbares Handeln, lebendiges Reagieren. Praktische Inhalte, Anschauliches, Körperliches, Land- und Forstwirtschaft, Organisches, Biologisches, Nahrungs- und Genußmittel, sinnliche Inhalte,*

Rv ***Tätigkeiten, die Ichsteuerung, bewußte, überlegte und kontrollierte Handlungen verlangen, die mehr kritischer und prüfender disziplinierter Haltung bedürfen, Planungs-, Prüfungs- und Kontrollfunktionen, selbstdisziplinierte Haltung, schematische und formalisierte Arbeiten. Ideen, Geistiges, Wissenschaft, Philosophie, Erkenntnislehre, Gedankliches, Abstraktes, Theoretisches, Ätherisches, Esoterik, Spekulatives, Neugier-Weckendes, Intellektualistisches***

Bv *Tätigkeiten, die Individualität und Eigenständigkeit von innen heraus in sozialen Bezügen verlangen, bei denen ein innerliches Engagement für andere Menschen verlangt wird. Tätigkeiten in enger Teambeziehung, Arbeiten mit festen sozialen Bindungen, die wenig wechseln, gefühls- und gemütsbezogene Arbeiten, personenbezogene Beratungs- und pädagogisch-führende Tätigkeiten, Individuation, Selbstgestaltung, Selbstverwirklichung, Partnerschaft, Psychologie, Individualtherapie,*

Ov ***Tätigkeiten, bei denen es auf eine systematische und formale innere Verarbeitung der Qualitäten ankommt. Arbeit in kleinen Schritten, Fein- und***

Ordnungsarbeiten, Präzisionsarbeiten, Innendienst, Büroarbeit, Bearbeitung von Kleinigkeiten, besinnliche und ernste Arbeitshaltung mit Vorliebe zum Abwägen erforderlich. Verwaltung, Organisation, Logistik, Ordnung, Zahlen, Gliederung, Systematik, Formales, Informatik, EDV, Ordnungsvorschriften

iOv einzelheitliche Arbeitsweise, Umgang mit Kleindetails, Fieselarbeit, Zählarbeit, bürokratische Arbeiten, Schemata, Registratur, Listenführung

ORIENTIERUNGSWEISE[14]

Seiner Verhaltensstruktur entsprechend benötigt der Beurteilte zur erfolgreichen Orientierung im Leben und zu effektiven Lernen möglichst *emotionale und kritische* Situationen. Passend wäre dazu eine *ungezwungene und indirekte* Umgebung, wobei *begeisternde* soziale Beziehungen mit *engagierten* Bindungen die Effektivität seiner Orientierung und seines Lernens unterstützen könnten. Die Aufgaben sollten *zögernde und verstehende* Reaktionsweisen erfordern. Dabei sollte die Darbietung aufzunehmender Inhalte *lebhaft und katalogisierend* erfolgen. *Regsamkeit und Verfestigung* sollten den Lehrprozeß bestimmen.

ARBEITSSTIL UND EINSATZBEREICH

Der persönliche Arbeitsstil bestimmt den günstigsten Tätigkeitsbereich. Daher wird das Wirken des Beurteilten am effektivsten sein, wenn die jeweiligen Aufgaben emotionale und kritische Einstellungen verlangen. Es werden ihm Aufgaben besonders liegen, die *ungezwungene und indirekte* Umweltsituationen bieten, die zudem *begeisternde* soziale Umstände mit *enegagierten* inneren Beziehungen zu anderen Menschen aufweisen. Arbeiten, die eine *zögernde und verstehende* Reaktionsweise voraussetzen, bieten ihm gute Entfaltungsmöglichkeiten. Dabei sind Tätigkeiten zu bevorzugen, bei denen die Situationen *lebhaft* erfaßt und *katalogisierend* bearbeitet werden müssen. Der Aufgabenbereich sollte dazu *Regsamkeit und Verfestigung* in der Einsatzweise verlangen.

---

[14]ab hier stehen die Codes für Kombinationstermini aus angemessenen und unangemessenen Werten

ZUSAMMENFASSUNG:

Aufgrund der Analyse ergibt sich hinsichtlich der geprüften Faktoren bezogen auf die entsprechenden Anforderungen der vorgesehenen Position eine Übereinstimmung von

+System: 88,9%

+iSystem: 85,5%

Begabungen: 85,7%

also

Gesamteignung: 86,7% (geeignet)

wobei gilt:

	<60%	wenig geeignet
60 bis	67%	kaum geeignet
68 bis	74%	teilweise (bedingt) geeignet
75 bis	83%	weitgehend (noch) geeignet
	>83%	geeignet

Anhand eines derartigen Befundes fällt es dann im allgemeinen leichter, die richtige Entscheidung zu fällen. Auch dabei sollte man aber nie vergessen, daß wir es hier mit einer Prognose zu tun haben, die der Kontrolle und Überprüfung in mehrfacher Hinsicht bedarf.

Kontrollmaßnahmen

Da es sich hier also um Prognosen handelt, bedürfen die Ergebnisse einer Bewährungskontrolle. Wie diese in der Berufswahlberatung erfolgen kann, habe ich an anderer Stelle dargestellt[15]. Im Betrieb gehört dazu vor dem Ende der Probezeit aufgrund der nun vorliegenden umfangreicheren Stichprobe eine erneute Beurteilung der Arbeitsverhaltensperson erfolgen. Dazu steht bei dem hier verwendeten Ansatz das Analyseprogramm DCk zur Verfügung. Mit seiner Hilfe soll eine Beschreibung des Arbeitsverhaltens des Neuen erfolgen, und zwar unabhängig davon, was er an der betreffenden Stelle

15

gebracht hat. Es geht hierbei nicht darum festzustellen, ob er die Probezeit bestanden hat, es geht nicht darum, seine Bewährung zu überprüfen, darüber Näheres im nächsten Abschnitt. Soweit möglich sollte dieses DCk von mehreren Beurteilern zusammen erstellt werden, wobei u.U. auch die Kollegen mitwirken können, da ja kein Urteil über Können und Bewährung verlangt wird.

Nach Auswertung der Arbeitsverhaltensbeurteilung mit dem DAEB stehen uns nunmehr bis zu 3 Arbeitsverhaltenspersonenwerte" des Mitarbeiters zur Verfügung, eines aus dem Bewerbungsfragebogen DFk2 im Rahmen des Personalbogens, eines aus dem Vorstellungsverhalten DCk und eines aus der Verhaltensbeurteilung am Ende der Probezeit. Wir überprüfen dann mit Hilfe der Korrelationsrechnungen (EAG und EAP) deren Übereinstimmungen in den einzelnen Kriteriengruppen, um Abweichungen zu erkennen, um Diskrepanzen zu ermitteln, die sich entweder auf bestimmte Kriterien oder aber auf bestimmte Beurteiler beziehen. Im ersten Falle wäre zu untersuchen, ob unsere Beurteiler die Itembeschreibungen richtig verstanden haben, ob die vorliegenden Items in unserem Falle überhaupt beobachtbar und differenzierbar sind oder durch andere ersetzt werden müssen. Natürlich kann es auch daran liegen, daß die Stichprobe zu gering ist, also die Informationen nicht ausreichten. Im allgemeinen kann man davon ausgehen, daß die Arbeitsverhaltensbeurteilung mit dem DCk die besten Werte liefert, weil die Beobachtungsstichprobe am größten ist.

In einem zweiten Schritt korreliert man die aus Vorauslese, Hauptauslese und Arbeitsverhaltensbeurteilung-Anforderungsvergleich erhaltenen Eignungswerte miteinander. Treten hier große Diskrepanzen, also niedrige Korrelationswerte auf, obwohl die Korrelationen der verschiedenen Arbeitsverhaltenspersonenwerte hoch liegen, so wird es erforderlich, die Anforderungswerte des Arbeitsplatzes in gleicher Weise zu überprüfen. Bei alledem ist zu beachten, daß sowohl die Gleichsinnigkeits- als auch die Gleichwertigkeitskorrelation ermittelt werden müssen[16]

Während die Arbeitsverhaltensbeurteilung nichts darüber aussagt, ob sich der Neue auch an seinem Arbeitsplatz bewährt, ob er leistungs- und verhal-

[16] vgl. Waszkewitz: Persönlichkeit und Verhalten a.a.O. S. 106f

tensmäßig die Erwartungen erfüllt, versucht die Bewährungskontrolle gerade diesen Aspekt zu erfassen. Auch ein solches Verfahren muß systematisch sein und so aufgebaut werden, daß es für alle Mitarbeiter zu verwenden ist. Zugleich muß es so gestaltet werden, daß es Ergebnisse liefert, die mit den Eingangs-Beurteilungs-Aspekten vergleichbar sind. Es muß also auf das Eignungsbestimmungsverfahren abgestimmt werden und das ist bei den Kurzverfahren natürlich ein anderes als bei den differenzierten Elementen-Komponentenverfahren, und zwar das DCBk, dessen Ergebnisse mit dem DAEB ausgewertet werden, indem diese im rechten oberen Teil bei den B01 bis B20 eingetragen werden. Das Auswertungsprogramm liefert für die einzelnen Bewährungsbeurteilungen im unteren Teil dann die Bewährungswerte in Prozent. Für unsere Prognosenkontrolle sind davon besonders die Beg%, die +System% und die +iSystem% wichtig, die jeweils mit den Eignungswerten aus Vorauslese, Hauptauslese und Arbeitsverhaltensbeurteilung zu korrlieren sind.

Eine erste solche Bewährungs-Beurteilung muß unbedingt vor Ende der Probezeit durchgeführt werden, sollte im übrigen alle 3 bzw 4 Monate durch den direkten Vorgesetzten ausgefüllt werden, denn die menschliche Gedächtnisspanne reicht nicht weiter. Allerdings muß der Beurteiler sie zur Kenntnisnahme dem Beurteilten vorlegen. Sie mit dem Beurteilten zu besprechen, dürfte sinnvoll sein, solange das Verhältnis Vorgesetzter und Mitarbeiter intakt ist. Ansonsten findet eine Besprechung besser zwischen dem Mitarbeiter und einem versierten Vertreter der Personalleitung statt. Außerdem ist es wesentlich, die Ergebnisse im Laufe der Zeit zu vergleichen, ob Steigerungen oder Ausfälle auftreten, ob evtl. Arbeitsstörungen zu verzeichnen sind, die evtl. Kennzeichen krisenhafter Entwicklungen sein können etc.

Für unsere Verfahrenskontrolle ist es wichtig, die Ergebniswerte der WB mit den Eignungswerten aus Vorauslese, Hauptauslese und Mitarbeiterverhaltensbeurteilung zu vergleichen. Entsprechende Korrelationsrechnungen zeigen dann, ob und inwieweit die verschiedenen Eignungsbestimmungen mit den Ergebnissen im Arbeitseinsatz übereinstimmen, wo Abweichungen oder Schwächen liegen, welchen Prognoseanteilen welche Bedeutung zukommt.

Natürlich ist der Einsatz derartiger systematischer Verfahren generell ad hoc Methoden überlegen, deren Ergebnisse sich nicht überprüfen lassen, aber man sollte auch auf eine Kontrolle der Ergebnisrichtigkeit und -sicherheit, wie schon dargelegt, nicht verzichten. Wenn auch - nach den Überprüfungen im Rahmen einiger Diplomarbeiten an der FH-Fulda - nicht mehr davon auszugehen ist, daß die Checklisten wesentliche Fehlerquellen bergen, so kann dieses insbesondere für den speziellen Fall doch nicht ausgeschlossen werden. Um derartige Fehler aufzuspüren, müssen folgende Analysen vorgenommen werden

- - Korrelationsanalyse der Kriterienwerte je Checklist untereinander (sollten gering bleiben oder nicht besonders hoch ausfallen)
- - Korrelationsanalyse der Wiederholungsergebnisse bei gleichen Personen in kürzeren Zeitabständen je Checklist (sollten >+0.7) sein,
- -Korrelationsanalyse der Kriteriengruppenwerte verschiedener Personen je Checklist (sollten gering bleiben, besonders, wenn es sich um Bewerber für unterschiedliche Stellen handelt)

Solange diese Korrelationsanalysen bei den Werten der gleichen Personen Faktoren von >+0.7 erbringen, ist davon auszugehen, daß die Fehlerquoten gering sind. Treten geringere Werte auf, muß man die Fehler systematisch suchen, doch muß bedacht werden, daß die Bedeutung der Ergebnisse sich mit der Zahl der zu vergleichenden Faktorenpaare ändert, wie die folgende Tafel zeigt.

Korrelationsergebnisse

Paare	95%	99%	99,9%	Paare	95%	99%	99,9%
3	0,997	1,000	1,0000	25	0,396	0,505	0,618
4	0,950	0,990	0,999	26	0,388	0,496	0,607
5	0,878	0,959	0,991	27	0,381	0,487	0,597
6	0,811	0,917	0,974	28	0,377	0,479	0,588
7	0,755	0,875	0,951	29	0,367	0,471	0,579

8	0,707	0,834	0,925	30	0,361	0,463	0,570
9	0,666	0,798	0,898	31	0,355	0,456	0,562
10	0,632	0,765	0,872	32	0,349	0,449	0,554
11	0,602	0,735	0,847	33	0,349	0,444	0,447
12	0,576	0,708	0,823	34	0,349	0,440	0,440
13	0,553	0,684	0,801	35	0,333	0,436	0,434
14	0,532	0,661	0,780	36	0,333	0,433	0,428
15	0,514	0,641	0,760	40	0,31		
16	0,497	0,623	0,742	50	0,28		
17	0,482	0,606	0,725	60	0,25		
18	0,468	0,590	0,708	80	0,22		
19	0,546	0,575	0,693				
20	0,444	0,561	0,679				
21	0,433	0,549	0,665				
22	0,423	0,537	0,652				
23	0,413	0,515	0,640				
24	0,404	0,505	0,629				

Wesentlich ist bei allen diesen Korrelationsanalysen, daß man sich nicht auf Gleichsinnigkeitsanalysen, etwa mit Hilfe des Bravais-Pearson- oder Produkt-Moment-Korrelationskoeffizienten

$rp= (\Sigma(x_i\text{-}y_i)\text{-}nx_my_m)/(n\sigma_x\sigma_y)$

beschränkt, sondern auch eine Gleichwertigkeitsanalyse vornimmt, die im Grunde hier noch wesentlicher ist, denn gleichsinniger Werteverlauf liefert keine Bestätigung der Richtigkeit, solange die Werte weit auseinanderklaffen. Für sie gilt

$rg= 1\text{-} (\{2/(s\text{-}1)\}*\{[\Sigma(x_i\text{-}y_i)^2]/n\}^{0.5})$

Darin sind s die Anzahl der Stufen(=8 bei Skala 1-9; =100 bei Skala von 0 bis 100), x_i,y_i die Werte der beiden Reihen, n die Anzahl der Paare,x_m,y_m die Mittelwerte der beiden Reihen .

Haben wir also zunächst die Beschreibungen von Persönlichkeit und Arbeitsverhaltensperson, so kommt es nun darauf an, Wege zur Analyse und Bestimmung der Werte zu entwickeln. Dabei kann man sicher in manchen Fällen auf standardisierte Tests und Arbeitsproben zurückgreifen, deren Anwendung allerdings Fachleuten vorbehalten bleiben muß. In vielen Fällen aber sind die Voraussetzungen dafür ziemlich ungünstig. Deshalb werde ich mich auf Analyseverfahren beschränken, die im Zuge der Befragung und Verhaltensbeobachtung zu den gewünschten Ergebnissen führen.

Die Analyse

Analyse der psychischen Werte

Ein wesentliches Instrument der modernen Persönlichkeitsanalyse stellt der Fragebogen dar. Allerdings benötigt man dazu recht umfangreiche Fragenkataloge, um die verschiedenen Komponenten und –zustände erfassen zu können. Wesentlich geringer wird dr Umfang, wenn man sich auf die Elemente und die Begabungskomponenten beschränkt, wie wir es getan haben. Dabei müssen die Fragen so angeordnet werden, daß Halo- und Klebereffekte vermieden werden. Andererseits erschwert das dann die Auswertung. Diesem läßt sich dadurch begegnen, daß man die Fragen numeriert und Tabellenprogramme so gestaltet, daß die geeigneten Werte zusammengebracht werden. So kann dann eine automatische Auswertung stattfinden. Für das hier vorgestellte Beschreibungssystem zur Individualinstanz eignen sich der Fragebogen DIk. Im umrahmten Teil des Auswertungsprogramms DAE sind dann die Ergebnisse der Auswertung abzulesen.

Ein weiterer Weg ist die Analyse der Individualinstanz anhand des Verhaltens und der Befragung der Person. Allerdings ist dieses sehr langwierig, denn man muß dazu das Verhalten über einen längeren Zeitraum und in unterschiedlichen Situationen beobachten und protokollieren. Man wird also zum Schluß mehrere Verhaltensprotokolle vorliegen haben. Diese verschiedenen Ergebnisse muß man zusammenfügen. Dazu dient das DJk. Das DAE errechnet automatisch die Mittelwerte aus bis zu 5 Verhaltensprotokollen und liefert daraus ein Gesamtergebnis. Schon aus der Fülle der sich stellenden Fragen ergibt, daß eine solche Analyse sehr anspruchsvoll ist, daß sie viel Zeit beansprucht, und zwar jede einzelne. Und mit einer einzelnen sollte man es nicht bewenden lassen, da man ja die Persönlichkeit, also das Steuerungszentrum, und nicht deren Reaktion auf bestimmte Situationen ermitteln will und soll.

Auch dort, wo es um die Anforderungen der Berufe geht, bedarf es mehrerer Analysen, um fundamentale Werte zu erhalten. Man wird entsprechende Analyse-Checklisten, wie das DBk infolgedessen von mehreren Kennern und Berufsvertretern ausfüllen lassen, wobei auch das im allgemeinen manuell erfolgen wird, so daß die Einzelwerte später am Bildschirm verarbeitet und gemittelt werden müssen, wobei das Auswertungsprogramm DAE hilft. Gleiches gilt dann für die sozialen Anforderungen an Berufsvertreter, wobei man evtl. für verschiedene Hierarchieebenen in dem Beruf eigene Erhebungen anstellen muß. Dazu verwendet man das Analyseprotokoll DSk. Sobald Umweltverhältnisse generell, also arbeitsplatzunabhängig wesentlich sind, ist das Analyseprotokoll DWk. zu verwenden, das ebenfalls mit dem DAE ausgewertet wird. Die sprachliche Interpretation der Ergebnisse erfolgt dann mit Hilfe der jeweiligen Textprogramme DPkb, DSkb, DWkb und den Terminitabellen, die am Schluß befinden.

Ferner stehen gesonderte Analyseprotokolle zur Analyse von Handschriften (DHk) und thematischer Zeichentests, wie WZT und WaZt (DGk) zur Verfügung, die ebenfalls mit dem DAE ausgewertet und mit dem DPkbp sprachlich interpretiert werden können. Zu ihrer Anwendung gehört allerdings viel dieganostische Erfahrung.

Die Berufsanforderungswerte zu ermitteln, zusammenzustellen und den Ratsuchenden zur Verfügung zu stellen, kann nicht die Aufgabe jedes einzelnen Menschen sein. Er wäre damit überfordert, selbst wenn er dieses nur für ein oder zwei Berufe bewältigen müßte. Das ist Aufgabe der Gesellschaft und ihrer Institutionen, also bezogen auf die BRD der Berufsberatung der Bundesanstalt für Arbeit, die diese Aufgabe aber bis heute nur sehr unvollständig gelöst hat, wenn man bei dem vorliegenden Informationsmaterial überhaupt von einer Lösung sprechen kann.

Analyse der Verhaltensvoraussetzungen

Wie mehrfach angedeutet, ist es weniger aufwendig, die Arbeitsverhaltensperson sowie die entsprechenden Arbeitsverhaltensanforderungen zu bestimmen. Aber auch hier wird man aus Gründen der Objektivität und Realität oftmals Mehrfachbeurteilungen vornehmen lassen. Das gilt sowohl für die Einstellungsbeurteilungen an Hand der Analyse des Vorstellungsverhaltens als auch für die Beurteilung der Arbeitsplatzanforderungen und der sozialen Voraussetzungen. Und in beiden Fällen besteht meistens nicht die Möglichkeit, die Ursprungsbeurteilungen unmittelbar am Bildschirm durchzuführen. Man braucht also auch hier manuelle Protokollbögen, deren Werte anschließend am Bildschirm in ein entsprechendes Auswertungsprogramm übertragen werden. Das betrifft naturgemäß zunächst einen aussagefähigen Bewerbungsbogen[17], der neben den üblichen Sachfragen auch einen Fragebogen zur Verhaltensperson enthält, wie er z.B. als Analyseprotokoll DFk2 vorliegt, das mit Hilfe des Auswertungsprogramms DAEB auszuwerten ist und Aufschluß über die Verhaltensperson liefert. Allerdings benötigt der Betrieb hierzu die Genehmigung des Betriebsrates. Etwas anderes könnte gelten, wenn der Personalberater den Vorgang abwickelt.

Für die Aufzeichnungen des Vorstellungsverhaltens mit Hilfe des Analyseprotokolls DCk, auszuwerten mit dem DAEB, sind alle an der Vorstellung beteiligten Vertreter des Unternehmens zuständig. Günstig wäre es, wenn man auch die Arbeitsverhaltensbeurteilung, die ja nicht der Bewährungsanalyse dient, sondern die Aufgabe hat, eine noch präzisere und objektivere Beschreibung der Arbeitsverhaltensperson aufgrund vollständigerer Informationen zu ermöglichen, von mehreren Vorgesetzten ausfüllen lassen könnte. Auch dazu dient das Analyseprotkoll DCk.

Arbeitsanforderungen sollten stets durch mehrere Personen und auch unbedingt unabhängig voneinander bestimmt werden. Für mehrere Einzelbeurteilungen mit dem DBBk wertet das Arbeitsprogramm DAEB sie automatisch aus. Evtl. kann eine betriebliche Sozialstrukturanalyse sinnvoll sein, etwa mit dem DL, dessen Auswertung mit dem DAL vorzunehmen ist, worauf noch zurückzukommen sein wird. Sprachlich interpretieren lassen sich die Arbeitsanforderungen mit Hilfe des Textprogramms DBBkb, und das

[17] Zur Nutzung eines solchen ist allerdings eine Einigung mit dem Betriebsrat nötig, die oft schwer zu erreichen ist, obwohl der Betriebsrat doch im Interesse aller Mitarbeiter helfen sollte, möglichst präzise Eignungswerte als Entscheidungsunterlage zu bekommen.

auch zur Kontrolle der Ergebnisse wie zur Vervollständigung einer Ausschreibung.

Ergänzend lassen sich Handschrift und Zeichentests, wie der WZT heranziehen, für die ebenfalls Analyseprotokolle DD und DE vorliegen, die mit dem Auswertungsprogramm DY zu handhaben sind, allerdings verlangen, daß der Anwender sich mit graphischer Symptombestimmung auskennt.

Die Äquivalenzbestimmung

Berufseignungsbestimmung

In der Frage nach dem bestgeeigneten Berufsfeld für einen bestimmten Menschen kommt es - wie schon angedeutet - darauf an, daß die Anforderungen an die psychophysische Persönlichkeit sich möglichst vollständig mit derselben decken. Eine vollständige Deckung gibt es praktisch nicht, denn kein Mensch wird wie eine Maschine für eine bestimmte Aufgabe konstruiert, jeder Mensch birgt seine Widersprüche, jeder Beruf birgt seine Klippen. Soweit es die Übereinstimmung bezüglich der psychischen Persönlichkeit und ihrer Faktoren angeht, ist es zweckmäßig, von den Resultanten der Elemente auszugehen. Allerdings muß man vorher gravierende Entwicklungsrückstände der δ- und γ-Form ausscheiden. Sobald diese Werte stark ausgebildet sind (>5,0 in einer 9erSkala), bestehen erhebliche Einschränkungen der Äquivalenz, denn dann muß man ständig mit Fehlreaktionen und plötzlichen Reaktionsänderungen rechnen, die nicht vorauszusehen sind. Und das bei einem komplexen System, das an sich schon chaotisch-deterministisch[18] ist, also eine Verhaltensprognose im Einzelfalle nicht erlaubt, nur eine Reaktionstendenzprognose. Will man in solchen Fällen aus den Äquivalenzwerten dennoch Schlüsse für eine optimale Berufswahl ziehen, muß man weitere Untersuchungen durchführen, um die individuellen Stö-

---

[18] vgl. Waszkewitz: Persönlichkeit und Verhalten a.a.O. S. 48

rungsursachen und Störungsfolgen herauszufinden, die bei der Wahl dann zu berücksichtigen sind.

Unter der Voraussetzung, daß keine gravierenden δ- und γ-Werte vorhanden sind, kann man daher die Resultantenwerte der Elemente zugrunde legen, wobei man allerdings die reellen und die imaginären Werte für sich betrachten sollte. Und so erhält man eine Reihe von Äquivalenzwerten für:

- S die realen Elementenwerte
- iS die imaginären Elementenwerte
- Beg. die Begabungskomponentenwerte

Sie alle zusammen liefern dann die Gesamteignung für ein Berufsfeld, eine Sozial- oder Umweltsituation. Nun ist es allerdings sehr aufwendig, alle bekannten Berufsanforderungen mit den Werten einer Persönlichkeit zu vergleichen. Um diesen Vorgang zu vereinfachen, bieten die Tabellen in der Rubrik "Tätigkeitsentwicklung" nähere Hinweise darauf, wie geeignete Berufsfelder beschaffen sein sollten. Eine Trennung in dynamische und inhaltliche Werte erhält man allerdings nur, wenn man differenzierter vorgeht, was dann mit beträchtlichem Mehraufwand verbunden ist[19]. Zu diesem Zwecke sucht man in unserem Falle die quantitativ, also betragsmäßig stärksten angemessenen und unangemessenen Elemente (möglichst >6) , evtl. auch noch besonders schwache (< 2,0), und erhält dann eine Charakteristik des infrage kommenden Berufsfeldes, wie oben in unserem Beispiel. Soweit man dann Anforderungen entsprechender Berufe vorliegen hat, kann man mit Hilfe des Vergleichsprogramms die Äquivalenzwerte ermitteln, um die bestmöglichen Berufsfelder und -ausbildungen zu finden oder die Eignung in einem speziellen Falle zu ermitteln.

Da die Äquivalenz umso geringer ist, je größer die Unterschiede zwischen Person- und Anforderungswerten sind, und das nicht nur linear, berechnet man je Komponentenwert das Quadrat der Differenz. Diese Werte werden für die einzelnen Äquivalenzgruppen addiert und durch die Anzahl der Faktoren, also 12 dividiert. Aus diesem Ergebnis zieht man die Wurzel

---

[19] vgl. B. Waszkewitz: Psychologie der Persönlichkeit, Stuttgart 2003

und erhält die mittlere Abweichung. Die Übereinstimmung ergibt sich dann unter Berücksichtigung der verwendeten 9erSkala aus
100 minus X mal mittlere Abweichung oder:
$TE\% = 100 - X^*(\Sigma D^2/12)^{0,5}$, worin X je nach Gegenstand Werte zwischen 12,5 und 16 annimmt, für jeden Teilwert. Die Gesamteignung erhält man dann als geometrisches Mittel der Teilwerte. Da man im allgemeinen mehrere Vergleiche durchführen muß, um die optimale Berufslaufbahn herauszufinden, empfiehlt es sich dann, die Anforderungswerte für die geeignetste in die entsprechenden Rubriken der Persönlichkeitsanalyse einzutragen, um auch jederzeit bei auftauchenden Problemen deren Herkunft lokalisieren zu können, um dann für Abhilfe zu sorgen.

In gleicher Weise werden die Äquivalenzwerte für die sozialen Bedingungen ermittelt. Auch sie sollte man berücksichtigen, wobei zudem untersucht werden sollte, ab wann ein Aufstieg evtl. für die Persönlichkeit riskant wird, denn gerade in sozialer Hinsicht treten oft große Unterschiede in den verschiedenen Hierarchiestufen der Berufe auf. Auf damit zusammenhängende psychische Beeinträchtigungen komme ich später zurück. Und so kann es durchaus sinnvoll sein, nicht den geeignetsten, sondern evtl. einen auch noch geeigneten Beruf vorzuschlagen, in dem entsprechende soziale Probleme dann nicht zu erwarten sind.

Auf diese Weise haben wir die psychische Persönlichkeit berücksichtigt. Da in physischer Hinsicht kein ähnlich handhabbares Modell der Persönlichkeit vorhanden ist, müssen wir hierfür eine gesonderte und spezifische Überprüfung vornehmen. Dazu muß man die physischen Belastungen des gefundenen Berufsfeldes ermitteln und dann die Person daraufhin medizinisch untersuchen, ob von diesen Belastungen direkt oder indirekt gravierende Beeinträchtigungen der Gesundheit und des Wohlbefindens zu erwarten sind. In einem solchen Falle muß man dann überlegen, ob dieses zu umgehen ist oder ein solches Risiko besser nicht einzugehen ist.

Arbeitsplatzeignungsbestimmung

Auch zur Bestimmung der Arbeitseignung sowohl hinsichtlich der Arbeitsanforderungen als auch bezüglich der Sozialanforderungen müssen die Äquivalenzwerte ermittelt werden. Dabei spielen hierbei Verhaltenstemperament im Sinne des Arbeitsstiles und Neigungen hinsichtlich der Arbeitseinstellung eine wichtige Rolle. Und so erscheint es zweckmäßig, folgende Teileignungswerte zu ermitteln:

- - AS% Arbeitsstileignung
- - AE% Arbeitseinstellungseignung
- - B% Fähigkeitseignung
- - W% Erfahrungseignung
- - F% fachliche Eignung
- - E% Eindruckseignung
- -S% Sinneseignung,

was aber nur bei Verwendung des differenzierten Verhaltenspersonmodells sinnvoll ist. Bei dem ökonomischeren auf Elemente und Begabungskomponenten beschränkten Modell bleiben nur die gleichen Teilwerte wie auf der Seite der Persönlichkeit. Diese Teileignungswerte werden dann wieder in Form eines geometrischen Mittels zu einem Gesamtbefund zusammengefaßt. Infolge der andersartigen Verwertung der Grunddaten, sind die Teilwerte allerdings etwas anders zu berechnen, und keineswegs alle gleich. So erhalten wir folgende Gleichungen für die Äquivalenzwerte:

Beg.%= $100-\{12{,}5*[(\text{Summe } D^2_{vlw...wkw}/12)^{0,5}$

+S%= $100-\{20*[(\text{Summe } D^2_{+Pv...+Tv}/12)^{0,5}$,

+iS%= $100-\{20*[(\text{Summe } D^2_{+iPv...+iTv}/12)^{0,5}$

worin D^2 jeweils die Quadrate der Differenzen zwischen den Soll- und Istwerten der angegebenen Komponenten bezeichnet. Der Gesamtwert ergibt sich dann wieder als geometrisches Mittel der Teilwerte.

Mancher möge annehmen, daß es doch genüge, den Gesamteignungswert zu ermitteln, aber berücksichtigt man, daß es eine 100%ige Eignung nicht gibt, daß jeder in dieser oder jener Hinsicht „Mängel" aufweist, ist es wichtig zu erfahren, wo die Schwachstellen liegen, ob man sie evtl. durch Schulung etc. überwinden kann, was insbesondere hinsichtlich Arbeitsstil und Arbeitseinstellung besonders schwierig ist und auch im Begabungssektor nur selten gelingen wird. Ja, es ist vielfach erforderlich, die einzelnen Differenzquadratwerte unter die Lupe zu nehmen, um Beeinträchtigungen rechtzeitig zu sehen und evtl. auszugleichen. Man sollte stets bedenken, daß kein Mensch wie eine Maschine für eine bestimmte Aufgabe konstruiert wird, auch nicht durch noch soviel Ausbildung und Schulung.

Daneben können natürlich noch soziale Unverträglichkeiten bezüglich der bestehenden Konstellationen auftauchen. Dazu sollte man zusätzlich eine Überprüfung der Sozialstruktur vornehmen (Arbeitsprogramm DL), die Basis für das Betriebsklima, aber auch für die Führung des jeweiligen Sozialkörpers ist. Nur auf diese Weise läßt sich berücksichtigen, daß der Führungserfolg nicht nur von dem Können der Führungskraft, sondern auch von der dinglichen und sozialen Gruppenstruktur abhängt, und das einmal hinsichtlich ihrer Geschlossenheit, zum anderen aber auch hinsichtlich des Zusammenpassens von Gruppenstruktur und Führungsverhaltensstil des Vorgesetzten.

Bei alledem darf man nicht übersehen, daß alle Äquivalenzwerte Prognosen darstellen, deren Richtigkeit man stets überprüfen muß. Dazu dient die Bewährungskontrolle, z. B. durch eine sog. Erfolgskontrollbeurteilung (DCBk, die auf das Arbeitsverhaltenssystem abgestimmt ist. Und sobald deren Ergebnisse sich mit den Prognosen nicht decken, muß man nach den Ursachen dafür suchen. Im allgemeinen werden sie in der unzulänglichen Bestimmung der Anforderungen zu finden sein, hier und dort aber auch als Folge von Beurteilungsfehlern auf seiten der Beurteiler in Erscheinung treten. Das setzt dann ein systematisches Kontrollsystem mit entsprechenden Korrelationsrechnungen voraus, wie oben dargelegt wurde.

Eignung und Gesundheit

Notwendigkeit der Selbstverwirklichung

Bisher haben wir uns mit den Grundlagen und den Instrumenten für unser eigentliches Problem beschäftigt. Wenden wir uns nun der Frustration der Menschen im Arbeitsleben zu, so müssen wir die Frage beantworten, worin diese besteht und warum sie in so großem Maße auftritt. Folgen wir den Überlegungen der humanistischen Psychologen, so findet sich in jedem Mensch der Drang, sich selbst zu entfalten[20], also die eigenen Möglichkeiten möglichst vollständig zur Entfaltung zu bringen und daraus größtmöglichen Nutzen[21] für sich zu gewinnen. Zu diesen Möglichkeiten gehören Begabungen ebenso wie Antriebe und Bedürfnisse, also auch Wünsche und Zielvorstellungen, selbst wenn sie infolge der Eigenart der Persönlichkeit utopisch sind.

Und so kommt es vielfach zu einer dauerhaften Frustration, weil die eigenen, dem betreffenden Menschen evtl. nicht bewußten Wünsche und Zielvorstellungen nicht verwirklicht werden können, wobei dann häufig die Schuld bei anderen, den Vorgesetzten, der Gesellschaft usw. gesucht wird. Die Folge ist entweder ein ständiger Berufs- und Arbeitsplatzwechsel oder die Resignation mit zunehmenden depressiven Zügen, Verbitterung, Verkrampfung und schließlich sogar die Flucht in die Krankheit. Diese Form der Frustration findet sich besonders häufig bei bestehenden Persönlichkeitsstörungen, etwa Gehemmtheiten oder Atavismen, aber auch bei erhöhter Infantilität, wenn es nicht gelang, die Persönlichkeitskomponenten ausreifen zu lassen und zu einer realitätsgerechten Einschätzung der eigenen Möglichkeiten vorzudringen. Und selbst nach vorsichtiger Einschätzung kann man sicher davon ausgehen, daß neben den 20% gravierenden Persönlichkeitsstörungen weitere 30 bis 40% der arbeitenden Bevölkerung beträchtliche infantile Züge aufweisen. Dieses müßte im Rahmen der Humanisierung der Arbeitswelt schon im Zuge der Berufswahl berücksichtigt werden, wozu

[20] vgl.Zimbardo: a.a.O. S.492ff

[21] nicht nur materiell zu verstehen

allerdings dann eine Berufsberatung gehört, die auch in der Lage ist, derartige Probleme zu erkennen und zu berücksichtigen.

Natürlich gibt es auch jene Fälle, bei denen die Ursache für die gestörte Selbstverwirklichung nicht in der betreffenden Person liegt. Neurotisch reagierende Vorgesetzte, widrige gesellschaftliche Umstände oder auch wirtschaftliche Engpässe können dazu beitragen, daß Menschen sich nicht entfalten können, worauf ich in einem späteren Abschnitt zurückkommen werde. Eine derart behinderte Selbstverwirklichung wird zunächst nach Auswegen suchen, sei es durch Stellenwechsel, aber auch durch Lernen und berufliche Weiterbildung, doch selbst das führt nicht immer zum Erfolg. Dann bleibt vielfach noch der Rückzug ins Private, ins Hobby. Aber auch hier wird die Berufstätigkeit dann zum Übel, zur psychischen Belastung. Das kostet Energien, kostet Reserven und führt zu innerer Verspannung als Grundlage der Schwächung des Immunsystems und der Entstehung von Krankheiten.

Das alles weist uns darauf hin, daß Voraussetzung für beruflichen Erfolg für den einzelnen und die Gesellschaft in der Schaffung von Selbstverwirklichungsmöglichkeiten liegt. Das zeigt aber auch, daß es dafür keine generellen Rezepte, keine einfache Medizin gibt. Vielmehr muß man jedes Individuum gesondert betrachten, für jeden das Seine finden und anbieten. Nutzen kann nur das Individuum die jeweiligen Chancen, Zwang kann nicht zum Erfolg führen. Daraus sollte man aber nicht schließen, daß keine Konsequenzen zu ziehen sind. Im Gegenteil. **Alles verstehen, heißt noch längst nicht, alles zu verzeihen**. So kann ich dann hier auch nur die Wege vorzeichnen, die zu beschreiten sind, um krankmachende Einflüsse aus dem Arbeits- und Berufsleben zu vermindern und hier und dort auszuschalten. Die Lösung im Einzelfalle muß immer wieder neu erarbeitet werden, wozu die hier aufgeführten Arbeitsprogramme beitragen sollen und auch können.

Auf dem Wege zur Anpassung

Die grundlegende Arbeit auf dem Wege zur Selbstverwirklichung beginnt sehr früh, wahrscheinlich schon vor der Geburt, jedenfalls in früher Kindheit.

Das zeigen die folgenden Hinweise zu optimalen Bedingungen der Persönlichkeitskomponenten im Laufe der Entwicklung:

Für die sigmatischen Komponenten bedeutet dieses, daß für *nul* eine Umwelt mit lebensnahen, lebendigen, praktischen, organischen und biologischen Anregungen erforderlich ist. Die Dimension *gei* verlangt demgegenüber geistige, ideelle, gedankliche und philosophische Impulse. Soziale, pflegerische, erhaltende und schützende Inhalte tragen zur Entwicklung in *men,* führende, gestaltende, politische und bewältigende in *maf* bei. Die Dimension *fos* sollte Anregungen in formaler, ordnungsgebender, strukturierender und organisatorischer Hinsicht erhalten, während für *wek* ästhetische, auf Qualität und Qualitäten gerichtete, an Güte und Formniveau ausgerichtete Anregungen, darunter auch klassisch-musische nötig sind. Die angemessene Ausbildung in *bog* kann unter Verwendung von nicht zu starren Traditionen, vertrauensbildenden Maßnahmen unter Betonung des Bekannten und Sicherheit vermittelnden Gedankengutes erfolgen, während die der Dimension *fot* progressive, Entwicklung und Fortschritt, Neues und Neuartiges vermittelnde Inhalte ebenso benötigt, wie die Begegnung mit Fremdem, mit Unbekanntem und mit der Ferne. Eine angemessene Entfaltung der Grunddimension *wel* verlangt die Vermittlung von ethischen Normen, allgemeinen - auch fremden - Wertvorstellungen, wobei jede Enge, Orthodoxie und einseitige ideologische Ausrichtung vermieden werden muß. Ebenso ist für die angepaßte Ausbildung von *pub* wichtig, daß ein Abgleiten in Äußerlichkeiten vermieden wird, wenn in der Jugend die nötigen gesellschaftlichen Anregungen an den jungen Menschen herangetragen werden. Er muß in dieser Hinsicht Erfahrungen im Umgang mit Gesellschaft und Öffentlichkeit sammeln, ohne einer zu großen Außenlenkung zu verfallen. Besonders schwierig scheint eine angemessene Ausbildung in *ige,* denn hier geht es um psychologische Sachverhalte, die dem Verständnis der eigenen Regungen und Möglichkeiten, aber auch dem Verständnis anderer Menschen dienen müssen. Das wird zusätzlich durch die heute üblichen, für das breite Publikum verfaßten Schriften auf diesem Gebiete erschwert. In gewisser Weise gilt das auch für die zur Ausbildung in *kus* erforderlichen kulturellen und historischen Anregungen, ganz besonders aber für die Vermittlung der Sprache. Hier wird zu leicht dem allgemeinen Kommunikationsrummel verfallen und das Kind nicht von vornherein mit den Qualitäten der Hochsprache vertraut gemacht.

Für die Komponenten des syntaktischen Aspekts der Individualinstanz ist eine Förderung durch Forderung der einzig gangbare Weg, wenn das erforderliche Potential ausgebildet werden soll. Überforderungen machen sich nicht hier, sondern mehr im semantischen und pragmatischen Aspekt bemerkbar, können also hier übersehen werden, wenn die nötige Sensibilität des Förderers fehlt. Im allgemeinen kann man aber feststellen, daß die meisten Menschen ihre Anlagen nicht nutzen, nicht ausgebildet haben, was sich später kaum noch nachholen läßt. Für *we* müssen Möglichkeiten zur Entscheidungsbildung geschaffen werden, natürlich so, daß auf der Grundlage dieser Entscheidungen folgende Handlungen das Kind nicht gefährden. Es sollte angeregt werden, Urteile herauszubilden und auch umzusetzen. Zur besseren Ausbildung von *wm* muß das Kind schon früh an Umstellungen und Veränderungen und an eine gewisse, sich langsam steigernde Reizvielfalt herangeführt werden. Das Reagieren auf Mehrfachreize sollte ständig geübt werden, ebenso wie für die Ausprägung von *wk* Anregungen (nicht Ermahnungen) zur Sorgfalt und Genauigkeit des "Arbeitens" im Zuge kindlicher Spielhandlungen wichtig sind. Eine Unterstützung beim Zuendeführen von Tätigkeiten erscheint wesentlich. Für die Aktivierung des *dk*-Potentials braucht man Anregungen, eigene Unterscheidungen vorzunehmen. Mit Hilfe von Spielzeug und Spielsituationen führt man das Kind an strikte Unterscheidung von Wesentlichem und Unwesentlichem heran. Form- und Formlegespiele, bei denen es auf die Figur- Grundtrennung ankommt, können dazu wesentliche Hilfe leisten. Im Falle der Förderung von *dp* muß man die Phantasie des Kindes spielen lassen, aber auch Eindrücke bieten, ohne mit solchen das Kind zu überschwemmen. Kombinationsspiele, Konstruktionsspielzeug, vom Klötzchenbaukasten bis zu hochtechnischen Formen, aber auch Puzzles unterstützen die Entwicklung in *de,* während Steck- und Zusammensetzspiele wie Schätzübungen hinsichtlich Längen und

Distanzen bei der Ausbildung von *vl* helfen können. Für *vp* kommen ähnliche Maßnahmen wie für de und vl infrage. Eine Ausbildung von *vk* kann im allgemeinen erst mit Einsetzen der Jugendkrise erfolgen, wobei man dann Aufgaben der darstellenden Geometrie bei Minimierung der Anschauungsmittel einsetzen sollte. Fingerübungen, Feinsteck- und Bastelspiele ebenso wie Modellbau helfen bei der Entwicklung von *ff*, Greifspiele und die Arbeit mit Werkzeugen bei der von *fh*. Für die Entfaltung von *fk* erscheinen Bewegungs- und Ballspiele, aber auch Balancierübungen geeignet.

Eine differenzierte und stabile emotionale Umwelt, die Sicherheit und ursprüngliche Wärme und Geborgenheit vermittelt, dabei keineswegs passiv ist, hilft zu einer angemessen Entfaltung der Grunddimension *z*. Für die Grunddimension *s* bedarf es besonders ab Ende des dritten Lebensjahres einer geordneten und vernünftigen Reaktionsweise der Bezugspersonen, wobei jede Starre vermieden werden muß, möglichst nicht irrational reagiert werden darf. In unserer außengelenkten Gesellschaft wird Kontakt, wird Gruppenverhalten betont, wodurch dann oft jede Distanz verlorengeht und Abhängigkeit entsteht. Gerade auf die Möglichkeit der Distanzierung für das Kind ist zu achten, damit es zu einer echten Innenwendung kommen kann. Die Ausbildung eines reifen *j* verlangt Zeiten und Räumlichkeiten zur Alleinbeschäftigung, erfordert einen eigenen Lebensraum für das Kind, in den es sich zurückziehen kann, der, soweit wie möglich, vom Erwachsenen nicht unaufgefordert betreten wird. Natürlich muß auch die Extraversion *e* reifen, muß dem Kinde die Möglichkeit geboten werden, der Welt zu begegnen, sich ihr zuzuwenden, doch darf das keineswegs dazu führen, daß diese Zuwendung zur Welt hochgespielt oder gar erzwungen wird. Damit es zu einer angemessenen Ausbildung in *r* kommt, ist es erforderlich, daß in der Umwelt des Kindes jeder seinen Standpunkt behaupten kann, ohne starr zu werden. Prinzipien dürfen nicht gelten. Wesentlich ist, daß auch das Kind seinen Standpunkt und seine Meinung haben darf. Für die sachgerechte Entwicklung in *k* müssen die Eigenimpulse des Kindes gefördert, aber nicht erzwungen werden. Ungestüme, überheftige und hitzige Reaktionen müssen Konsequenzen haben, die niemals in Liebesentzug bestehen dürfen. Hautnähe, mütterliche Hingabe und Sorge sind Voraussetzung, Zuwendung und Zärtlichkeit wesentlich, wenn es um eine sachgerechte Entfaltung von *p* geht. Allerdings gilt das nur solange, wie das Kind diese sucht und möchte. Der Förderer darf damit niemals das Unabhängigkeitsstreben des Kindes unterdrücken. Aufkommende Aggressionen *s* werden über konstruktive Spiele und dazu geeignetes Spielmaterial zur Reife entwickelt. Dabei auftretende Aggressivitäten und Zerstörungstendenzen müssen mit Hilfe kindgerechter Konsequenzen aufgefangen und umgeformt werden. Ernst und besonnenes Abwägen, und das auch vor dem Kinde, sollten die Umweltsituation kennzeichnen, damit *d* sachgerecht reifen kann. Zugleich bilden Heiterkeit sowie eine frohe Stimmung, Selbstvertrauen und Optimismus ohne Leichtfertigkeit jene Atmosphäre, in der sich *m* angemessen ausbilden kann. „Tollkühne" Unternehmungen des Kindes müssen wiederum entsprechende Konsequenzen haben, wobei naturgemäß darauf zu achten ist, daß keine wirkliche Gefährdung des Kindes eintritt. Zu einer angemessenen Ausbildung der Größe *h* - während der Jugendkrise - bedarf es einer verstehenden Umwelt mit echten menschlichen Bezügen und Bindungen ohne irreale Romantik und aufgesetzte Sensibilität, in die der Jugendliche voll integriert wird, ohne daß er sich bedrängt oder hineingezwungen fühlt. Ebenso muß der Jugendliche erfahren, daß man Gefühle äußern kann und muß, daß man bestehende Bindungen auch lösen kann, daß hierzu aber auch Konsequenzen gehören, mit denen man leben muß. Nur dann wird er auch in der Grunddimension *v* reife Formen herausbilden.

Auch und gerade die Bedürfnisse verlangen eine sorgfältige Förderung, damit eine dem Erwachsenendasein entsprechende Einstellung zu den unterschiedlichen Lebenssituationen gewonnen werden kann, was leider vielfach nicht der Fall ist. Dazu gehört, soweit es *l* angeht, eine natürliche Bewertung des Sinnlichen und des Alltäglichen, des Natürlichen und der menschlichen Natur. Genuß und Genießen dürfen nicht verteufelt werden, aber auch nicht den Mittelpunkt des Strebens und Handelns der Umwelt einnehmen. Für *g* sind Freiräume für die kindliche Neugier zu schaffen, die Schritt für Schritt auf gedankliche und theoretische Durchdringung der

Fragen zu lenken ist. Eine Förderung der kindlichen Hilfsbereitschaft, Anerkennung des Sozialen - ohne einer Überbewertung zu verfallen - und Unterstützung des Kindes in der Pflege und Erhaltung des Vorhandenen dienen der Entwicklung von *c*. Zugleich ist zur Entfaltung von *b* eine Einführung in die Eigengesetzlichkeit der Phänomene notwendig. Bau- und Konstruktionsspiele sind hierbei wichtig, aber auch Rollenspiele, bei denen das Kind immer wieder sich in Führungsrollen erproben sollte. Bei infantilen Zerstörungen und Machtmißbräuchen müssen kindgerechte Konsequenzen folgen. Um *o* auszubilden bedarf es klarer Regeln und Ordnungen, mit denen das Kind vertraut gemacht werden muß, mit denen es gewissermaßen aufwachsen sollte, ohne daß diese Ordnungen starr und prinzipienhaft gehandhabt werden. Im weiteren Verlaufe der Entwicklung muß das Kind formale Strukturen und deren Handhabung erlernen. Dabei darf nicht vergessen werden, über das Formale hinaus ein Gefühl für Qualität und Qualitäten und deren Besonderheiten zu wecken, um auch *q* reifen zu lassen. Hierbei eignen sich musische Inhalte und Betätigungen besonders, wobei aber die kindlichen Vorstellungen nicht mißachtet oder unterdrückt werden dürfen. Die Grunddimension *n* verlangt zu ihrer angemessenen Entwicklung den Schutz und die Respektierung des Eigentums des Kindes, aber auch die Vermittlung ökonomischer Sachverhalte durch Vorleben im eigenen Hause und die Sicherung der Vertrautheit und Sicherheit des näheren Umfeldes und des Üblichen. Anregungen, sich mit Fremdem zu beschäftigen, Wecken des Interesses für das Ferne und die Ferne in räumlicher wie zeitlicher Hinsicht dienen der angemessenen Entfaltung von *f*. Das Neue muß ansprechen, ohne daß es überbewertet bzw. kritiklos angenommen wird. Natürlich gehört dazu - besonders mit Beginn der Jugendkrise - die Vermittlung von Wertvorstellungen grundlegender Art, aber ohne partei- und glaubensideologische Akzentuierung. Vorsichtig müssen allzu kindliche bzw. jugendliche Wertmaßstäbe korrigiert werden. Vorleben ist hierbei für die Entfaltung von *t* besonders wichtig. Das gilt auch für die von *w*, bei der es um die Beziehungen zur Öffentlichkeit und Gesellschaft, zur Welt an sich geht. Gerade in unserer außengelenkten Gesellschaft ist es dabei wichtig, die Welt nicht übergewichtig werden zu lassen, persönliche Ansprüchigkeit und reines Prestigedenken zu überwinden. Das gilt insbesondere für die Förderer selbst. Vorleben spielt auch für die Entwicklung der Grunddimension x eine wesentliche Rolle, wobei entscheidend das Beispiel einer Partnerschaft von Individuen mit entsprechendem, aber nicht mißbrauchten Freiheitsspielraum für persönliche Entwicklung und Gestaltung ist. Die Pflege einer einwandfreien und differenzierten Hochsprache und - wo möglich - auch von Fremdsprachen in Wort und Schrift sowie Anregungen in kultureller und historischer Hinsicht ohne Zwänge ist Voraussetzung für eine angemessene Entfaltung von u.

Wesentlich erscheint also die optimale Umwelt, besser noch die individuell optimale Umwelt, die den jeweiligen Anlagen entspricht. Da man dem Neugeborenen seine Anlagen aber nicht ansehen kann, kann man diese optimale Umwelt nicht von Anfang an bereitstellen. Zugleich folgt aus diesen Überlegungen, daß es keine generell optimale Umwelt gibt, sondern nur eine solche, die auf die individuellen Anlagen abgestimmt ist. Diese aber lassen sich erst bei sorgfältiger Beobachtung und entsprechender Sensibilität der Beobachter im Zuge der Auseinandersetzung des einzelnen Kindes mit den Gegebenheiten seiner Umwelt erahnen. Das ist also eine der wesentlichen Aufgaben des Entfaltungshelfers, der nach Alice Miller an die Stelle des Erziehers treten muß[22]. So lassen sich dann nur Hinweise liefern, wie die optimale Entwicklungsumwelt für die verschiedenen Komponenten aussehen müßte. Berücksichtigen muß man dabei allerdings die jeweilige Anlagekapazität, denn überspannt man sie, kommt es zu einer Überforderung, die zwangsläufig zu Regressionen, zur Zurückwendung auf frühere Entwicklungsstufen führen muß. Nützt man die vorhandene Anlagekapazität nicht, unterfordert man das Kind, werden seine Anlagen nicht ausgebildet bzw. verbleiben große atavistische, gehemmte bzw. infantile Reste.

Das heißt auch, daß die Umwelt des Kindes in dieser Richtung beeinflußt und ausgewählt werden muß. Und das trifft dann auch für die Schule zu. Das ist bei der psychologisch katastrophalen Situation unseres Bil-

---

[22] vgl. Alice Miller: Am Anfang war Erziehung, Frankfurt 1980

dungswesens sehr schwierig, das mehr auf Nivellierung und Gleichmacherei als auf Entwicklungshilfe angelegt ist, zu der spezifische Forderung im Sinne einer optimalen Förderung gehört. Demzufolge sind die Eltern aufgerufen, die Förderung der Fähigkeiten ihrer Kinder durch entsprechende „Beschäftigungen" zu intensivieren, vor allem aber ihre Kinder zu motivieren, sich selbst zu betätigen und zu suchen, ihren Wissensdrang nicht verkümmern zu lassen, zugleich aber die Kinder so zu lenken, daß ihr Verhalten der objektiven Welt immer besser gerecht wird. Allerdings sollten sie dabei auch nicht zuviel von den Kindern verlangen, sie nicht überfordern, wozu elterlicher Ehrgeiz besonders auf dem Sektor der Schullaufbahnen zu neigen scheint, denn das führt sicher in die Frustration hinein.

Der nächste Schritt ist dann die Berufswahl. Da es bei uns leider keine persönlichkeitsadäquate Berufsberatung gibt, bleibt auch diese Aufgabe weitgehend an den Eltern hängen, die dazu aber meistens nicht gerüstet sind. Sie haben auch kaum die Möglichkeit, sich an externe Berater zu wenden, denn Berufsberatung ist in der Bundesrepublik Monopol der Bundesanstalt für Arbeit und ihrer Dienststellen. Wer gewerbs- oder gewohnheitsmäßig außerhalb derselben Berufsberatung betreibt, macht sich strafbar. Hier hilft also nur ein Umweg, den betuchte Eltern nehmen, indem sie sich an entsprechende Institute im Ausland, besonders in der Schweiz wenden. Eine gewisse Hilfe bietet das Personalinventar DIk, evtl. ergänzt durch ein DJk. Eine Möglichkeit, die teilweise evtl. unterschiedlichen Ergebnisse gegeneinander abzugleichen, bietet das Auswertungsprogramm DAE, das bis zu 5 derartige Analyseergebnisse mittelt.

In einem nächsten Schritt ermittelt man dann mit Hilfe der Terminitabellen „Berufliche Entwicklungstendenzen", welche Tätigkeitsformen dem Beurteilten adäquat sind. Überall dort, wo die Resultantenwerte >6,0 sind oder aber <2,0 (hier kommen dann die eingeklammerten Formen infrage) liegen die Schwerpunkte. In manchen Fällen finden sich allerdings keine so hohen und niedrigen Werte. Dann ist man darauf angewiesen die höchsten Werte zu berücksichtigen, wobei man zu bedenken hat, daß sie geringeres Gewicht haben. Sicher, daneben spielen dann Inhalte, also Gelerntes als Basis für die weitere Anpassung im Rahmen der Ausbildung und Begabungen eine weitere Rolle. Betrachten wir dazu ein Beispiel (20jähriger Abiturient):

	real	imag	| |		real	imag		real	imag	| |				
Pp	6,1	5,9	6,3	Sbg	-1,3	-1,4	Eg	0,0	-0,7		vl	5,8	Vy	50,1
Rp	7,4	7,3	7,5	Sbs	6,7	6,6	Egs	5,8	6,1		dk	8,3	Iy	71,0
Up	4,2	5,6	5,3	Säg	-1,3	0,0					ff	5,8	Fy	53,3
Üp	5,5	5,5	5,8	Säs	4,9	5,5					we	5,5	Wy	49,8
Kp	6,3	6,2	6,5	Geg	-1,2	-0,7	Mn	-1,1	-0,8		vp	6,3	Ty	55,5
Bp	7,5	6,9	7,4	Ges	6,9	6,6	Mns	5,7	5,6		dp	7,5		
Gp	5,0	5,1	5,4	Gbg	0,9	0,9					fh	6,5		
Sp	4,0	4,2	4,6	Gbs	4,5	4,7					wm	5,8		
Ep	6,8	5,9	6,6	Weg	-0,3	-1,2	Wt	-0,2	-0,8		vk	6,3		
Op	7,1	7,1	7,3	Wes	7,0	6,5	Wts	6,5	6,3		de	7,8		
Fp	6,1	6,4	6,5	Wbg	0,2	0,5					fk	7,3		
Tp	5,9	5,9	6,2	Wbs	6,0	6,2					wk	7,0		
In	6,0	6,0	6,3	Ing	1,0		IN	-0,4	-0,8					
								γ	δ					
							Pp	3,5	3,0					
							Rp	3,0	2,5					
							Up	4,5	5,5					
							Üp	2,5	2,5					
							Kp	4,0	3,5					
							Bp	3,5	1,0					
							Gp	4,0	3,5					
							Sp	3,5	3,0					
							Ep	1,5	4,0					
							Op	3,5	3,0					
							Fp	3,5	4,0					
							Tp	3,0	4,5					
								real	imag					

Persönlichkeitskurzbefund (DPbk)

Name	NP
Alter	20 Jahre
Vorbildung	Abitur, humanistisch
Beruf	Zivi

Untersuchungsmaterial	DIk
Prüfverfahren	Befragungsanalyse

Die Komplexität und Vielschichtigkeit der menschlichen Persönlichkeit an sich läßt es nicht zu, sie mit wenigen Angaben zu erfassen und umfassend zu charakterisieren. Ein solcher Kurzbefund kann daher lediglich als vorläufige Orientierung dienen. Der erste Eindruck, den man von dieser Persönlichkeit gewinnt, pendelt von *eher ausgeglichen bis leicht übersteuert.* Dieser bildet sich auf einer *mäßig schwankenden eher eigenständigen* Grundlage verbunden mit *leicht verspannten* Zügen bei *kraftvoller* Intensität und *beträchtlichen* Begabungen.

Auf dieser Basis entwickelt sich ein *eher gedämpfter bis gespannter* Stil des Selbst als Zentrum des eigenen Lebens, der von einer *eher eigenständig* und *verspannt* Struktur getragen wird. Das führt zu einem *gesteuerten bis nüchternen* Stil des Erlebens auf dem Fundament einer *sehr eigenständigen* Eindrucksweise mit *sehr verspannten* Zügen. Dazu trägt ein *eher emotionales bis ausgesprochen impulsives* Es bei, das die Antriebe liefert, sowie ein *kritisches bis lebensfremdes* Ich, das die Übersicht und Lenkung managen soll. Nach außen, in der Begegnung mit der Welt, insbesondere der Gesellschaft bildet dabei ein *eher diskreter und neutralistischer* Begegnungsstil, der von einem *selbständigen bis gespannten* Verhalten getragen wird. Der Umwelt wendet dieser Mensch sich nämlich im allgemeinen *teilweise und unstet* zu, während von seinem Überich *bedingt bestimmte und illiberale*[23] Impulse ausgehen, die seine Haltung zu und in dieser Welt mitformen.

In sozialer, mitmenschlicher Hinsicht wirkt die Persönlichkeit *gedämpft und leicht übersteuert* bei vorwiegend *eher eigenständigen und leicht verspannten* Verhaltensweisen. Dahinter steht im allgemeinen eine *verständige bis eher beeinflußbare* Einstellung zur inneren Gemeinschaft mit anderen bei *sehr eigenständigen und stark verspannten* Reaktionsweisen. Verbunden damit ist eine *kulturgebundene und unwirkliche* soziale Ansprechbarkeit, und das bei einer *ausgesprochen beteiligten* Einstellung mit *persönlichen* Zügen zu humanen

[23] wie es der Jugendkrise entspricht

Fragen und Beziehungen. Sobald es um die äußere Auseinandersetzung mit und das Leben in der sozialen Umwelt geht, stößt man bei diesem Menschen auf *eher bestimmende und eher bemächtigende* Züge sowie ein *annähernd selbständigen bis forcierten* Verhalten. Dieses ist gepaart mit einer *ausgesprochen kooperastiven* Bewältigungsweise verbunden mit *unbestimmten* Beherrschungstendenzen sowie einer *freien und eher uninteressierten* Anpassung.

Im Umgang mit den Dingen, Problemen und Aufgaben des Lebens und auch des Berufs stößt man im vorliegenden Falle generell bei diesem Menschen auf einen *eher ausgeglichen und leicht übersteuert* wirkenden Handlungsstil auf der Basis einer *eigenständigen bis verspannten* Handlungsstruktur. Dabei werden die mannigfachen Eindrücke von ihm *teilweise geordnet und sammelnd* erfaßt, was auf dem Hintergrund einer *sehr eigenständigen* Grundauffassung des Geschehens mit *verspannten* Zügen zu verstehen ist. Die allgemeine Einstellung zu derartigen Situationen erscheint dabei *eher optimistisch bis selbstunkritisch,* wobei die erfaßten Inhalte weitgehend *ausgesprochen umfassend bis sorgfältig katalogisierend* verarbeitet werden dürften. Der handelnde Umgang mit den Situationen, Dingen, Aufgaben und Problemen wird im allgemeinen von einem *eher gleichmäßigen und eher gleichförmigen* Aktionsstil im Rahmen einer *eher eigenständigen bis verspannten* Weltbewältigungsweise geleitet. Dahinter stehen einerseits Züge von *größerer Expansivität bis einiger Neugier,* andererseits solche von *erhöhtem Gleichmaß bis zu Verfestigungen.*

Dabei hat er er eine *höhere* Denkbegabung entwickelt, ebenso eine *überdurchschnittlich* ausgeprägte Willens- und Bewußtheitsfähigkeit. Beide stehen wie die anderen Begabungen im Dienste der aufgezeigten Persönlichkeitszüge und werden von ihnen eingesetzt. Insgesamt gesehen hat er *eine klare und konzentrierte* Bewußtheit und *scharfes, sprühendes einfallsreiches* Denken herausgebildet. Bei *ansatzweise bestimmter* Entscheidungsweise und Bewußtheitsklarheit kann er das Wesentliche geistiger Probleme *ausgesprochen scharf* erkennen, d.h. zugleich analytisch denken. Auf dieser Grundlage entwickelt er eine *selbständige* Urteilsweise. Auf die Vielfalt der Eindrücke spricht er *normal* an, wie es seinem Bewußtseinshorizont entspricht. Innere, aber auch äußere Informationen nimmt er geistig *annähernd umfassend* auf, um sie im Zuge der Informationsverarbeitung zu nutzen. Das ist die Grundlage für eine *variable* Lernweise und Informationsverarbeitung. Da er zudem über die Fähigkeit verfügt, sich seiner Bewußtheitsschärfe entsprechend *recht gut* zu konzentrieren und seine Gedanken und Denkinhalte *eher vielfältig* miteinander zu verknüpfen, steht ihm eine *geschickte* Kombinationsweise zur Bewältigung praktischer Probleme zur Verfügung.

Auf Seiten der assimilierenden, gestaltenden Begabungen finden sich *höhere* Vorstellungs- und *beträchtliche* Fertigungsfähigkeiten. Das *durchschnittliche* lineare Vorstellvermögen als Basis der Distanzeneinschätzung verbindet sich mit *mittlerem* Fingergeschick zu *lockerem* Feingeschick. Von der Handfertigkeit her erweist er sich als *übermittel* entwickelt, und das bei *gut durchschnittlichem* Formvorstellungsvermögen, so daß damit zu rechnen ist, daß er handwerklich *geschickt* arbeiten wird. Infolge der *gut durchschnittlich* ausgebildeten räumlichen Vorstellfähigkeit und *erhöht* wirkenden Bewegungskoordination kann im allgemeinen mit einer *geschickten* Ausführungsweise bei Gestaltungsprozessen gerechnet werden.

Dementsprechend liegen ihm Aufgaben und Betätigungen folgender Art am ehesten:

P *Tätigkeiten, die emotionales Handeln und Reagieren sowie unmittelbare natürliche Beteiligung am Geschehen verlangen, anschauungsgebundene Arbeitsweise, emotionales Engagement an dem Tun, unmittelbares Handeln, lebendiges Reagieren. Praktische Inhalte, Anschauliches, Körperliches, Land- und Forstwirtschaft, Organisches, Biologisches, Nahrungs- und Genußmittel, sinnliche Inhalte,*

R *Tätigkeiten, die Ichsteuerung, bewußte, überlegte und kontrollierte Handlungen verlangen, die mehr kritischer und prüfender disziplinierter Haltung bedürfen, Planungs-, Prüfungs- und Kontrollfunktionen, selbstdisziplinierte Haltung, schematische und formalisierte Arbeiten. Ideen, Geistiges, Wissenschaft, Philosophie, Erkenntnislehre, Gedankliches, Abstraktes, Theoretisches, Ätherisches, Esoterik, Spekulatives, Neugier-Weckendes, Intellektualistisches*

iR *schematisierte Tätigkeiten, formalistische Arbeiten, einengende Tätigkeiten, esoterische, ätherische, spekulative, intellektualistische Inhalte, Neugier-Befriedigung*

K Tätigkeiten, die eine erhöhte soziale Ansprechbarkeit und Äußerungsweise verlangen, die lebhafte, nicht unbedingt tiefere innere Beziehungen zu einer Vielzahl von Menschen verlangen. Einfühlende, kriminalistische Tätigkeiten, unverbindliche Beratungsfunktionen, Assistententätigkeiten, Entwicklungsaufgaben, soziale Unverbindlichkeit bei sprühender und lebhafter Reaktionsweise und Äußerungsweise, ständiger Wechsel sozialer Beziehungen. Kultur, Theater, Literatur, Sprache, Geschichte, Überlieferung, Pädagogik, Erziehung, Bildung, Ausbildung, Geisteswissenschaften, Klassik,

iK *Tätigkeiten mit überschwenglicher Äußerungsweise, unsteten Gefühlsreaktionen, schwärmerischer Vorgehensweise, schöngeistige, utopische Inhalte, Tätigkeiten, bei denen gefühlsmäßige Erregtheit nicht schadet*

B Tätigkeiten, die Individualität und Eigenständigkeit von innen heraus in sozialen Bezügen verlangen, bei denen ein innerliches Engagement für andere Menschen verlangt wird. Tätigkeiten in enger Teambeziehung, Arbeiten mit festen sozialen Bindungen, die wenig wechseln, gefühls- und gemütsbezogene Arbeiten, personenbezogene Beratungs- und pädagogisch-führende Tätigkeiten, Arbeiten, Individuation, Selbstgestaltung, Selbstverwirklichung, Partnerschaft, , Psychologie, Individualtherapie,

iB *Tätigkeiten, die eine romantische Einstellung fordern, bei denen Subjektivität nicht schadet bzw. gefordert ist. Ichhaftes, Romantik, Singletum*

E Tätigkeiten, die eine erhöhte aktive qualitätsgerechte Auffassung der Welt und des Geschehens verlangen. Unterhaltende, lustige und brillierende Tätigkeiten, Arbeiten, die Optimismus und Risikobereitschaft verlangen, all-round-Tätigkeiten, Edelmetalle, glänzende Stoffe, Effekte, besonders auch Lichteffekte. Qualität, Güte, Schönheit, Ästhetik, Musisches, Musik, Kunst, Künstlerisches, Kunsthandwerk, Mode, Werbung, Schmuck,

O Tätigkeiten, bei denen es auf eine systematische und formale innere Verarbeitung der Qualitäten ankommt. Arbeit in kleinen Schritten, Fein- und Ordnungsarbeiten, Präzisionsarbeiten, Innendienst, Büroarbeit, Bearbeitung von Kleinigkeiten, besinnliche und ernste Arbeitshaltung mit Vorliebe zum Abwägen erforderlich. Verwaltung, Organisation, Logistik, Ordnung, Zahlen, Gliederung, Systematik, Formales, Informatik, EDV, Ordnungsvorschriften

iO *einzelheitliche Arbeitsweise, Umgang mit Kleindetails, Fieselarbeit, Zählarbeit, bürokratische Arbeiten, Schemata, Registratur, Listenführung*

F *Tätigkeiten, die Handlungsaktivität und Aneignungsaktivität sowie ausgeprägtes Expansionsstreben verlangen, wo Neues und Zukünftiges wesentlich sind. Arbeiten, die Schwung und Dynamik, Unternehmungsgeist und Expansion verlangen, unkonventionelle Tätigkeiten, Abwechslung in der Arbeit. Fernes, Neues, Fortschritt, Reise, Reisen, Verkehr, Zukünftiges, Forschung, Neuheiten, Progressives, Handel, Handeln*

iF *Tätigkeiten, die Expansion um jeden Preis verlangen, sprunghafte und wechselnhafte Arbeitsweisen erfordern, ständigen Veränderungen unterworfen sind, Unbeständigkeit erwarten, Zukunftsutopien, Abenteuer*

Zu bedenken sind im Rahmen der Lebensgestaltung als hintergründige Störungsquellen grundsätzlicher Art :

δU: *leichte Zuwendungsgehemmtheit: Umweltangst, Scheu, Kontakthemmungen in dinglicher und menschlicher Hinsicht,* [24]

-.-

Das heißt also zunächst, daß Planungs- Kontrollaufgaben sowohl in Einzel- als auch in Teamarbeit anfallen sollten, wobei Teamarbeit nicht mit Gruppenarbeit[25] verwechselt werden darf. Dafür spricht auch die Tendenz zu Beratungsarbeiten. Inhaltlich stehen demnach praktische und geistige, gedankliche und formale Gegenstände einerseits, kulturelle, musische und humanistische Probleme im Vordergrund des Strebens. Das heißt, daß es gilt, ein großes Spektrum durch den Beruf abzudecken. Dem entsprechen auch die Begabungsstrukturen und –niveaus. Diese Breite und Vielfalt, die man nicht allzu oft findet, ist natürlich nicht leicht mit einer bestimmten Ausbildungs- und Berufskonzeption abzudecken, zumal ja auch am Berufsleben vorbeiführende Inhalte wirksam oder in dieser Phase noch wirksam sind, wie Ätherisches, Esoterisches usw. Evtl. ist man in einem solchen Falle genötigt, sich für eine engere Berufsausbildung zu entscheiden. Dann muß man

---

[24] wahrscheinlich Reste der noch nicht abgeschlossenen Jugendkrise

[25] Während im Falle der Teamarbeit Menschen unterschiedlicher Qualifikationen jeweils ihren Teil am Projekt bewältigen, wirken bei der Gruppenarbeit Menschen gleicher Qualifikation gemeinsam am derselben Aufgabe.

allerdings für einen Ausgleich im Freizeitbereich für nicht geforderte Komponenten sorgen, da es sonst zu Mangelerlebnissen, und u.U. zu Störungen der Selbstverwirklichung kommt, die ihrerseits krank machen und zu neurotischen Reaktionen bzw. psychosomatischen Erscheinungen führen können. Im vorliegenden Falle war es sicher von Vorteil, daß der junge Mensch aufgrund seines Abiturs keinen numerus clausus zu fürchten hatte und zudem seine musischen Ambitionen teilweise im Umgang mit dem Klavier befriedigen konnte. Das Ergebnis war ein Studium der technischen Kybernetik, das beruflich dann als Entwicklungsleiter in einer kleinen Softwarefirma einmündete.

Natürlich kostet das viel Überlegung, ehe eine solche Entscheidung gefällt werden kann. Das ist nicht ein Prozeß von einigen Wochen oder Monaten, sondern einer von Jahren, während der man sich Stück für Stück einer solchen Lösung nähert. In diesem Falle waren in der Familie genügend Fachleute vorhanden, um zu helfen, wenn auch die hier aufgeführten Arbeitsprogramme noch nicht zur Verfügung standen. Aber selbst in Fällen, wo man diese Arbeitsprogramme einsetzen kann, fehlt es oft an dem Know How bezogen auf die Berufsausbildungsgänge und die Berufseinstellungen. Hier bleibt dann oft nur der Weg zur Berufsberatung des Arbeitsamtes mit den Hinweisen auf die bestehenden Berufsentwicklungstrends und die Angaben zur Begabung. Und diese Angaben muß man dann in sprachlicher Form mitbringen, nur selten werden Berufsberater die psychologischen Codes dieser Art beherrschen. Daraus ergeben sich natürlich Forderungen an eine fundierte Berufsberatung, worauf ich später zurückkommen werde.

Je jünger der Mensch vor der Berufswahl ist, desto unsicherer sind natürlich die Analyseergebnisse, da in jüngeren Jahren, also während der Jugendkrise[26], im allgemeinen schnellere Veränderungen stattfinden. In diesem Falle muß man auch während der Ausbildung immer wieder neu analysieren, um auf Veränderungen reagieren zu können. Das muß nicht heißen, eine Ausbildung abzubrechen, kann aber bedeuten, daß man eine

[26] vgl. Waszkewitz: Persönlichkeit und Verhalten, a.a.O. S. 151ff

Ausbildung ergänzen, erweitern oder verengen muß oder aber Ergänzungen im außerberuflichen Bereich schaffen muß.

Der zweite Schritt der beruflichen Selbstverwirklichung und der Anpassung an die Arbeit steht mit der Arbeitsplatzwahl an. Das gilt natürlich schon für die Ausbildungsstelle, mehr aber noch für den Start nach abgeschlossener Ausbildung. Sicher, heute steht man nicht mehr auf dem Standpunkt, daß man einem Betrieb jahrzehntelang die Treue halten muß, aber im Hinblick auf die Vielzahl der Lebensprobleme, die mit dem Beginn der beruflichen Laufbahn gemeistert werden müssen, scheint es sinnvoll zu sein, in der ersten Stelle einige Jahre zu bleiben, wenn dort die Selbstverwirklichung nicht wesentlich beeinträchtigt wird. Und diese Frage muß man sich selbst immer wieder stellen. Allerdings muß man sich dabei davor hüten, einer Selbstüberschätzung zu verfallen, bei der man den Glauben entwickelt, der Arbeitgeber ließe einen hängen oder würde die weitere Entwicklung unterdrücken und nicht einsehen, daß man zu höherem berufen sei. Hier möglichst objektiv zu bleiben, ist nicht leicht.

Leider finden zu wenig Unternehmen es erforderlich, eine echte Arbeitsplatzeignungsanalyse vorzunehmen[27], ja viele haben im Grunde gar keine Ahnung, welche Verhaltensanforderungen ihre Arbeitsplätze stellen. Das bedeutet für den Mitarbeiter, daß er für sich selbst die entsprechenden Fragen stellen und beantworten muß. Dazu gehört zunächst die Ermittlung der Verhaltensanforderungen des Arbeitsplatzes (DBBk), am besten gemeinsam mit einigen Kollegen. Dazu gehört natürlich auch die Analyse der Anforderungen der sozialen Atmosphäre. Und dann muß man seine eigene Arbeitsverhaltensperson analysieren (etwa mit dem DFk, evtl. auch gemeinsam mit Kollegen mit dem DCk). Vergleicht man diese Ergebnisse miteinander, so sollten hohe Äquivalenzwerte herauskommen. Wichtig ist dabei auch, die einzelnen Differenzquadrate zu prüfen, sobald hier viele Werte über 6,0 auftreten, muß man die Frage stellen, ob es sinnvoll[28] ist, in dieser Stelle zu bleiben, ob man evtl. damit rechnen kann, an anderer Stelle günsti-

---

[27] vgl. dazu Waszkewitz: Mitarbeiterführung im neuen Jahrtausend, Stuttgart 1999

[28] Sinnvoll kann es nur dann sein, wenn man gleichzeitig noch im geeigneten Berufsfeld ist.

gere Werte zu erzielen, also die Beeinträchtigungen der Selbstverwirklichung zu mindern, damit dann auch die Gefahren für die eigene Gesundheit abzubauen. Hierbei sollte man auch sorgfältig prüfen, ob die Anforderungen des jetzigen Arbeitsplatzes nicht doch zu hoch sind, man also guttäte, ein wenig zurückzustecken. Und das ist öfter der Fall als man glaubt.

Dazu ein Rückblick auf eine Arbeitsverhaltensbeurteilung mit Hilfe des DCk, deren Ergebnisse eingangs wiedergegeben wurden. Größere Abweichungen finden sich dabei in Uv, iPv und iEv . Dazu ist festzustellen, daß die Anforderungen hier eher dem Kontaktbereich als dem Entwicklungsbereich zuzurechnen sind, woraus sich einige Spannungen ergeben könnten. Man muß daher versuchen, dem Mitarbeiter hier ein Ventil zu schaffen, was evtl. durch intensive Aussprachen zu bewältigen ist. Wesentlich ist dabei, daß auf diese Weise auftauchende Fehler, wenn sie auch nicht geduldet werden können, doch nicht nachgetragen werden, daß in erster Linie der Akzent auf die Entwicklungsaufgaben und deren Meisterung gelegt wird.

Dabei ist es wesentlich, daß die Struktur des Sozialkörpers der Persönlichkeit entspricht, wozu man die Werte aus einer Sozialkörperanalyse (DSk) mit den Werten aus der Persönlichkeitsanalyse (DIk) vergleichen muß, was allerdings sehr aufwendig ist und so im allgemeinen dem Einzelnen überlassen bleibt. Auf diese Weise findet der arbeitende Mensch dann auch heraus, wo verborgene Konfliktquellen liegen, wie man sie evtl. überwinden kann. Natürlich liefern Analysen auf der Basis der differenzierten Beschreibungssysteme noch genauere Ergebnisse, sind aber natürlich auch um ein Vielfaches aufwendiger. Die folgenden Beispiele mögen das zeigen:

Überprüfung einer Studienwahl

Für einen 20jährigen Studenten der BWL ergaben sich Zweifel, ob er den für sich richtigen Weg gewählt hatte. Dazu nachstehend das Auswertungsergebnis aus dem DI:

z	5,4	4,6	s	5,9	3,4	A	-0,5	1,2	|z|	5,4	|s|	5,2
e	5,4	4,6	i	3,5	1,1	U	2,0	3,5	|e|	5,4	|i|	3,1
v	4,8	2,0	h	5,6	3,0	B	-0,8	-1,0	|v|	4,1	|h|	4,9

<table>
<tr><td>a</td><td>4,5</td><td>1,8</td><td>p</td><td>5,0</td><td>2,9</td><td>G</td><td>-0,5</td><td>-1,1</td><td>|a|</td><td>3,9</td><td>|p|</td><td>4,6</td></tr>
<tr><td>m</td><td>5,9</td><td>2,9</td><td>d</td><td>3,7</td><td>0,8</td><td>S</td><td>2,3</td><td>2,2</td><td>|m|</td><td>5,1</td><td>|d|</td><td>3,1</td></tr>
<tr><td>k</td><td>5,9</td><td>3,2</td><td>r</td><td>5,7</td><td>2,1</td><td>E</td><td>0,2</td><td>1,1</td><td>|k|</td><td>5,2</td><td>|r|</td><td>4,7</td></tr>
<tr><td>Dg</td><td>1,9</td><td></td><td>D</td><td>5,1</td><td>2,7</td><td>|D|</td><td>4,5</td><td></td><td></td><td></td><td></td><td></td></tr>
<tr><td>l</td><td>4,6</td><td>3,2</td><td>g</td><td>5,6</td><td>5,1</td><td>Le</td><td>-1,0</td><td>-1,9</td><td>|l|</td><td>4,4</td><td>|g|</td><td>5,7</td></tr>
<tr><td>w</td><td>5,9</td><td>3,5</td><td>t</td><td>4,6</td><td>2,5</td><td>So</td><td>1,4</td><td>1,0</td><td>|w|</td><td>5,3</td><td>|t|</td><td>4,1</td></tr>
<tr><td>u</td><td>5,2</td><td>1,3</td><td>x</td><td>6,9</td><td>2,7</td><td>Sg</td><td>-1,7</td><td>-1,3</td><td>|u|</td><td>4,3</td><td>|x|</td><td>5,6</td></tr>
<tr><td>b</td><td>6,4</td><td>2,4</td><td>c</td><td>6,4</td><td>2,8</td><td>Ge</td><td>0,0</td><td>-0,4</td><td>|b|</td><td>5,2</td><td>|c|</td><td>5,3</td></tr>
<tr><td>q</td><td>3,5</td><td>3,5</td><td>o</td><td>5,0</td><td>2,5</td><td>Wa</td><td>-1,6</td><td>1,0</td><td>|q|</td><td>3,9</td><td>|o|</td><td>4,4</td></tr>
<tr><td>f</td><td>7,8</td><td>4,4</td><td>n</td><td>3,0</td><td>1,8</td><td>Or</td><td>4,7</td><td>2,6</td><td>|f|</td><td>6,6</td><td>|n|</td><td>3,0</td></tr>
<tr><td>Mg</td><td>1,8</td><td></td><td>M</td><td>5,4</td><td>3,0</td><td>|M|</td><td>4,8</td><td></td><td></td><td></td><td></td><td></td></tr>
<tr><td>vl</td><td>6,8</td><td>vp</td><td>5,8</td><td>vk</td><td>4,8</td><td>V</td><td>47,4</td><td></td><td>47,0</td><td>T</td><td></td><td></td></tr>
<tr><td>ff</td><td>5,8</td><td>fh</td><td>6,0</td><td>fk</td><td>4,5</td><td>F</td><td>45,5</td><td></td><td></td><td></td><td></td><td></td></tr>
<tr><td>dk</td><td>6,0</td><td>dp</td><td>6,0</td><td>de</td><td>6,5</td><td>I</td><td>50,7</td><td></td><td></td><td></td><td></td><td></td></tr>
<tr><td>we</td><td>5,0</td><td>wm</td><td>6,0</td><td>wk</td><td>4,8</td><td>W</td><td>44,7</td><td></td><td></td><td></td><td></td><td></td></tr>
<tr><td></td><td></td><td>i</td><td>Betr.</td><td></td><td></td><td>i</td><td>Betr.</td><td></td><td></td><td></td><td></td><td></td></tr>
<tr><td>nul</td><td>5,5</td><td>4,5</td><td>5,4</td><td>gei</td><td>3,0</td><td>3,0</td><td>3,5</td><td></td><td></td><td></td><td></td><td></td></tr>
<tr><td>pub</td><td>6,0</td><td>5,5</td><td>6,1</td><td>wel</td><td>6,5</td><td>5,0</td><td>6,1</td><td></td><td></td><td></td><td></td><td></td></tr>
<tr><td>kus</td><td>4,0</td><td>3,0</td><td>4,0</td><td>ige</td><td>3,5</td><td>3,0</td><td>3,7</td><td></td><td></td><td></td><td></td><td></td></tr>
<tr><td>maf</td><td>4,5</td><td>4,0</td><td>4,7</td><td>men</td><td>4,0</td><td>3,5</td><td>4,2</td><td></td><td></td><td></td><td></td><td></td></tr>
<tr><td>wek</td><td>3,0</td><td>2,5</td><td>3,2</td><td>fos</td><td>4,5</td><td>5,0</td><td>5,2</td><td></td><td></td><td></td><td></td><td></td></tr>
<tr><td>fot</td><td>4,5</td><td>4,5</td><td>4,9</td><td>bog</td><td>4,5</td><td>4,5</td><td>4,9</td><td></td><td></td><td></td><td></td><td></td></tr>
<tr><td>C</td><td>4,5</td><td>4,0</td><td>4,7</td><td></td><td></td><td></td><td></td><td></td><td></td><td></td><td></td><td></td></tr>
<tr><td></td><td></td><td></td><td></td><td></td><td></td><td></td><td></td><td></td><td></td><td></td><td></td><td></td></tr>
<tr><td>Pp</td><td>5,9</td><td>5,5</td><td>Rp</td><td>5,2</td><td>4,7</td><td>Sbg</td><td>0,7</td><td>0,7</td><td>|Pp|</td><td>6,0</td><td>|Rp|</td><td>5,3</td></tr>
<tr><td>Up</td><td>6,0</td><td>5,4</td><td>Üp</td><td>5,2</td><td>4,1</td><td>Säg</td><td>0,8</td><td>1,3</td><td>|Up|</td><td>6,1</td><td>|Üp|</td><td>5,1</td></tr>
<tr><td>Kp</td><td>5,1</td><td>3,7</td><td>Bp</td><td>5,4</td><td>4,3</td><td>Geg</td><td>-0,3</td><td>-0,6</td><td>|Kp|</td><td>4,9</td><td>|Bp|</td><td>5,3</td></tr>
<tr><td>Gp</td><td>5,6</td><td>4,2</td><td>Sp</td><td>5,5</td><td>4,4</td><td>Gbg</td><td>0,1</td><td>-0,3</td><td>|Gp|</td><td>5,3</td><td>|Sp|</td><td>5,4</td></tr>
<tr><td>Ep</td><td>4,4</td><td>4,0</td><td>Op</td><td>5,5</td><td>4,1</td><td>Weg</td><td>-1,0</td><td>-0,1</td><td>|Ep|</td><td>4,6</td><td>|Op|</td><td>5,2</td></tr>
<tr><td>Fp</td><td>5,6</td><td>4,7</td><td>Tp</td><td>4,9</td><td>3,9</td><td>Wbg</td><td>0,6</td><td>0,8</td><td>|Fp|</td><td>5,5</td><td>|Tp|</td><td>4,9</td></tr>
<tr><td>Ing</td><td>1,2</td><td></td><td>In</td><td>5,4</td><td>4,4</td><td>|In|</td><td>5,3</td><td>δ</td><td>γ</td><td></td><td>δ</td><td>γ</td></tr>
<tr><td>Eg</td><td>0,8</td><td>1,0</td><td>IN*</td><td>0,1</td><td>0,3</td><td></td><td>z</td><td>2,0</td><td>2,5</td><td>l</td><td>3,0</td><td>3,5</td></tr>
<tr><td>Mn</td><td>-0,1</td><td>-0,4</td><td></td><td></td><td></td><td></td><td>s</td><td>2,0</td><td>2,0</td><td>g</td><td>1,5</td><td>2,5</td></tr>
<tr><td>Wt</td><td>-0,2</td><td>0,3</td><td>Betr.</td><td></td><td></td><td></td><td>e</td><td>2,0</td><td>2,5</td><td>w</td><td>2,0</td><td>3,0</td></tr>
<tr><td>Egs</td><td>5,6</td><td>4,9</td><td>5,6</td><td></td><td></td><td></td><td>j</td><td>3,5</td><td>1,5</td><td>t</td><td>3,0</td><td>2,0</td></tr>
<tr><td>Mns</td><td>5,4</td><td>4,1</td><td>5,2</td><td></td><td></td><td></td><td>v</td><td>2,5</td><td>3,0</td><td>u</td><td>3,5</td><td>1,0</td></tr>
</table>

Wts	5,1	4,2	5,1				h	1,5	1,5	x	2,0	1,5
Sbs	5,5	5,1	5,7				a	4,0	2,5	b	2,0	1,0
Säs	5,6	4,8	5,6				p	3,0	2,0	c	2,0	2,5
Ges	5,3	4,0	5,1				m	2,0	2,0	q	5,0	3,0
Gbs	5,5	4,3	5,3				d	4,0	1,5	o	3,0	3,0
Wes	5,0	4,0	4,9				k	2,0	2,5	f	1,0	5,0
Wbs	5,2	4,3	5,2				r	2,5	2,0	n	4,5	2,5

Beginnen wir bei der Begabung, so stellen wir fest, daß diese für ein BWL-Studium an der FH ausreicht. Die Konzentration zeigt allerdings einige Lücken. Wenden wir uns nun den „beherrschenden" Komponenten zu, so finden wir:

Arbeitsstil

z *ursprüngliches, emotionales Handeln*

+s *Planungs-, Prüfungs- und Kontrollfunktionen, selbstdisziplinierte Haltung,*

(+ij) *Arbeit als Anhängsel der Umwelt, Tätigkeiten, die weder Abstand noch Zurückhaltung verlangen, bei denen innere Verarbeitung und Lenkung von innen nicht erforderlich sind.*

(+iv) *indolentes Verhalten, träge Reaktionen, Äußerungsunfähigkeit*

(+ia) *Aufgaben, die eher zaghaftes und zögerndes Vorgehen verlangen*

(+ip) *Arbeiten, die starres, unbeeindruckbares Vorgehen erfordern, denen mangelnde Sensibilität nicht schadet*

+m *unterhaltende, lustige und brillierende Tätigkeiten, Arbeiten, die Optimismus und Risikobereitschaft verlangen, all-round-Tätigkeiten, Edelmetalle, glänzende Stoffe, Effekte, besonders auch Lichteffekte*

(+im) *zögernde, ängstliche, unsichere Arbeitsweise, die ständig der Stütze und Ermutigung von außen bedarf*

(+id) *nachlässiges und oberflächliches Arbeiten*

+k *Arbeiten, die Schwung und Dynamik, Unternehmungsgeist und Expansion verlangen, unkonventionelle Tätigkeiten, Abwechslung in der Arbeit*

(+ir) *Aufgaben, die ständigen Wechsel und Unstetheit mit sich bringen,*

Inhalte, Einstellungen

w *Umwelt- und Milieuinhalte*

(+it) *Neutralismus, Relativismus, Opportunismus, amoralische Inhalte*

(+iu) *Brauchbarkeit, Nützlichkeit, Profit*

+x *Individuation, Selbstgestaltung, Selbstverwirklichung, Partnerschaft, Psychologie, Individualtherapie,*

(+ix) *Kollektivität, „Solidarität im Sinne der Gleichheit aller"*

+b *Bewältigung, bewältigende Technik, Macht, Führung, Konstruktion, Machen, Naturwissenschaften (harte), Regieren, Domination, Bauen, Aufbauen, Gestalten, Fertigung*

(+ib) *Unterordnen, Nichtgestalten*

+c *Soziales, Menschen, Gruppen, Kinder, Hilfsbedürftige, Pflege, Instandhaltung, Heilen, Bemuttern, Wartung, Dienen, Mitmachen, Unterstützen*

(+ic) *Asoziales (nicht antisozial), keine Dienst- und Pflegeleistungen*

(+io) *Chaos, Systemlosigkeit, Willkürlichkeit*

f *progressive Inhalte aller Art*

+f *Fernes, Neues, Fortschritt, Reise, Reisen, Verkehr, Zukünftiges, Forschung, Neuheiten, Progressives, Abwechslung, Handel, Handeln*

(+in) *ungewohnte Inhalte, Inhalte einer ungewissen Zukunft*

Betrachtet man sich diesen Menschen in seinem Arbeitsstils, deren Bestimmungsgrößen nirgends den Betrag von 6,0 erreichen, teilweise sehr niedrig liegen, so kann man kaum davon ausgehen, daß ein Studium - selbst an einer FH - der richtige Weg sein wird. Eher ein praktisches, vagabundierendes Erfahren in praktischer Betätigung dürfte hier zum Erfolg führen. Irgendwo zeigt er Arbeitsweisen, wie viele Reisende sie benötigen. Bei diesem Stil wird der junge Mann es schwer haben, sich an die Mentalität im Berufsfeld der Betriebswirte anzupassen. Vom Inhaltlichen her stoßen wir auf sehr widersprüchliche Tendenzen. Während auf der einen Seite Fortschritt, Progressives, Abwechslung und Bewältigung und Führung stehen, finden sich auf der anderen Seite Bedürfnisse mehr caritativer erhaltender und humaner Art. Diese widerstreitenden Richtungen werden schwerlich auf einen Nenner zu bringen sein. Das heißt, daß der junge Mann sich für ein Berufsfeld in einer der beiden Richtungen entscheiden und die andere außerberuflich nutzen muß. Unter Berücksichtigung seines Arbeitsstils erscheint es sinnvoll, ein Berufsfeld in Richtung auf Führung, Bewältigung, Machen und Neuheiten anzustreben, zumal für humane und caritative Aufgaben der Arbeitsstil nicht unbedingt am geeignetsten erscheint. Nicht unproblematisch dürften dabei chaotische und neutralistische Tendenzen sein, die zu einer Gefährdung seiner selbst führen können.

Für die weitere Gestaltung seines - nun einmal schon weit gediehenen - Studiums heißt dieses, daß es schwerpunktmäßig in Richtung Marketing ausgelegt werden sollte, daß zur Ergänzung eine Beschäftigung mit technischen Grundlagen und Neuentwicklungen zweckmäßig ist, um die Basis für den Berufsstart abzusichern, zumal sigmatisch in *gei, maf und fot* keine umfassenden Kenntnisse und Erfahrungen vorzuliegen scheinen.

Wie verschieden die Persönlichkeit von Studenten gleicher Fachrichtung sind, möge ein Blick auf die eines Kommilitonen zeigen:

z	2,5	5,1	s	3,0	4,3	A	-0,6	0,8	|z|	4,5	|s|	4,2
e	2,8	5,4	j	5,6	5,1	U	-2,9	0,2	|e|	4,7	|j|	5,7
v	3,8	5,7	h	4,2	5,7	B	-0,4	0,0	|v|	5,2	|h|	5,4
a	3,1	4,8	p	5,3	4,3	G	-2,2	0,5	|a|	4,5	|p|	5,2
m	3,8	6,0	d	3,8	6,3	S	0,0	-0,2	|m|	5,4	|d|	5,6
k	4,1	4,3	r	4,1	5,4	E	0,0	-1,1	|k|	4,6	|r|	5,2
Dg	0,7		D	3,8	5,2	|D|	5,0					
l	4,8	6,0	g	2,6	5,5	Le	2,1	0,5	|l|	5,8	|g|	4,8
w	3,1	2,5	t	1,2	3,8	So	1,9	-1,3	|w|	3,3	|t|	3,3
u	4,3	3,0	x	3,4	5,4	Sg	0,9	-2,4	|u|	4,2	|x|	4,9
b	3,0	4,0	c	4,6	5,4	Ge	-1,6	-1,4	|b|	4,0	|c|	5,4
q	2,8	4,0	o	3,8	3,4	Wa	-1,0	0,6	|q|	3,9	|o|	4,0
f	3,8	3,0	n	4,5	4,6	Or	-0,8	-1,6	|f|	3,9	|n|	5,0
Mg	0,8		M	3,5	4,2	|M|	4,3					
vl	4,0	vp	4,8	vk	4,3	V	41,1	T	43,1			
ff	5,5	fh	5,5	fk	5,0	F	45,3					
dk	4,0	dp	5,5	de	5,0	I	42,8					
we	5,0	wm	5,3	wk	4,5	W	43,3					
		i	Betr.			i	Betr.					
Nul	3,5	4,0	4,2	gei	2,5	2,5	3,0					

<table>
<tr><td>pub</td><td>4,0</td><td>4,0</td><td>4,4</td><td>wel</td><td>3,0</td><td>2,5</td><td>3,2</td><td></td><td></td><td></td><td></td><td></td></tr>
<tr><td>kus</td><td>2,5</td><td>3,0</td><td>3,2</td><td>ige</td><td>3,0</td><td>3,5</td><td>3,7</td><td></td><td></td><td></td><td></td><td></td></tr>
<tr><td>maf</td><td>3,5</td><td>2,5</td><td>3,5</td><td>men</td><td>3,5</td><td>3,0</td><td>3,7</td><td></td><td></td><td></td><td></td><td></td></tr>
<tr><td>wek</td><td>2,5</td><td>1,5</td><td>2,5</td><td>fos</td><td>5,0</td><td>3,5</td><td>4,7</td><td></td><td></td><td></td><td></td><td></td></tr>
<tr><td>fot</td><td>3,0</td><td>2,5</td><td>3,2</td><td>bog</td><td>3,0</td><td>4,0</td><td>4,0</td><td></td><td></td><td></td><td></td><td></td></tr>
<tr><td>C</td><td>3,3</td><td>3,0</td><td>3,6</td><td></td><td></td><td></td><td></td><td></td><td></td><td></td><td></td><td></td></tr>
<tr><td></td><td></td><td></td><td></td><td></td><td></td><td></td><td></td><td></td><td></td><td></td><td></td><td></td></tr>
<tr><td>Pp</td><td>4,2</td><td>4,8</td><td>Rp</td><td>3,5</td><td>4,2</td><td>Sbg</td><td>0,7</td><td>0,6</td><td>|Pp|</td><td>4,9</td><td>|Rp|</td><td>4,3</td></tr>
<tr><td>Up</td><td>4,4</td><td>4,8</td><td>Üp</td><td>4,1</td><td>4,4</td><td>Säg</td><td>0,3</td><td>0,4</td><td>|Up|</td><td>5,0</td><td>|Üp|</td><td>4,7</td></tr>
<tr><td>Kp</td><td>4,3</td><td>4,3</td><td>Bp</td><td>4,5</td><td>5,1</td><td>Geg</td><td>-0,3</td><td>-0,7</td><td>|Kp|</td><td>4,7</td><td>|Bp|</td><td>5,2</td></tr>
<tr><td>Gp</td><td>4,2</td><td>4,7</td><td>Sp</td><td>4,9</td><td>4,8</td><td>Gbg</td><td>-0,7</td><td>-0,1</td><td>|Gp|</td><td>4,9</td><td>|Sp|</td><td>5,2</td></tr>
<tr><td>Ep</td><td>3,6</td><td>4,1</td><td>Op</td><td>4,7</td><td>5,1</td><td>Weg</td><td>-1,2</td><td>-1,0</td><td>|Ep|</td><td>4,3</td><td>|Op|</td><td>5,3</td></tr>
<tr><td>Fp</td><td>4,3</td><td>4,2</td><td>Tp</td><td>4,5</td><td>4,7</td><td>Wbg</td><td>-0,3</td><td>-0,6</td><td>|Fp|</td><td>4,7</td><td>|Tp|</td><td>5,0</td></tr>
<tr><td>Ing</td><td>0,9</td><td></td><td>In</td><td>4,3</td><td>4,6</td><td>|In|</td><td>4,9</td><td>δ</td><td>γ</td><td></td><td>δ</td><td>γ</td></tr>
<tr><td>Eg</td><td>0,5</td><td>0,5</td><td>IN*</td><td>-0,2</td><td>-0,2</td><td></td><td>z</td><td>6,0</td><td>4,0</td><td>l</td><td>3,5</td><td>4,5</td></tr>
<tr><td>Mn</td><td>-0,5</td><td>-0,4</td><td></td><td></td><td></td><td></td><td>s</td><td>6,0</td><td>3,5</td><td>g</td><td>4,5</td><td>2,5</td></tr>
<tr><td>Wt</td><td>-0,7</td><td>-0,8</td><td>Betr.</td><td></td><td></td><td></td><td>e</td><td>6,0</td><td>3,5</td><td>w</td><td>5,5</td><td>3,0</td></tr>
<tr><td>Egs</td><td>4,1</td><td>4,6</td><td>4,7</td><td></td><td></td><td></td><td>j</td><td>3,5</td><td>4,0</td><td>t</td><td>4,0</td><td>2,0</td></tr>
<tr><td>Mns</td><td>4,5</td><td>4,7</td><td>5,0</td><td></td><td></td><td></td><td>v</td><td>5,0</td><td>4,0</td><td>u</td><td>3,5</td><td>3,0</td></tr>
<tr><td>Wts</td><td>4,3</td><td>4,5</td><td>4,8</td><td></td><td></td><td></td><td>h</td><td>4,5</td><td>4,0</td><td>x</td><td>4,5</td><td>3,5</td></tr>
<tr><td>Sbs</td><td>3,9</td><td>4,5</td><td>4,6</td><td></td><td></td><td></td><td>a</td><td>5,0</td><td>3,5</td><td>b</td><td>4,5</td><td>3,0</td></tr>
<tr><td>Säs</td><td>4,3</td><td>4,6</td><td>4,9</td><td></td><td></td><td></td><td>p</td><td>4,0</td><td>3,5</td><td>c</td><td>3,0</td><td>3,5</td></tr>
<tr><td>Ges</td><td>4,4</td><td>4,7</td><td>5,0</td><td></td><td></td><td></td><td>m</td><td>4,5</td><td>4,5</td><td>q</td><td>5,0</td><td>4,0</td></tr>
<tr><td>Gbs</td><td>4,5</td><td>4,7</td><td>5,0</td><td></td><td></td><td></td><td>d</td><td>5,0</td><td>4,0</td><td>o</td><td>4,5</td><td>2,0</td></tr>
<tr><td>Wes</td><td>4,2</td><td>4,6</td><td>4,8</td><td></td><td></td><td></td><td>k</td><td>4,0</td><td>3,5</td><td>f</td><td>4,5</td><td>3,0</td></tr>
<tr><td>Wbs</td><td>4,4</td><td>4,5</td><td>4,9</td><td></td><td></td><td></td><td>r</td><td>4,0</td><td>3,5</td><td>n</td><td>4,5</td><td>5,5</td></tr>
<tr><td></td><td></td><td></td><td></td><td></td><td></td><td></td><td></td><td></td><td></td><td></td><td></td><td></td></tr>
</table>

Zunächst bestehen hier von der Begabungsseite nicht unbeträchtliche Bedenken, zumal *dk* und *wk* wenig ausgebildet sind. Darüber hinaus sind Wissen und Erfahrungen nicht sehr umfangreich. Schließlich finden sich einige deutlichere Gehemmtheiten in *z, s* und *e*. Insgesamt sind die Reife und Stabilitätswerte <1,0, so daß mit erhöhter Anfälligkeit dieses Menschen gerechnet werden muß, und das in jedem Berufsfeld.

Arbeitsstil

(+z) *nüchterne Tätigkeiten, bei denen Eindrücke und Emotionen ausgeschaltet sind,*

(+iz) *Aufgaben, die keine unmittelbare Initiative verlangen, starrer, trockener Arbeitsverlauf*

(+e) *Arbeit ohne Kontakt mit anderen, ohne solchen mit Umwelt und Publikum, Tätigkeiten, die keine eigene Zuwendung zu anderen Menschen und zum Geschehen verlangen*

j *intraversives, auf Abstand zur Welt bedachtes Arbeiten und Handeln, reserviertes Agieren*

+im *Arbeiten, die Tollkühnheit, Flüchtigkeit und Oberflächlichkeit erfordern, Selbstüberschätzung verlangen*

d *besonnene, wägende, tiefsinnige Arbeitsweise*

+id *Arbeiten, die pedantisches, ängstliches Zögern erfordern, Bearbeitung von Kleinigkeiten*

Inhalte, Einstellungen

l *vitale und physiologische Bedürfnisse ansprechende Inhalte*

(+g) *konkrete, gegenständliche, alltägliche Inhalte*

(+iw) *Weltflucht, Öffentlichkeitsabwehr, gesellschaftsfeindliche Inhalte*

(+t) *Liberalismus, Glaubensfreiheit, Freiheit, Säkularisiertes, Unparteilichkeit*

(+q) *Nützlichkeit, Quantität, Brauchbares, Unauffälliges*

Betrachten wir nun den Arbeitsstil, der rein quantitativ in *j* und *d* seinen Schwerpunkt findet, wobei in *d* der Imaginärwert besonders herausragt, das aber auch in *m*, was darauf hinweist, daß einerseits primär eine Innendiensttätigkeit infrage kommt, andererseits Kleinigkeiten, Details und schematische Ordnungen benötigt werden, sicher auch um naive Flüchtigkeiten und Selbstüberschätzungen aufzufangen und nicht zu einem zu großen Risiko werden zu lassen. Das spricht für eine begrenzte Verwaltungstätigkeit. Inhaltlich sind wenig aktive Tendenzen außer einem ausgeprägten Genußdrang zu erkennen, hier wirken eher Minderausprägungen bestimmend, nämlich in *w* und *t*, aber auch in dem Realteil von *q*. Das heißt also einmal, daß alles Gesellschaftliche und Öffentliche gemieden wird, nicht nur als Bühne, sondern auch als Leitlinie, daß ideologische und weltanschauliche Freiheit, daß Neutralismus gesucht wird, verantwortliche Beziehungen gemieden werden. Musische Tendenzen, Qualitätsstrebungen sind ebensowenig erkennbar, wie zudem Bewältigungs-, Gestaltungswünsche usw.. Ein Drang nach Führung und Lenkung ist nicht zu erkennen, eine „dienende Hilfskraftrolle“ liegt am ehesten im Bereiche der Neigungen, und das mehr auf der Basis gestriger Verhältnisse ohne Bezug zum Fortkommen und zur Zukunft. Hier wäre es wesentlich, dem jungen Menschen zunächst einmal zu helfen, seine Gehemmtheiten abzubauen, damit aktive Impulse wirksam werden können. Dann kann auch eine Berufsentscheidung gefällt werden. Es sieht so aus, als ob das Studium nicht aus eigenem Antrieb gewählt wurde oder nur ein Ausweg zum Vermeiden einer Begegnung mit der Berufsrealität ist.

Die beiden letzten Fälle zeigen, wie problematisch die Wahl irgendwelcher Ausbildungswege ohne Analyse ist, welche Komplikationen für die Berufsbildung bzw. für die Ausrichtung des Starts in das Arbeitsleben zu erwarten sind, wenn nicht eine gründliche Analyse und Planung vorher stattfindet. Und den Fachleuten, die dabei wirklich helfen können, sind in der BRD aufgrund des Monopols der Bundesanstalt für Arbeit die Hände gebunden. Wer in dieser Hinsicht differenziertere Verfashren sucht, sei auf meine *Psychologie der Persönlichkeit verwiesen.*

Arbeitsplatzwahl

In einem weiteren Schritt betrachten wir nun das Ergebnis einer Analyse der Arbeitsverhaltensperson, für die ein adäquater Arbeitsplatz gesucht werden soll. Dazu wählen wir die Vp. deren Ergebnisse nachstehend folgen:

	+	+i	||		+	+i		+	+i				
Pv	6,0	6,2	6,4							vlv	7,0	VyV	59
Rv	6,9	6,4	6,9	Sbv	-0,9	-0,2				dkv	7,0	IyV	63
Uv	5,8	5,6	6,0				Egv	-0,5	0,0	ffv	7,0	FyV	43
Üv	6,0	5,5	6,0	Säv	-0,2	0,1				wev	5,0	WyV	52
Kv	5,7	5,5	6,0							vpv	7,0	TyV	53
Bv	6,7	5,4	6,4	Gev	-0,9	0,1				dpv	7,0		
Gv	5,5	5,5	5,8				Mnv	-0,6	0,5	fhv	5,0		
Sv	5,8	4,7	5,6	Gbv	-0,3	0,8				wmv	7,0		
Ev	6,1	6,1	6,4							vkv	7,0		

Ov	7,5	6,6	7,3	Wev	-1,4	-0,5				dev	8,0
Fv	4,8	4,8	5,2				Wtv	-0,9	-0,1	fkv	3,0
Tv	5,3	4,6	5,3	Wbv	-0,5	0,2				wkv	7,0
Inv	5,9	5,6		Ingv	1,1		INV	-0,7	0,1		

Daraus folgt nach den Tabellen:

Rv *Tätigkeiten, die Ichsteuerung, bewußte, überlegte und kontrollierte Handlungen verlangen, die mehr kritischer und prüfender disziplinierter Haltung bedürfen, Planungs-, Prüfungs- und Kontrollfunktionen, selbstdisziplinierte Haltung, schematische und formalisierte Arbeiten. Ideen, Geistiges, Wissenschaft, Philosophie, Erkenntnislehre, Gedankliches, Abstraktes, Theoretisches, Ätherisches, Esoterik, Spekulatives, Neugier-Weckendes, Intellektualistisches*

iRv *schematisierte Tätigkeiten, formalistische Arbeiten, einengende Tätigkeiten, esoterische, ätherische, spekulative, intellektualistische Inhalte, Neugierbefriedigung*

(Rv) *Berufe, die eine eher naive, undifferenzierte und wenig reflektierende Einstellung verlangen, unkomplizierte und einfache Arbeiten, Tätigkeiten, die wenig Disziplin und eigene Steuerung erfordern. Alltägliches, Konkretes*

Bv *Tätigkeiten, die Individualität und Eigenständigkeit von innen heraus in sozialen Bezügen verlangen, bei denen ein innerliches Engagement für andere Menschen verlangt wird. Tätigkeiten in enger Teambeziehung, Arbeiten mit festen sozialen Bindungen, die wenig wechseln, gefühls- und gemütsbezogene Arbeiten, personenbezogene Beratungs- und pädagogisch-führende Tätigkeiten, Arbeiten, Individuation, Selbstgestaltung, Selbstverwirklichung, Partnerschaft, , Psychologie, Individualtherapie,*

Gv *Tätigkeiten, die Durchsetzung, Domination, Lenkung und Gestaltung verlangen, bei denen es darauf ankommt, durch Machen etwas zu schaffen, und das auch in sozialen Bezügen. Arbeiten, die Durchsetzung, Angreifen und Selbständigkeit, Gestaltung und Eroberung verlangen, hartes Material, Stein, Metalle. Bewältigung, bewältigende Technik, Macht, Führung, Konstruktion, Machen, Naturwissenschaften, Regieren, Domination, Bauen, Aufbauen, Gestalten*

iGv *Aufgaben, die aggressives, überwältigendes Arbeiten, aber auch rücksichtsloses Vorgehen erfordern, Diktieren, Kommandieren, Zerstörung, Vernichtung, Krieg, Überwältigen, Unterdrücken,*

Ov *Tätigkeiten, bei denen es auf eine systematische und formale innere Verarbeitung der Qualitäten ankommt. Arbeit in kleinen Schritten, Fein- und Ordnungsarbeiten, Präzisionsarbeiten, Innendienst, Büroarbeit, Bearbeitung von Kleinigkeiten, besinnliche und ernste Arbeitshaltung mit Vorliebe zum Abwägen erforderlich. Verwaltung, Organisation, Logistik, Ordnung, Zahlen, Gliederung, Systematik, Formales, Informatik, EDV, Ordnungsvorschriften*

iOv *einzelheitliche Arbeitsweise, Umgang mit Kleindetails, Fieselarbeit, Zählarbeit, bürokratische Arbeiten, Schemata, Registratur, Listenführung*

Das bedeutet, daß dieser Mensch einen Arbeitsplatz benötigt, an dem er -gewissermaßen von der Theorie ausgehend - etwas gestalten und bewirken kann, das sich zugleich formal bestimmen und beschreiben läßt, das systematisch ist und Menschliches erfaßt. Seine Bv-Werte weisen einerseits auf pädagogisch-psychologische Inhalte, andererseits auf entsprechende Betätigungen hin, dieses aber mehr in einer beratenden Form. Und so dürfte ein Einsatz in der Erwachsenenpädagogik in seinen speziellen Fachgebieten zum Erfolg führen. Das zeigen dann auch die Anforderungswerte einer solchen Position, wie sie im nbachstehenden Vergleich aufgeführt sind.

Vergleich Lehrer Erwachsenenbildung

	Soll	Ist	D^2		Soll	Ist	D^2		Soll	Ist	D^2
Pv	5,9	6,0	0,0	iPv	5,3	6,2	1,0	vlv	7	7,0	0,0
Rv	7,3	6,9	0,2	iRv	6,7	6,4	0,1	dkv	8	7,0	1,0
Uv	5,5	5,8	0,1	iUv	5,2	5,6	0,1	ffv	5	7,0	4,0
Üv	5,8	6,0	0,0	iÜv	5,3	5,5	0,0	wev	6	5,0	1,0
Kv	6,5	5,7	0,5	iKv	5,7	5,5	0,0	vpv	6	7,0	1,0
Bv	5,8	6,7	0,8	iBv	5,4	5,4	0,0	dpv	7	7,0	0,0
Gv	5,8	5,5	0,1	iGv	5,4	5,5	0,0	fhv	5	5,0	0,0
Sv	5,4	5,8	0,2	iSv	4,7	4,7	0,0	wmv	6	7,0	1,0
Ev	6,0	6,1	0,0	iEv	5,0	6,1	1,2	vkv	6	7,0	1,0
Ov	6,5	7,5	1,1	iOv	5,7	6,6	0,8	dev	7	8,0	1,0
Fv	5,7	4,8	0,8	iFv	5,0	4,8	0,0	fkv	5	3,0	4,0
Tv	5,3	5,3	0,0	iTv	5,3	4,6	0,5	wkv	8	7,0	1,0
%	S	S/12	0,3	%	iS	S/12	0,3	%	T	S/12	1,3

Begabungen %:	85,7
+S%	89,0
+iS%	89,0
Gesamt%	87,9

Analysiert man dieses Ergebnis aus Anforderungen und Vorstellungsverhalten, so erkennt man, daß dieser Mensch für diese Aufgabe recht gute Voraussetzungen mitbringt. Eindrucksmäßig ergeben sich einige Beeinträchtigungen, da Körperkraft und körperliche Robustheit hinter den Anforderungen zurückbleiben. Hier muß man evtl. dafür sorgen, daß diese Anforderungen durch organisatorische Maßnahmen gemildert werden. Natürlich muß man dazu noch einen Vergleich mit der Sozialstruktur des Umfeldes vornehmen, worauf ich hier aber nicht näher eingehen will.

Gestaltung von Berufs- und Arbeitsplatzwahl

Wer bisher schon engeren Kontakt mit der Berufsberatung des Arbeitsamtes hatte und den voranstehenden Text sorgfältig gelesen hat, wird geschlossen haben, daß der Verfasser sich unter einer echten Berufsberatung etwas anderes vorstellt. Um eine optimale Berufswahl als Basis zu einem gesunden Arbeitsleben in einer komplexen und pluralistischen Gesellschaft zu sichern, bedarf es aber einer funktionsfähigen Berufsberatung. Diese muß unbedingt die folgenden Voraussetzungen erfüllen:

1. systematische Ermittlung der psychischen Persönlichkeitsstruktur, und das auf längere Sicht gesehen in differenzierter Form
2. psychische Anforderungen der Berufe und Berufsebenen im Code der Persönlichkeitsstruktur
3. automatisierte Vergleichsprogramme für Anforderungen und Persönlichkeitsstrukturen
4. umfassende Tätigkeitsbeschreibungen der Berufe in den Berufsebenen sowie der Aufstiegswege und -möglichkeiten auf neuestem Stande
5. umfassende Beschreibungen der Ausbildungsmöglichkeiten und -voraussetzungen sowie der Fort- und Weiterbildungsmöglichkeiten

6. präzise Angaben zu körperlichen Belastungen und Folgewirkungen der Berufsausübung, wobei evtl. eine Zusammenarbeit mit den Berufsgenossenschaften und Kliniken sehr wichtig sein kann
7. Psychodiagnostiker und Ärzte zur Persönlichkeitsanalyse
8. erfahrene Berater zur Führung und Überzeugung der Ratsucher
9. eine systematische Erfolgskontrolle

Nur dort, wo dieses alles vorhanden ist, kann eine echte Berufsberatung stattfinden. Inwieweit dabei Selbstanalyseverfahren verwendet werden, ist dann eine rein organisatorische, evtl. auch Kostenfrage.

Unseren Lesern würde allerdings schon helfen, wenn die Berufsberatungen der Arbeitsämter die Forderungen 4 bis 6 erfüllen würden, damit sie mit Hilfe dieser Unterlagen unter Anwendung der beigefügten Arbeitsprogramme sich selbst helfen könnten. Leider ist auch das nur in beschränktem Maße der Fall. Und insbesondere hinsichtlich der geltenden „Berufsmentalität" in den verschiedenen Berufen und ihren Hierarchieebenen finden sich dort kaum Hinweise. Am ehesten sind noch Auskünfte über Ausbildungsvoraussetzungen, Ausbildungswege und -institutionen zu erhalten. Hier und dort gibt es auch Hinweise zu den Ausbildungskosten. Sicher finden sich in den Unterlagen des ärztlichen Dienstes der Arbeitsämter einige Hinweise auf physische Belastungen und Folgewirkungen, die aber den Ratsuchenden kaum zugänglich sein werden. Und so bleibt man mehr oder minder hinsichtlich der erteilten Informationen auf das Wohlwollen und Können der jeweiligen Berater angewiesen, ein wenig erfreulicher Zustand. Und das umso mehr als viele Berater sehr empfindlich reagieren werden, wenn man von Ihnen Informationen zu mitgebrachten Arbeitsstil- und Arbeitseinstellungswerten verlangt, die evtl. auch noch ihren Vorstellungen entgegenstehen.

Wenig erfreulich ist im allgemeinen auch der Vorgang der Arbeitsplatzwahl und der Personalauswahl. Nicht nur, daß man kaum etwas über die wirklichen Verhaltensanforderungen der Arbeit erfährt, man erhält in den meisten Fällen auch keinerlei Einblick in die bestehenden sozialen Strukturen. In sehr vielen Fällen macht sich der zukünftige Arbeitgeber aber auch keine wesentlichen Gedanken darüber, welche Arbeitsverhaltensweisen der

Bewerber aufweist und ob und inwieweit diese sich mit den notwendigen Verhaltensweisen decken, die er ebenfalls vielfach nicht kennt. Zwar haben die für die Personalauswahl in Betrieben verantwortlichen Mitarbeiter oft vage und meistens gefühlshafte Vorstellungen, wie der neue Mitarbeiter aussehen sollte, aber diese Vorstellungen decken sich vielfach keineswegs mit der Realität. Für eine angemessene Arbeitswahl und Personalauslese sollten folgende Bedingungen erfüllt sein:

1. systematische Stellenbeschreibungen der Arbeitsplätze
2. up to date Arbeitsverhaltenspersonanforderungen der Arbeitsplätze
3. Bekanntgabe der Anforderungen an die Bewerber
4. systematische Analysen der Arbeitsverhaltenspersonen der Bewerber und Mitarbeiter
5. systematische Vergleichsprogramme
6. systematische vierteljährliche Bewährungskontrollbeurteilungen
7. jährliche bzw. zweijährliche Förderungsbeurteilungen und -gespräche[29]
8. Systematische Kontrollverfahren für Ergebnisse und verwendete Verfahren

Solange dieses in vielen Unternehmen nicht erfüllt ist, muß der Mitarbeiter die entsprechenden Untersuchungen und Analysen für sich selbst vornehmen, um sich vor gefährlichen Folgen aus der Wahl nicht adäquater Arbeitsplätze zu schützen, seine eigene Gesundheit zu erhalten und zu einer entspannten Selbstverwirklichung im Leben zu finden. Allerdings ist ihm das im allgemeinen erst dann möglich, wenn er die Stelle schon angetreten hat, wenn er also der Tretmühle schon ausgesetzt ist. Vielfach wird er dann aus Gründen, die im Arbeitsmarkt oder in seinem eigenen beruflichen Werdegang liegen, nicht ohne weiteres wechseln können. Gerade dann muß er die bestehenden Komplikationen sich sorgfältig vor Augen führen und nach Möglichkeiten suchen, deren Auswirkungen zu mindern.

[29] vgl.Waszkewitz: Mitarbeiterführung im neuen Jahrtausend, Stuttgart 1999

Ausrüstung

Problem

Um die jeweiligen Anforderungen der Arbeit zu erfüllen, bedarf es neben der Verhaltenseignung auch entsprechender Mittel und Fertigkeiten, um zujm Erfolg zu kommen. Das betrifft einerseits technische Hilfsmittel, die möglichst dem Arbeitsplatzinhaber angepaßt sein sollten, andererseits für Informationen, die zu einer sachgerechten Ausführungerforderlich sind, worauf wir im nächsten Abschnitt zurückkommen. Das gilt aber auch für Kenntnisse, Erfahrungen und Fertigkeiten, die der Mitarbeiter benötigt, um Erfolg zu haben. Und gerade diese müssen ständig ergänzt, erweitert und angepaßt werden, um den vielfältigen Veränderungen gerecht zu werden.

Wie an anderer Stelle gezeigt[30], müssen wir mit unterschiedlichen Formen der Anpassungsentwicklung beim Menschen rechnen. Eine davon stellt das Lernen im engeren Sinne des Wortes dar. Hierbei findet vor allem eine Veränderung der Speicherwerte statt. Diese Erweiterung und Veränderung der Speicherwerte ist eine wesentliche Voraussetzung dafür, daß Menschen in einer komplexen Welt überleben können. Sie erlernen in diesem Prozeß Sachverhalte, erwerben Fertigkeiten und Lösungsstrategien, mit deren Hilfe sie sich verwirklichen können und die Möglichkeit gewinnen, sich zu erhalten und zu überleben. Das heißt, daß sie einerseits Programme zur Verhaltenssteuerung erwerben, die allerdings nur auf ihrem eigenen Betriebssystem (Individualinstanz) in dieser Form laufen, daß sie andererseits Datenbanken schaffen. Die darin enthaltenen Daten liefern in Verbindung mit den Programmen die Möglichkeit, angemessen auf Eingaben von außen (Stimuli) zu reagieren.

Was gelernt wird und wie, ist danach weitgehend eine Frage der jeweiligen Individualinstanz und der Umwelt, die die Aufgabe hat, dem Mitarbeiter aufzuzeigen, was er lernen sollte. und das ist in unserem Falle das Unernehmen bzw. die Unternehmensführung, deren Aufgabe es ist, zukünftige Entwicklungen zu erkennen und einzuleiten.

---

[30] vgl. B. Waszkewitz: Psychologie der Persönlichkeit, S.176ff und 207ff, Stuttgart 2003

Lernen, Persönlichkeit und Verhaltensperson

Wie den Ausführungen zu entnehmen ist, hängen Umfang und Intensität des Lernens und der Speichereffekte weitgehend von der Struktur der Individualinstanz ab. Das zeigt auch die folgende Übersicht für die Elementenresultanten:

+Pp anschauliches Lernen, handelndes Lernen, praktisches, alltagsorientiertes Lernen

+iPp eindrucksbestimmtes, impulsives Momentanlernen, genußorientiertes, kreatürliches Lernen

+Rp kritisches, systematisches, rationales Lernen, theoretisches Lernen, Lernen von Ideen und Erkenntnissen

+iRp Lernen nach Schemata und Schablonen, intellektuelles, anschauungsfernes Lernen

+Up Lernen im Kontakt und Umgang mit der Welt und Gesellschaft, weltoffenes, gesellschaftsoffenes Lernen

+iUp Lernen an Effekten und Kontrasten, geltungsbestimmtes Lernen, status- prestige- und wirkungsorientiertes Lernen

+Üp Lernen aus der Distanz und für sich, wert- und weltanschaulich orientiertes Lernen,

+iÜp isoliertes Einzellernen, orthodox-ideologisches Lernen,

+Kp sich begeisterndes Lernen, Lernen im Äußerungsprozeß, kulturbezogenes, sprachliches Lernen

+iKp sprunghaftes, unstetes Lernen, unfunktionelles, schöngeistiges Lernen

+Bp Lernen in konstant bleibender Gemeinschaft, humanistisches, psychologisch-pädagogisches Lernen,

+iBp subjektives, sentimental-gefühlshaftes Lernen, subjektbezogenes, sachfremdes Lernen

+Gp selbstgestaltendes, zielstrebiges aktives Lernen, lenkungsorientiertes, konstruktives Lernen,

+iGp aggressives, zerreißendes Lernen, selbstherrliches Lernen, macht- und autoritätsorientiertes Lernen

+Sp aufnehmendes, anpassendes Lernen, soziales, dienst- und fürsorgeorientiertes Lernen,

+iSp nachgiebiges, manipulierbares Lernen, abhängigkeitsorientiertes, sozialutopisches Lernen

+Ep ganzheitliches, globales, frisches Lernen, musisches, ästhetisches, qualitätsorientiertes Lernen,

+iEp ideenflüchtiges, oberflächliches Lernen, modebezogenes, äußerlichkeitsbestimmtes Lernen

+Op Lernen in kleinen Schritten, formales, organisatorisches Systemlernen,

+iOp Lernen in Kleinigkeiten, einzelheitliches Lernen, bürokratisches, formalistisches Sammellernen,

+Fp expansives, intensiv-schwungvolles Lernen, in die Ferne orientiertes, progressives, zukunftsorientiertes Lernen,

+iFp unruhiges, hitziges, unstetes Lernen, abwechslungssüchtiges, neuheitenbesessenes Lernen,

+Tp stetiges, gleichmäßiges, beharrendes Lernen, sicherheitsorientiertes, am Vertrauten ausgerichtetes Lernen,

+iTp stures, monotones, inflexibles Lernen, gewohnheitenorientiertes, immobiles, "gestriges" Lernen

Nun wird derjenige, der das Lernen gestalten soll, selten Kenntnis der Individualinstanzen der Lernenden besitzen oder erhalten können, besonders nicht im Arbeits- und Betriebsleben. Er wird evtl. noch in der Lage sein, deren Verhaltensperson, vor allem die herausragenden Traits, zu bestimmen. Und auch in dieser Hinsicht liegen inzwischen Hinweise über zugehörigen Lehrstile, Lernstile und Interesseninhalte vor, wie die folgende Übersicht zeigt:

Optimale Lehrformen der Arbeitsverhaltensperson

Pv praktische Unterweisung durch Zeigen, Vormachen an Beispielen, auf Nachahmung ausgelegte Ausbildung

Rv erklärende, deduktive, vom Allgemeinen ausgehende, auf Sinnerfassung ausgelegte Ausbildung

Uv demonstrierender, kontaktorientierter Ausbildungsstil, mehr Gruppenunterweisung, glänzen-wollender Vortragsstil

Üv zurückhaltender Ausbildungsstil, bei dem der Ausbilder auf Abstand bleibt, eher für Einzelausbildung bei wenig wechselnden Personen geeignet

Kv Unterweisung durch lebhafte und vielfältige Reaktionen, sprühende Darstellung, Wecken von Interesse und Begeisterung, Vermeiden der Alltäglichkeit.

Bv mehr Unterweisung bei wenigen, die ein dauerhaftes und enges Team bilden, eine in sich abgeschlossene Gruppe mit dem Ausbilder darstellen, Unterweisung aus menschlichen Bindungen heraus

Gv eigene, selbständige Erarbeitung von Lösungen fordernde Ausbildung, Neigung zum Frontalunterricht

Sv auf Vorhandenem aufbauende, sich daran anpassende und dieses fortführende Ausbildung, mehr kooperierend

Ev mehr global demonstrierende und dem Auszubildenden viel Freiheit lassende, manchmal mehr oberflächliche Unterweisung, die sich mehr zur allgemeinen Orientierung und Zusammenfassung eignet.

Ov schrittweise und detailhafte, auf Kleinigkeiten und Einzelheiten aufbauende und sie betonende Ausbildung, vorsichtiges Vorgehen.

Fv mitreißender Ausbildungsstil, bei dem auch der Ausbildungskandidat aktiv zu werden hat, neue Schritte selbst vornehmen muß, mehr geeignet für Neuartiges und Veränderungen

Tv gleichförmige und stetige Ausbildung, bei der keine Umstellung erforderlich ist, wo alles in bekannter Weise gehandhabt werden kann.

Optimale Lernbedingungen der Verhaltensperson

Pv eigenes Experimentieren und Probieren, praktisch ausführendes Üben, handelndes Lernen

Rv reflektierendes Lernen, Ausgehen von theoretischen Konzepten, überlegendes und analysierendes Lernen

Uv Gruppenlernen, Möglichkeit, sich beim Lernen mit und unter anderen hervorzutun

Üv Einzellernen, Lernen für sich und aus der Distanz

Kv vielseitiges, vielfältiges, evtl. unstetes Lernen in wechselnden Bezügen, und das sowohl sachlich als auch sozial

Bv Gefühlslernen, Lernen in enger und vertrauter Gemeinschaft

Gv aggressives Lernen, Lernen nach eigenem Vorgehen, Nichtnachahmendes - Lernenmüssen, Lernen unter Zerstörung des Vorhandenen, Zwang zu Eigenem

Sv anpassendes Lernen, nachahmendes und mitmachendes Lernen, Fortsetzung von Vorhandenem oder Vorgemachten

Ev globales, spielerisches Lernen, Lernen in Umrissen

Ov schrittweises, einzelheitliches, perfektioniertes Lernen

Fv dynamisches, wechselhaftes, abwechslungsreiches schnelles Lernen

Tv gleichförmiges, geduldiges Lernen, Lernen ohne Wechsel und Sprünge

Optimale Lerninhalte für die Arbeitsverhaltensperson

Pv praktische Alltagsinhalte, Essen, Trinken, Sex, Genuß, Heim, Garten, Natur, Tiere, Gruppenleben, Kreatürliches, Organisches, Sinnliches

Rv Gedanken, Theorien, Wissenschaftliches, Abstraktes, Ordnungen, Systematik, Formales, EDV, Büro, Lager, Registratur

Uv Öffentlichkeit, Status, Prestige, Gesellschaftliches, Geltungsnutzen, Demonstrationsmöglichkeiten

Üv Ideologisches, Werte, Wertsysteme, moralische und ethische Inhalte, Glaubensaspekte, Weltanschauliches

Kv Kulturelles, Literatur, Bücher, Theater, Geschichte, Sprache und Sprachen, Pädagogisches, Utopisches

Bv Familie, Partnerschaft, Freundschaft, Selbstverwirklichung, Individualität, Persönlichkeit, Psychologisches

Ev Schmuck, Werk- und Kunstinhalte, Musik, Musisches, Malerei, Architektur, Mode, Werbung

Ov Formales, Systeme, Ordnungen, Schemata, Schablonen, Bürokratie, Organisation

Fv Neuartiges, Veränderungen, Fortschritt, Zukunft, Reisen, Abenteuer, Verkehr, Kommunikationsmittel

Tv Besitz, Grund, Boden, Sparen, Rendite, Sicherheit gegen Wechselfälle, Landwirtschaft, Traditionen, Bekanntes, Gewohntes, Brauchtum, Vergangenheit, Geld

Auch dort, wo man sich auf die elementaren Verhaltenstraits beschränkt, bestehen also noch große Unterschiede der Lernweise und der Lerninteressen der Lernenden. Das zu berücksichtigen ist wesentlich, wenn man bedenkt, wie wichtig das Lernen für die Menschen zum Überleben ist, und das besonders in hochkomplexen und differenzierten Gesellschaften, ganz abgesehen davon, wie wichtig es auch für das Unternehmen ist, daß seine Mitarbeiter durch ständiges Lernen mit der Entwicklung der Anforderungen Schritt halten und auf diese Weise auch Wohlbefinden und Gesundheit erhalten können.

Didaktische Aspekte

Voraussetzung für ein systematisches und effektives Lehren ist eine sorgfältige Gestaltung der jeweiligen Maßnahme, gleichgültig, ob es sich um Allgemeinbildung, Grundausbildung, Anpassungs-, Fort- oder Weiterbildung handelt. Das betrifft einmal die jeweiligen Zielsetzungen und zum anderen die infrage kommenden Inhalte und die zu verwendenden Methoden. Grundlage bleibt dabei zunächst das Ziel der Maßnahme. Dieses bestimmt die Kenntnisse, Fertigkeiten und Erfahrungen, die zu vermitteln sind. Soweit es die Berufsausbildung im dualen System angeht, werden die nötigen Angaben dem Ausbilder durch das Ausbildungsberufsbild geliefert, müssen in anderen Fällen evtl. neu erstellt werden. Ein solches für den Industriekaufmann möge nachstehend aufgeführt werden

1. *Allgemeine Kenntnisse und Fertigkeiten*

a) Kenntnisse der Struktur und Funktionen der Industrie im Rahmen gesamtwirtschaftlicher Zusammenhänge

b) Kenntnisse der Unternehmensorganisation

c) allgemeine Büroarbeiten

d) berufsbezogenes Rechnen

e) statistische Arbeiten

f) berufsbezogener Schriftverkehr

g) Kundenberatung

h) Kenntnisse der für die Berufsausübung notwendigen Gesetze, Verordnungen und Bestimmungen

i) Kenntnisse der wichtigsten arbeits- und sozialrechtlichen Vorschriften und Bestimmungen

j) Arbeitsschutz und Unfallverhütung

2. *Materialwirtschaft*

a) Einkauf und Materialdisposition

b) Warenannahme und -prüfung

c) Lagerung von Roh-, Hilfs- und Betriebsstoffen

d) Materialverwaltung

3. *Produktionswirtschaft*

a) Kenntnisse der Fertigung

b) Kenntnisse der Fertigungsplanung u. Arbeitsvorbereitung

c) Bestände an unfertigen und fertigen Erzeugnissen

4. *Personalwirtschaft*

a) Personalwesen

b) Kenntnisse der Lohn- und Gehaltsabrechnung

5. *Absatzwirtschaft*

a) Markt und Werbung

b) Verkauf

c) Versand

6. *Rechnungswesen*
   a) Rechnungsprüfung
   b) Buchführung
   c) Betriebsabrechnung
   d) Kalkulation
   e) Zahlungsverkehr
7. *Organisation und ADVA*
   a) Kenntnisse der Verwaltungs- und Büroorganisation
   b) Kenntnisse der automatisierten Datenverarbeitung

Dieses Berufsbild stellt einen groben Rahmen (Stoffplan) für die Ausbildungsgestaltung dar, mit dem evtl. pädagogisch und praktisch geschulte und erfahrene Lehrer etwas anfangen können. Die mit nur minimalen pädagogischen Kenntnissen ausgestatteten betrieblichen Ausbildungskräfte werden dagegen große Schwierigkeiten haben, dieses Berufsbild in die praktische Ausbildungsarbeit umzusetzen, wie auch die Auszubildenden nicht übersehen können, ob sie das zu Erlernende wirklich in sich aufgenommen und verarbeitet haben. Das gilt nicht nur für die Ausbildungsberufsbilder. Das trifft für die in vielen Fällen anzutreffenden *Stoffpläne* allgemein zu. Diesen fehlt einmal ein Hinweis darauf, in welchem Umfang und bis zu welcher Tiefe und auf welchem Niveau die Inhalte relevant sind. Darüber hinaus enthalten sie keine Hinweise darauf, was und wie im Rahmen der Ausbildungserfolgskontrolle zu prüfen ist, ob die Teilnehmer das gesteckte Ziel erreicht haben. Schließlich bieten solche Stoffpläne Teilnehmern an Bildungsveranstaltungen keine Möglichkeit, ihren Stand zu überprüfen.

Diesem versucht die neuere Pädagogik oder Ausbildungswissenschaft dadurch abzuhelfen, daß sie an die Stelle der Stoffpläne *Curricula* setzt. Hierbei baut sie auf der Methode der Lernzielgestaltung auf. Damit verlassen wir allerdings den klassischen Bildungsbereich, der seine Aufgabe in der Persönlichkeitsbildung sieht, deren Ziele nur individuell bestimmbar sind. Wir betreten das Gebiet der reinen Zweckbildung. Dementsprechend haben wir zu fragen, was der Lernende am Schluß wie und womit können muß, welche Verhaltensweisen er zu beherrschen hat. Diese Zielformen ergeben sich aus den Aufgaben und deren Umständen. Mager, der Hauptinitiator dieses Verfahrens, geht davon aus, daß Lernziele als *operationalisierte* Lernziele in beobachtbaren Handlungen beschrieben werden. Neben Mager haben sich mit den Fragen der Lernzielgestaltung auch Möller und Tyler systematisch beschäftigt . Nach Gonschorrek/Saul lassen sich die drei Ansätze wie folgt unterscheiden[31] :

"Mager: Lernziele werden in beobachtbaren Verhaltensweisen beschrieben, die der Lernende zeigen können soll.

Möller: Lernziele werden in drei Stufen beschrieben, wobei die Genauigkeit von Stufe zu Stufe zunimmt.

Tyler: Lernziele werden als geplante Lernerfahrungen in Lernaufgaben oder Lernsituationen beschrieben."

So arbeitet Mager dann nahezu ausschließlich mit konkreten Verhaltensweisen, die zu beobachten sind, während Möller vom Abstrakten zum Konkreten in Schritten fortschreitet und Tyler einen Schritt weitergeht und die Methodik des Lehr- und Lernvorganges einbezieht. Auf der Vorgehensweise von Mager bzw. auch von Möller baut ein solcher Lernzielkatalog für die Ausbildung zum Industriekaufmann auf, den der DIHT schon 1976 vorgestellt hat. Dieses Verfahren hat allerdings den Nachteil, daß die verwendeten sprachlichen Bezeichnungen nicht ganz eindeutig sind.

Um die Qualität der gewünschten Verhaltensweisen genauer zu definieren wurde daher von Bloom und einem Team von Spezialisten ein Taxonomiesystem entwickelt. Dessen Grundstufen in kognitiver Hinsicht sind

1. *Wissen* umfaßt die Fähigkeit zur rein mechanischen Wiedergabe des Gelernten

2. *Verstehen* bezeichnet die Fähigkeit, eine Übersetzung in einen anderen Code vorzunehmen bzw. das Gelernte zu erläutern und daraus Folgerungen hinsichtlich der Trends und Tendenzen des Sachverhaltes zu ziehen

---

[31] Gonschorrek/Saul Pädagogik in Wirtschaft und Verwaltung, Heidelberg 1983 S. 22

3. *Anwenden* umfaßt zwei Möglichkeiten, nämlich einmal die des Herausfindens von Bekanntem bei gestellten Aufgaben, um unter direkter Verwendung des Bekannten die Probleme zu lösen, zum anderen die Fähigkeit, Bekanntes so zu verändern und zu übertragen, daß es als Ganzes oder in Teilen zum Gewinnen der Lösung dient

4. *Analyse* umfaßt das Erfassen und Bestimmen von Tatsachen und Objekten in Sachverhalten, aber auch das Erfassen von Strukturen in Sachverhalten

5. *Synthese* besteht in der Fähigkeit, durch Kombination von Teilen zu einer Gesamtlösung, aber auch zur Bildung eines Ganzen aus Teilen zu kommen, ohne daß die Teile darin noch erkennbar sind

6. *Evaluation* reicht von der Beurteilung der Richtigkeit in logischer und sachlicher Hinsicht bis zur Bewertung im Hinblick auf Ziele und sonstige Maßstäbe - auch moralische - .

Bloom bringt darüber hinaus zu jeder Grundstufe noch Unterformen. Sie werden durch Indices gekennzeichnet.

Ferner wurde von Bloom und anderen eine solche Taxonomie auch für die affektiven Aspekte des Lernens entwickelt (hier nach Golas: Berufs- und Arbeitspädagogik für Ausbilder), deren Erklärungen allerdings nicht ganz überzeugend sind

1. *Aufmerksam werden* eine Sache zur Kenntnis nehmen, sie beachten

2. *Reagieren* Antworten, sich für eine Sache interessieren, nach Erklärungen suchen

3. *Werten* zu überzeugen suchen

4. *Wertordnung aufbauen* Werte in einem Stufensystem oder einer Rangskala organisieren

5. *Bildung der Persönlichkeit* Übernahme einer Werthaltung, Aufbau der eigenen Weltanschauung.

Von R.H. Dave wurde eine Taxonomie für Verhaltensweisen vorgestellt, ebenfalls nach Golas a.a.O., mit folgenden Abstufungen

1. *Imitation* Handlung nachahmen

2. *Manipulation* Befolgen von Handlungsanweisungen, Üben, Entwicklung von Fertigkeiten

3. *Präzision* Steigerung der Genauigkeit durch Übungen

4. *Handlungsgliederung* Abstimmung von Handlungen unter einander

5. *Naturalisierung* vollkommene Beherrschung, Automatisierung, Routine.

In neuerer Zeit werden - wie im DIHT-Plan - lieber sprachliche Bezeichnungen statt der Stufennummern verwendet. Das mag auch darauf zurückzuführen sein, daß die gebräuchlichen Taxonomien davon ausgehen, daß diese Prozesse etwas Eindimensionales sind. Das entspricht nicht den Erkenntnissen der vom Batelle-Institut durchgeführten Untersuchung zum menschlichen Denken. Und so erscheint es erforderlich, auch die affektiven und motorischen Aspekte auf ihre Problemarten zu analysieren und die Stufen auf alle anzuwenden. Das sieht dann folgendermaßen aus:

Zieltaxonomie für :

KZ	Zielbezeichnung	Vorgabe(V)	V	Er
A	**Kognitiv-analytisch:** 1: **Fixierung:** Tatsachen erkennen und beschreiben, aufmerken, Erfassen, angeben, was man sieht und wahrnimmt, was zutage liegt und angegeben werden kann 2: **Identifikation:** Fakten erkennen und benennen, Tatbestände aus den Gegebenheiten herausfinden und sachgerecht bezeichnen, wobei im Unterschied zu A1 einerseits wichtig ist, daß eine sach- und fachgerechte Bezeichnung erfolgt, daß darüber hinaus auch nicht unmittelbar erscheinende Tatbestände aus den Umständen heraus festgestellt werden. 3: **Relationsanalyse:** Verhältnisse der Fakten im Zusammenhang darlegen, die Fakten in ihrer Beziehung zu den Gegebenheiten beschreiben Dabei ist wesentlich, daß die Beziehungen der Tatbestände zu den Umständen und anderen Tatbeständen erkannt werden, vor allem auch in Form von Größenrelationen 4: **Abstraktion:** Fakten begrifflich einordnen, Verknüpfungen als solche bestimmen und in das Erkenntnissystem einfügen, wobei es vor allem auch darauf ankommt, die logischen und funktionalen Beziehungen zu erkennen, zu bestimmen und zu beschreiben, 5: **Strukturierung:** formale Verknüpfungsbeschreibung, Abhängigkeiten und Zusammenhänge übersichtlich darzustellen, nicht nur qualitativ, sondern möglichst auch quantitativ im Sinne von Gesetzmäßigkeiten.	1 2 3 4 5		

B	**Kognitiv-bestimmend** 1: **Lokalisation:** Fakten und Wissen wiedererkennen und dem richtigen Sachgebiet zuordnen, Dinge und Sachverhalte wiedererkennen, auswendiggelernte Details in geringem Umfang hersagen, Ungefährwissen um Inhalte eines Sachgebietes 2: **Reproduktion:** Ganzes und Teile erinnernd wiedergeben, auf Befragen selbständige Wissens- und Erfahrungsreproduktion, sowohl der Details als auch der Zusammenhänge, verstehende Reproduktion 3: **Ausstrukturierung:** Teile aus einem Ganzen, vom Thema her auszugliedern und zu folgern, zu einem Thema in logischer Ausgliederung Inhalte und Zusammenhänge zu erörtern 4: **Prägnanzbewertung:** logische und sachliche Richtigkeit bestimmen, anhand vorliegender Sachverhalte und Angaben logische oder sachliche Fehler herausfinden, ohne Abschweifen oder Abgleiten vom Thema 5: **Evaluation:** weltanschauliche und wertvorstellungsbezogene Bedeutung und Aktualität bestimmen, Bewertung der Eignung unter vorgegebenen Bedingungen,	1 2 3 4 5			
C	**Kognitiv-suchend** 1: **Repetition:** mechanisch ausführend Gelerntes anwenden, genau nach dem erlernten Schema gleiche Aufgaben lösen, deren Erscheinungsbild sich nicht von dem Gelernten unterscheidet. 2: **Variation:** Gelerntes unter veränderten Bedingungen anwenden, gelernte Schema- und Lösungsverfahren auf Aufgaben anwenden, die gleicher Art aber ungleicher Erscheinungsweise sind als die Gelernten. Kleine Änderungen am Gelernten vornehmen, um Aufgabenvariationen in den Griff zu bekommen. 3: **Transponieren:** erlernte Verfahren und Lösungsmethoden auf andere Sachverhalte übertragen, Lösungen eines Gebietes, einer Sachgruppe auf andere Sachgruppen bzw. Inhalte anwenden, Methoden aus Sachgebieten auf andere Sachgebiete anzuwenden, dabei auch entsprechend abzuwandeln 4: **Kombination:** unterschiedliche Inhalte und Verfahren miteinander verbindend auf nicht erlernte Sachverhalte anwenden, Kombination verschiedener Methoden oder Methodenteile zu neuen umfassenderen Verfahren, Kombinationen zum Gewinnen von Erkenntnissen auf mehreren Sachgebieten zugleich 5: **Synthese:** Inhalte und Verfahren zu neuartigen Inhalten und Methoden zu verbinden, so daß Neues entsteht und dem Neuen nicht mehr anzusehen ist, aus welchen bekannten Anteilen es sich zusammensetzt. Innovationen.	1 2 3 4 5			

D	**sozial-ansprechend** 1: **aufmerkend:** richtet seine Aufmerksamkeit auf das Problem, läßt seine Aufmerksamkeit von sozialen Anregungen erregen, merkt auf 2: **aufnehmend:** nimmt die wirksamen Informationen auf, läßt sich nicht nur ansprechen, sondern horcht auch auf und wirkt passiv beteiligt, Aufgeschlossenheit 3: **interessiert:** sucht weitere Informationen und mehr dazu zu erfahren, interessiert sich für die Vorgänge, beteiligt sich im Sinne der Anteilnahme 4: **reagierend:** antwortet auf Anfrage und Situationsumstände, nimmt nicht nur auf, sondern reagiert und nimmt mehr oder minder offensichtlich Stellung 5: **beteiligt:** läßt sich einbeziehen und zeigt an, daß er mitmacht, daß er dazu gehört und dementsprechend auch mit den anderen gemeinsam handelt	1 2 3 4 5			
E	**sozial-mitwirkend** 1: **folgend:** folgt in seinem Handeln und Verhalten den Impulsen der Führung, gehorcht den Weisungen der Führung des jeweiligen Sozialkörpers, fügt sich damit ein 2: **mitgehend:** schließt sich in seinem Handeln und Verhalten den anderen der Gruppe an und unterstützt sie, folgt also nicht nur den Weisungen, sondern führt diese auch über den Augenblick hinaus im Sinne des Sozialkörpertrends fort 3: **gestaltend:** wirkt selbst durch eigene Initiative und eigenes Tun beeinflussend auf die soziale Situation, wobei durchaus eigene Wege beschritten werden, u.U. auch Durchbrechnungen der Strukturen des Sozialkörpers stattfinden. 4: **bestimmend:** entscheidet und bestimmt was getan werden soll, was die anderen auszuführen haben, übernimmt damit selbst Führungsfunktionen in dem Sozialkörper und lenkt das Handeln der anderen in seinem Sinne. 5: **beherrschend:** beherrscht die Situation und die anderen in der Gruppe und Gesellschaft und läßt sich nicht hineinreden, fühlt sich als Herrscher und Beherrscher, unterwirft sich keinen fremden Weisungen,	1 2 3 4 5			

F	**Sozial-regulierend** 1: **regeltreu:** hält sich in Reden und Handeln an Gesetze und Normen, an das Übliche und weicht davon nicht ab, folgt den Vorstellungen, die im Sozialkörper herrschen, sowohl inhaltlich als auch formal. 2: **selbständig:** setzt eigene Maßstäbe und Regeln für sein Handeln, ohne daß die Anpassung an die Realität leiden muß, gerät u.U. in Konflikte, sobald die eigenen Maßstäbe über die Sozialkörpernormen hinauswachsen. 3: **kooperativ:** setzt trotz eigener Maßstäbe darauf, mit den anderen gemeinsam für das gemeinsame Ziel zu handeln, spricht sich daher auch immer wieder mit den anderen ab, beachtet deren Vorstellungen und Meinungen, ohne ihnen allerdings kritiklos zu folgen. 4: **kittend:** setzt trotz Selbständigkeit und bestehender Konflikte darauf, Kooperation zu verwirklichen und dazu die Konflikte abzubauen und zwischen divergierenden Parteien und Vorstellungen zu vermitteln 5: **unabhängig:** handelt und redet als unabhängige (autarke) Persönlichkeit, die sich von keinerlei Einflüssen bestimmen läßt und sich nicht weiter anpaßt, aber auch nicht darauf bedacht ist, Konflikte zu vermeiden und zu kooperieren	1 2 3 4 5		
G	**Affektiv-erfassend** 1: **ansprechen:** zeigt Zeichen der Aufmerksamkeit für die Problemlage, merkt schon einmal auf, wenn Standpunkte zur Debatte stehen 2: **erfühlen:** entwickelt ein Gefühl dafür, daß hier ein Problem zu lösen sein wird, es ist aber ein sehr ungewisses und unscharfes Gefühl, es ist mehr etwas Unheimliches, dessen Bedeutung noch nicht voll erkannt wird 3: **fixierend:** erkennt die Tatsachen, die Standpunkte und Widersprüche des Problems 4: **Bedeutung erfassend:** erkennt über die Tatsachen hinaus, welchen Rang und welche Bedeutung sie für ihn haben, daß er eine Lösung finden muß und das Problem nicht beiseite schieben kann. 5: **Verstehen:** ist in der Lage das Problem, die Konflikte und Widersprüche zu erörtern und Folgerungen zu ziehen, sowohl für den Fall einer Lösung als auch für den Fall der Nichtlösung	1 2 3 4 5		

H	**affektiv-bearbeitend** 1: **in Teilen bearbeiten:** bearbeitet einzelne Teile des Problems bzw. der Tatsachen und beschäftigt sich mit ihnen, sucht Argumente und Gegenargumente, bleibt aber bei Teilaspekten stehen und kommt nicht zu einer abschließenden Bewertung 2: **im Ganzen bearbeiten:** bearbeitet das Problem bzw. die auftauchenden Tatsachen und beschäftigt sich damit, sammelt alle Argumente und Gegenargumente, ohne sich jedoch zu entscheiden 3: **Teile wertend:** bewertet Teile der Problemtatsachen – vor allem – mit Ja und Nein, Zustimmung und Ablehnung, weniger im Sinne einer systematischen Bewertung 4: **globale Wertung:** bewertet den Gesamtproblemkomplex, vor allem auch wieder im Sinne der Zustimmung und Ablehnung 5: **Evaluation:** bewertet die Situation unter ethischen und sachlichen Gesichtspunkten und ist sich dabei der eigenen Standpunktwahl und ihrer Bedeutung für das Ergebnis bewußt	1 2 3 4 5		
I	**affektiv-suchend** 1: **Teile übernehmend:** übernimmt für sich und für seine Aufgabenlösungen Teile aus den Lösungen anderer bzw. vorgegebener weltanschaulicher Ansätze und Dogmen 2: **Alles übernehmend:** übernimmt für sich und für seine Aufgabenlösungen die Lösungen anderer bzw. vorgegebener weltanschaulicher Ansätze und Dogmen 3: **Korrektur in Teilen:** nimmt eigene Veränderungen an vorgegebenen und fremden Lösungen und Lösungsansätzen vor und zeigt erste Ansätze eigener weltanschaulicher Orientierung 4: **eigene Form:** löst das Problem unabhängig von Vorgaben und dem Gelernten in eigener Form und adäquat zu seiner Persönlichkeitsstruktur, findet die Möglichkeit mit dieser Lösung in seiner Umwelt zu leben 5: **Eigenwilligkeit:** vertritt seine eigenen weltanschaulichen Vorstellungen, die sich keineswegs mit denen der anderen decken, auch nach außen und setzt sich innerlich und nach außen mit der ihm begegnenden Kritik auseinander	1 2 3 4 5		

J	**Motorisch-aufnehmend** 1: **ansprechend:** läßt sich und seine Aufmerksamkeit von dem Geschehen und den Vorgängen erregen und wendet sich ihm zu 2: **grobes Erkennen:** nimmt im groben und in Umrissen wahr, welche Fakten dargeboten werden, worum es eigentlich gehen wird 3: **feines Erkennen:** nimmt auch Einzelheiten und Details wahr und erfaßt dementsprechend die Aufgabe differenziert als solche, als Tatbestand 4: **Bedeutung erkennen:** erfaßt die Bedeutung der Situation und der Tatsachen, weiß also jetzt worum es geht, was erwartet wird und worauf das Ganze hinausläuft 5: **Verstehen:** versteht die Zusammenhänge, ist in der Lage die Fakten zu erörtern und weitere Folgerungen zu ziehen, sowohl für den gegenwärtigen Zustand als auch für die verbleibenden Möglichkeiten	1 2 3 4 5		
K	**Motorisch-erarbeitend** 1: **unpräzise Teilschritte:** eher unbeholfene und wenig sichere Ausführung von einzelnen Arbeitseinheiten und Bewegungen, zeigt Ansätze zur Bewältigung einzelner Teilschritte 2: **Gesamtvision:** unpräzise und unbeholfene Ausführung der vollständigen Arbeitseinheit. Es zeichnet sich eine koordinierte grobe Handlungsfigur ab, die darauf hinweist, daß der Betreffende eine Vorstellung von den notwendigen Vollzügen hat, sie aber noch nicht verwirklichen kann 3: **Teilausführung:** einzelne Arbeitsschritte werden sorgfältig und präzise ausgeführt, und das auch motorisch geschickt, wobei die Zusammenführung der einzelnen Schritte noch nicht sicher gelingt 4: **Gesamtausführung:** über K3 hinaus gelingt auch die Verbindung der einzelnen Arbeitsschritte zum Ganzen präzise und in koordinierter Form 5: **Naturalisierung:** Die Ausführung ist so vervollständigt, daß man von einer gekonnten Ausführung, von der Beherrschung der Gesamtausführung und vom Erwerb von Routine sprechen kann	1 2 3 4 5		

L	**manuell-verwirklichend** 1: **mechanisch:** die Arbeiten werden mechanisch richtig und präzise in dem gelernten Schema und unter den gelernten Bedingungen ausgeführt 2: **variabel:** die Arbeiten werden auch sicher ausgeführt, wenn das Material wechselt oder ungünstige Arbeitsbedingungen auftauchen bzw. weniger vertraute Werkzeuge einzusetzen sind 3: **transponierend:** die Arbeiten werden auch mit Hilfe anderer Maschinen und Einrichtungen gekonnt ausgeführt, und das auch bei andersartigem Material sowie Abwandlungen der Ergebnisse. 4: **kombinierend:** verschiedene Arbeitsgänge und Arbeitsvollzüge werden sicher miteinander zu neuen Techniken auch für andersartige Materialien und Verfahren kombiniert 5: **erfinderisch:** es werden durch Verknüpfung verschiedener Arbeitsteile und Nutzung unterschiedlicher Einrichtungen neue Bearbeitungsverfahren entwickelt, denen ihre Herkunftsteile nicht ohne weiteres anzusehen sind.	1 2 3 4 5		

Ein solcher Zielbestimmungsbogen beschreibt im einzelnen die Kriterien und ihre Größen, sowohl für die Vorgabe (V) als auch für die Erfassung des Ergebnisses des Lernprozesses (E).

Beschränkt man sich auf den kognitiven Bereich und geht nach Batelle davon aus, daß im Kognitiven drei Problemarten unterschieden werden müssen:

- Bestimmungsaufgaben (B)
- Analyseaufgaben (A)
- Suchaufgaben (S)

so erscheint es erforderlich, die Bloomschen Stufen auf alle drei anzuwenden. Das sieht dann folgendermaßen aus:

CODE	*PROZESS*	*LÖSUNGSVERHALTEN*
A.	**Analysieren**	
A1	Fixierung	Fakten beschreiben
A2	Identifikation	Fakten erkennen und benennen
A3	Relationsanalyse	Verhältnisse der Fakten im Zusammenhang darlegen
A4	Abstraktion	Fakten begrifflich einordnen,
A5	generelle Strukturierung	Verknüpfungen erfassen
A6	Strukturidentifikation	Verknüpfungen isolieren und bewerten,

B.	**Bestimmen**	
B1	Lokalisation	Fakten einordnen,
B2	Generalreproduktion	Allgemeines erinnernd wiedergeben und nennen,
B3	Differentialreproduktion	Ganzes und Teile erinnernd wiedergeben,
B4	Ausstrukturierung	Teile gliedernd aus dem Ganzen folgern,
B5	Prägnanzbewertung	logische und sachliche Richtigkeit bestimmen,
B6	Aktualitätsbewertung	systembezogene Richtigkeit bestimmen,
S.	**Suchen**	
S1	Repetition	mechanisch ausführend anwenden,
S2	Variation	unter veränderten Bedingungen ausführen und anwenden,
S3	Transponieren	erlernte Verfahren u. Lösungsmethoden auf andere Sachverhalte übertragen,
S4	Permutation	permutieren, erlernte Verfahrensweisen umordnen und dann auf neue Sachverhalte anwenden,
S5	Kombination	kombinieren, unterschiedliche Inhalte und Verfahren verbindend auf neue, nicht erlernte Sachverhalte anwenden
S6	Synthese	Inhalte und Verfahren zu neuartigen Inhalten und Lösungsmethoden zu verbinden, so daß Neues entsteht

Wendet man dieses z.B. auf den Rahmenplan des DIHT an, so ergäbe sich z.B.:

4.3.a)Die Absatzorganisation des Ausbildungsbetriebes im Ganzen und in Teilen erinnernd wiedergeben (B3)

4.3.b) Anfragen und Angebote unter veränderten Bedingungen ausführen (S2)

Natürlich gibt es auch Ziele, bei denen nicht nur eine Problemart angesprochen ist, so etwa für:

3.5.a) Entlohnungsformen des Ausbildungsbetriebes im Ganzen und in Teilen erinnernd nennen und die Verhältnisse der Teile zueinander darlegen (B3, A3)

Das, was ein solcher Ausbildungs- oder Bildungsrahmenplan bietet, sind immer noch relativ grobe Unterteilungen. Für die praktische Durchführung der Ausbildungsmaßnahmen müssen diese stufenweise verfeinert werden. Tun wir das unter gleichzeitiger Berücksichtigung grundlegender Vermittlungsmethoden, so ergibt sich z.B.:

3.5.a) 1. Entgeltformen gliedernd zu folgern (B4)[Lehrgespräch]
2. Unterschiede zwischen Akkord- und Zeitlohn erkennen und benennen (A2)[Lehrgespräch]
3. Minuten- und Geldfaktoren in Berechnungen mechanisch ausführend anwenden (S1) [Arbeitsunterweisung]
4. Zeiteintragung auf Lohnkarten mechanisch ausführend anwenden (S1) [Arbeitsunterweisung]
5. Geldwerte auf Lohnkarten mechanisch ausführend eintragen <anwenden>(S1) [Arbeitsunterweisung] usw.

Derartige genauere Zieldefinitionen müssen fach- und klassen- bzw. betriebsindividuell erfolgen, da sie an den jeweiligen Umständen, Lernenden und Arbeitsverfahren auszurichten sind. Hier sind die Lehrkräfte und die Ausbilder gefordert.

In vielen Fällen liegt kein Rahmencurriculum vor. Dann wird es erforderlich, stufenweise vorgehend die einzelnen Schulungsmaßnahmen zu entwickeln, etwa in der Frage der Unfallverhütung in rein kognitiver Hinsicht:

RICHTZIEL	**Unfallverhütungsmaßnahmen entwickeln (S6)**
GROBLERNZIELE	a. Unfallursachen erkennen und benennen (A2)
	b. Statistik auf Unfallgeschehen übertragen(S3)
	c. Verfahren der Unfallverhütung im Ganzen und in Teilen erinnernd wiedergeben <zusammen stellen> (B3)
	d. Sicherheitsmaßnahmen ausführend anwenden(S2)
FEINLERNZIELE	ba)Daten für Datenerfassung erinnernd wiedergeben und nennen<festlegen>(B2)
	bb)Daten aus Unfallberichten einordnen (B1)
	bc)Auswertungsverfahren durch Übertragen erlernter statistischer Verfahren auf Unfalldaten erarbeiten (S3)

usw..

Diese Aufstellung zeigt, daß die sprachliche Darstellung zunächst verständlicher wirkt, daß die taxonomischen Kennziffern aber präziser sind. Derartige Curricula kann man allerdings nur erstellen, wenn man umfassende Kenntnisse auf dem betreffenden Sachgebiet und bezüglich der Lernenden besitzt. Praktische Erfahrungen in dem Bereich sind zudem nötig, um zu wissen, wie das Zielverhalten aussehen muß.

Nun darf man allerdings nicht davon ausgehen, daß die Technik der Lernzielbestimmung, die heute eine große Rolle im Aus- und Fortbildungswesen und auch im Schulwesen spielt, nur Vorteile hat. In Fällen, in denen rein funktionale Ausbildung im Vordergrund steht, geht es noch an. Dort, wo Allgemein- und Persönlichkeitsbildung gefragt sind, stößt man sehr schnell auf die Grenzen dieses Verfahrens. Da lt. Berufsbildungsgesetz die betriebliche Ausbildung aber ein Zwitter ist (§6, Ziff. 5 *„dafür zu sorgen, daß der Auszubildende charakterlich gefördert, sowie sittlich und körperlich nicht gefährdet wird.“*), erscheint eine gewisse Skepsis gegenüber dem Lernzielverfahren angebracht.

Berücksichtigt man ferner, daß hier wie bei allen Bildungsaktivitäten in erster Linie Grundlegendes und Prinzipielles in die Maßnahmen einzubeziehen ist, weil man sich sonst verzettelt. Die zudem hohe Innovationsrate der Erscheinungsformen läßt Lernziele oft gar nicht formulieren. Man weiß vielfach noch gar nicht, wie das Arbeitsverhalten unter zukünftigen Bedingungen aussehen muß. Es kann dabei nur darum gehen, das Bezugssystem des Lernenden zu erweitern, aus dem heraus er später selbst die entsprechenden Verhaltensweisen entwickeln muß, ein wesentlicher Aspekt weiterführender Schulen und Hochschuleinrichtungen. Daher halte ich es für wesentlich, daß zusätzlich zum Curriculum auch adäquate Stoffpläne erarbeitet werden. Dieses ist dann eine Aufgabe auf dem Niveau der Ausstrukturierung (B4). Dazu arbeitet man zweckmäßigerweise mit einem Dezimalklassensystem, da sich dann jederzeit Verfeinerungen vornehmen lassen. Noch schwieriger und differenzierter werden diese Probleme dort, wo es sich um wissenschaftsorientierte Ausbildungsgänge handelt. Hier ist ohne Stoffplan nicht auszukommen, ja das Curriculum kann sogar zu einer Verengung führen.

Mit der Aufbereitung der Lerninhalte und -ziele, ist aber erst eine erste Grundlage für die Funktion des Lehrens bzw. Bildens und Ausbildens im Rahmen der Humanisierung geschaffen. Die Frage bleibt dann immer noch, wie diese Ziele zu verwirklichen sind, wie sie zu übertragen sind. Es kommt in diesem Zusammenhang auch darauf an zu ermitteln, wie Inhalte und Verfahren am besten zu vermitteln sind. Wir kommen damit zur sogenannten Methodik des Lehrens und Lernens.

Lehren als Übertragungsproblem

Obliegt den Trägern und ihren Institutionen die didaktische und inhaltliche Konzeption in jedem Falle, so werden sie nur selten die Maßnahmen selbst durchführen, im Gegensatz zu Trainern und Lehrenden, die beide Fragen selbst lösen können müssen. Da die Unterweisungsmethodik die Effektivität der Maßnahmen mitbestimmt, sollten Lehrveranstalter auch auf diesem Gebiete gut orientiert sein. Das ist um so wichtiger, als Methoden nicht verabsolutiert werden dürfen, wie es in der heutigen Bildungspraxis immer wieder geschieht. Es gibt **nicht *die*** geeignete Methode. Methoden müssen jeweils auf die Inhalte, Ziele, Teilnehmer und Unterweiser sowie die zeitlichen und räumlichen Verhältnisse abgestimmt werden.

Die Schulpädagogik läßt hier und dort erkennen, daß es auch wichtig ist, auf die Besonderheiten der Lernenden Rücksicht zu nehmen, wenigstens bezüglich Alters- und Entwicklungsstufe. Wer viel unterrichtet, weiß aber auch, daß es sehr auf die individuelle Art ankommt, welche Methode am effektivsten ist. Zudem bringt jeder Lehrer aufgrund seiner eigenen Wesensart für die eine oder die andere Methode bessere Voraussetzungen mit. Oft ist so der Erfolg eines Ausbilders mit der ihm gemäßen Methode größer als mit ihm weniger adäquaten Methoden, die vom Lernenden her zweckmäßiger erscheinen. Man muß also die Unterschiede kennen, wenn man zu optimalen Ausbildungsverfahren finden will. Auf der Seite der Lehrenden spielt in diesem Zusammenhang vor allem das Verhaltenstemperament eine wichtige Rolle, auf Seiten der Lernenden sind daneben die Neigungen und Interessen von besonderer Bedeutung (s.o.).

Generell wird vielfach gesagt, daß man 20% von dem, was man hört, 30% von dem, was man sieht, 50% von dem, was man hört und sieht, 70% von dem, was man sagt, und 90% von dem, was man tut, behält. So, wie das hier steht, ist das falsch, denn es bestehen erhebliche individuelle Unterschiede. Außerdem läßt sich in der Praxis mit Durchschnittswerten, die weit streuen, nicht viel anfangen, besonders nicht, wenn Streuungswerte nicht einmal angegeben sind, wodurch es oft zu Irreführungen kommt. Wir müssen daher zunächst die individuellen Besonderheiten der Lehrenden und Lernenden ermitteln und uns dann die Frage stellen, was die Lehrinhalte selbst verlangen. Es wäre z.B. völlig sinnlos, physikalische oder mathematische Grundlagen in Form von Rollenspielen oder mit ähnlichen Methoden vermitteln zu wollen. Betrachten wir daher zunächst einmal die vorhandenen methodischen Grundformen:

induktive Methoden	deduktive Methoden
exemplarische Methoden	prinzipielle Methoden
passive Methoden	aktive Methoden
individuelle Methoden	kollektive Methoden

Die Unterscheidung induktive/deduktive Methoden ist ablauforientiert. Im Falle induktiven Vorgehens wird von einer Vielzahl von Einzelerscheinungen bzw. Einzelfällen ausgegangen, um daraus das Gemeinsame und Grundsätzliche herzuleiten. Die deduktive Methode geht den umgekehrten Weg. Sie leitet aus dem Generellen Einzelfälle und -erscheinungen ab. Hierbei findet vor allem das Prinzip der Ausstrukturierung Anwendung. Sie wird häufig mit einem prinzipiellen Ansatz verbunden, bei dem das Allgemeingültige, das Gesetzmäßige in möglichst abstrakter und evtl. formaler Form Grundlage ist. Dieses Allgemeine wird durch Anwendung an unterschiedlichen Fällen vertieft, gefestigt und variiert. Bei dem exemplarischen Vorgehen werden Einzelfälle - meistens nur ein solcher - als isoliertes Beispiel verwendet. Dabei kommt es besonders auf eine möglichst anschauliche und konkrete Gestaltung des Beispiels an. Das an diesem Einzelfall erkannte Grundsätzliche ist dann auf andere Fälle zu übertragen (Transfer).

Passive Methoden sind jene, die vom Lernenden eine stille Aufnahme verlangen, während aktive Methoden, die heute in Mode sind, eigene extraversive Mitarbeit bzw. Erarbeitung erfordern. Individuelle Methoden liegen vor, wenn jeder die Inhalte allein für sich erlernt und erarbeitet, sei es anhand der Literatur, speziell gestalteter Formen - wie in der programmierten Unterweisung - oder im Einzelunterricht. Dabei muß der Lernende dann auch allein Erfolge nachweisen. Bei der kollektiven Methode trägt jeder Beteiligte seinen Teil zur Erarbeitung der Inhalte und Lösungen bei und soll zugleich von den Anregungen und Impulsen der anderen profitieren.

Alle diese Methoden haben ihre Vor- und ihre Nachteile. Dabei sind teilweise auch die Begabungsunterschiede der Lernenden nicht unwesentlich. So haben besser Begabte größere Erfolge bei deduktiven, prinzipiellen und individuellen Verfahren, geringere, vor allem untermittlere Begabungen kommen eher zu Erfolgen bei induktiven, exemplarischen und kollektiven Methoden. Vom Stofflichen und Inhaltlichen her lassen sich folgende Unterscheidungen treffen:

GRUNDLAGENWISSEN am günstigsten ist ein deduktives Vorgehen, das sich der Methode des Ausstrukturierens bedient. Dadurch wird einerseits die Geschlossenheit der Assoziationsketten und andererseits die Einsparung von Integrationsenergie gesichert. Zudem bedarf es weniger zusätzlichen Aufwandes zum Aufbrechen etwa entstandener Ketten. In manchen Fällen ist dabei ein Umgehen der bestehenden Abstraktionsschranke der Lernenden erforderlich. Besonders bei Hauptschul- und Realschulabsolventen sind häufig Anfangsschwierigkeiten zu überwinden, was evtl. mit Hilfe gestaltpsychologischer Lernprogramme (s.u.) gelingt.

METHODEN UND VERFAHREN bei der Vermittlung von Arbeits- und Lösungsverfahren, die unter wechselnden Randbedingungen einzusetzen sind, sollte - wo begabungsmäßig möglich - eine deduktive Ableitung der Grundlagen erfolgen, woran sich dann Anwendungen auf unterschiedliche spezielle Fragestellungen anzuschließen haben. Bei geringeren Begabungen ist dieser Weg wenig effektiv; hier muß umständlicher in induktiver Weise vorgegangen und auf geringerem Niveau abgeschlossen werden.

FERTIGKEITEN UND ROUTINEN soweit es sich - nicht nur im Manuellen - um mehr mechanische Routinen handelt, hat sich die sog. Vier-Stufen-Methode bewährt. Sie ist exemplarisch und kann es sein, weil es darum geht, Automatismen zu bilden, die stets auf gleichartige Eingangssignale einrasten müssen. Bei der Betrachtung weiterer Methoden und spezieller Vorgehensweisen folgen wir Gonschorrek/Saul[32]

Bildungsmethoden und ihre Einsatzmöglichkeiten

ALLEINARBEIT		
	Voraussetzungen	positive Lernhaltung und Interesse, mittlere bis höhere Begabung
	Lernaktivität	sehr groß
	Individualisierung	relativ groß
	Lernkanäle	sehen, evtl. auch hören
	Arbeitsweise	einzeln, allein
	Zeitbedarf	sehr gering
	Einsatz	Wissensaneignung, Übungen, intellektuelle Verfahrenstechniken, Fertigkeiten üben, jederzeit verfügbare Informationen erwerben, programmierte Unterweisung, manuelle Unterweisung
SEMINARGESPRÄCH		
	Voraussetzungen	Gesprächsfähigkeit und -bereitschaft, allgemeines Grundwissen
	Lernaktivität	mittel
	Individualisierung	gering
	Lernkanäle	hören, sprechen, sehen
	Arbeitsweise	kleine bis mittlere Gruppe mit Lehrendem
	Zeitbedarf	mittel, eher groß

[32] Gonschorrek/Saul: a. a. O. S.115

	Einsatz	Vertiefung, Abrundung des Gelernten, Übung sozialer Fertigkeiten, Impulsgebung für Änderungen von Einstellungen und Sozialverhalten,
PARTNERARBEIT.		
	Voraussetzungen	positive Lernhaltung, zueinander passende Partner, Eigeninitiative
	Lernaktivität	groß
	Individualisierung	mittel bis groß
	Lernkanäle	hören, sehen, sprechen, schreiben, auch manuelle Betätigungen
	Arbeitsweise	Zweierarbeitsgemeinschaften, evtl. mit Bericht vor Plenum
	Zeitbedarf	mäßig
	Einsatz	Teilung größerer Aufgaben in Teilschritte, Erlernen zuverlässig verfügbarer Informationen und intellektueller Methoden, Impulsgebungen zur Änderung von Einstellungen und Sozialverhalten
GRUPPENARBEIT		
	Voraussetzungen	inhaltliche Vorkenntnisse, positive Lernhaltung, Gesprächsfähigkeit
	Lernaktivität	mittel bis groß
	Individualisierung	mäßig
	Lernkanäle	hören, sehen, sprechen, evtl. schreiben und machen
	Arbeitsweise	Kleingruppen, evtl. mit Bericht vor Plenum,
	Zeitbedarf	eher groß
	Einsatz	Teilung größerer Aufgaben, bei mehr außengelenkten, nicht besonders hoch begabten Lernenden, Einübung sozialer Fertigkeiten, Impulsgebungen zur Änderung von Einstellungen und Sozialverhalten
METHODE 66		
	Voraussetzungen	Gesprächsfähigkeit,
	Lernaktivität	mittel bis eher groß

	Individualisierung	mittel
	Lernkanäle	hören, sehen sprechen
	Arbeitsweise	Kleingruppen und Plenum
	Zeitbedarf	gering
	Einsatz	Meinungsbildungsübungen
ROLLENSPIELE.		
	Voraussetzungen	positive Lernhaltung, Gesprächsfähigkeit, Vorerfahrungen
	Lernaktivität	groß
	Individualisierung	groß
	Lernkanäle	hören, sehen, sprechen, machen
	Arbeitsweise	geringe Teilnehmerzahlen Ernstfallsituationen
	Zeitbedarf	mittel bis groß
	Einsatz	Erwerb von Anwendungsroutine in Erfahrungsbereichen, Einübung sozialer Fertigkeiten, Impulsgebung zur Änderung von Einstellungen und Sozialverhalten,
FALLMETHODE		
	Voraussetzungen	inhaltliche und arbeitstechnische Vorkenntnisse, Denkfähigkeit Gesprächsfähigkeit
	Lernaktivität	groß
	Individualisierung	mittel bis groß
	Lernkanäle	hören, sehen, schreiben, sprechen, machen
	Arbeitsweise	allein, zu Zweien, in kleineren oder größeren Gruppen
	Zeitbedarf	mittel bis groß
	Einsatz	Anwendungsübungen, Problemlösungsverhaltenstraining, Üben intellektueller und sozialer Fertigkeiten, Änderung von Einstellung und Sozialverhalten
PLANSPIEL		
	Voraussetzungen	inhaltliche und arbeitstechnische Vorkenntnisse und Sacherfahrungen Gesprächsfähigkeit, Computerhandling
	Lernaktivität	mittel bis groß

	Individualisierung	je nach Planspielart mittel bis groß
	Lernkanäle	hören, sehen, sprechen, schreiben
	Arbeitsweise	einzeln, Kleingruppen
	Zeitbedarf	mittel bis sehr groß
	Einsatz	vor allem auf höheren Ebenen bei breitem Fachwissen und vielfältigen Erfahrungen zum Zwecke der Abrundung Üben intellektueller und sozialer Fertigkeiten, Impulsgebung zur Änderung von Einstellungen und Sozialverhalten
VORTRAG		
	Voraussetzungen	Aufnahmebereitschaft, inhaltsadäquates Niveau
	Lernaktivität	gering bis sehr gering
	Individualisierung	sehr gering
	Lernkanäle	hören, sehen, evtl. schreiben
	Arbeitsweise	Plenum
	Zeitbedarf	sehr gering
	Einsatz	Erwerb von Grund- und Umrißwissen, System- und Vermaschungsdemonstrationen
PROGRAMMIERTE UNTERWEISUNG		
	Voraussetzungen	auf Vorwissen und Begabungen abgestimmte Programmgestaltung
	Lernaktivität	sehr groß
	Individualisierung	sehr groß
	Lernkanäle	sehen, schreiben, evtl. hören und sprechen, hantieren
	Arbeitsweise	allein oder in kleinen Gruppen
	Zeitbedarf	individuell
	Einsatz	Erwerben von Kenntnissen, generellen wie speziellen,

Die Verfahren der betrieblichen Unterweisung sind primär dadurch gekennzeichnet, wo und wie sie stattfinden. Wir unterscheiden z.B. in der dualen Ausbildung vor allem **Unterweisung am Arbeitsplatz, Lehrgespräch** und **betrieblichen Unterricht,** denen in der Schule in umgekehrter Reihenfolge *Klassenunterricht, individuelle Erläuterung, und Hinweise am Platz des Schülers während der Ausfertigung von Arbeiten* entsprechen. Die Unterweisung am Arbeitsplatz richtet sich im allgemeinen auf den Erwerb von Fertigkeiten und Routinen, wozu sich in einfachen Fällen die Vier-Stufen-Methode anbietet. Sobald sich die Routinen zu Methoden auswachsen, ist möglichst deduktiv und prinzipiell vorzugehen. Zwar wird von Seiten der Reformpädagogik immer wieder ein exemplarisches Vorgehen gefordert, was bei Routinen sicher angebracht ist, ansonsten aber wenig zweckmäßig sein dürfte. Das gilt vor allem, weil das Gelernte hierbei vielfach nur auf den Eingangsreiz hin einrastet, also an das Lernbeispiel gebunden bleibt. Anders aussehenden Erscheinungsformen wird das Gelernte dann nicht mehr zugeordnet. Das hängt mit der Besonderheit der Assoziationskettenbildung beim Menschen zusammen und dürfte auch die Ursache für die immer wieder beobachtete geringe Flexibilität von Berufsvertretern sein. Vor allem in allen Ausbildungsmaßnahmen, deren Schwerpunkt auf Grundlagenwissen und Methoden liegt, wird das Lehrgespräch besonders wichtig. Allerdings kann man nicht verhehlen, daß sich mit diesem Begriff, der auch in Ausbildungsplänen des dualen Systems immer wieder auftaucht, wenig Konkretes verbindet. Beim Lehrgespräch, mit dem jeder Berufslehrer durchaus vertraut ist, handelt es sich um Folgendes: **Unter einem Lehrgespräch, das nicht mit dem Unterrichtdialog zu verwechseln ist, verstehen wir eine Form der Unterweisung, bei der der Lehrende im persönlichen Gespräch mit dem Lernenden letzterem wesentliche Inhalte der Bildungsmaßnahme im wechselseitigen Gespräch erläutert und nahebringt und sich vergewissert, daß der Lernende den Inhalt aufnimmt und verarbeitet. Dieses Lehrgespräch dient in erster Linie der Vermittlung von Grundwissen und Methoden, die für die Lösung beruflicher Aufgaben wichtig, aber keine Routinen sind.**

Diesem entsprechend findet das Lehrgespräch nicht unbedingt am Arbeitsplatz, aber im allgemeinen auch nicht im Unterrichtsraum statt. Wer noch keine größere Erfahrung mit der Durchführung solcher Lehrgespräche hat, wird zu ihrer Durchführung eine vollständige textliche Ausarbeitung benötigen. Nach einiger Erfahrung genügt im allgemeinen ein Stichwort- und

Gliederungsverzeichnis. Dadurch wird der Lehrende zudem flexibler. Warnen muß man vor der Methode mancher Routinierter, die sich auf ihre Erfahrung verlassen und alles aus dem Stegreif bringen, worunter dann meistens die für das Lernen wichtige Systematik leidet.

Das Berufsbildungsgesetz und seine Folgeverordnungen stellen besondere Anforderungen an den Ausbilder im dualen System, den die Initiatoren gerne mit den Berufsschullehrern gleichgestellt hätten. Das konnte allerdings nicht gelingen, wenn fachlich der Abschluß ausreicht, zu dem geführt werden soll. Dazu hätte es einer zusätzlichen höheren Fachqualifikation als Grundlage bedurft. Diese ist außerdem für den Ausbilder erforderlich, wenn man berücksichtigt, welche Aufgaben ihm vom Gesetz her obliegen. Überlegt man zudem, daß der Ausbilder, dem nach den Richtlinien des Bundesausschuß für Berufsbildung in nebenamtlicher Funktion nicht mehr als 3 Auszubildende, in hauptamtlicher Funktion nicht mehr als 16 Auszubildende zuzuordnen sind, die eigentliche Unterweisung den zuständigen Fachkräften im Unternehmen überläßt, sich selbst mehr den planenden, organisatorischen und kontrollierenden Aufgaben zu widmen hat, so sollten hier zusätzliche Schwerpunkte der Ausbildereignungsverordnung (AEVO) liegen. Dafür sollte zusätzlich eine entsprechende Ausbildung der Unterweiser gefordert werden. Das könnte dann für einen kaufmännischen Ausbilder bzw. Unterweiser und entsprechend für Trainer überhaupt wie folgt aussehen:

Kaufmännischer Ausbilder

Fachwissen (Betriebswirtschaft)

Einführung in die Betriebswirtschaftslehre

Produktions- und Kostentheorie

Absatzwirtschaft

Personalwirtschaft

Logistik

Betriebliches Rechnungswesen und Steuerlehre

Organisation und Wirtschaftsinformatik

Grundlagen der Volkswirtschaftslehre

finanzmathematische Grundlagen

Betriebsstatistik

Arbeitsvertragsrecht

Handelsrecht

Bildung und Ausbildung

das Bildungssystem und seine Organisation

das Ausbildungssystem und seine Organisation

Berufsbildungsrecht

Arbeitsschutzgesetze

Das Ausbildungssystem und seine Organisation

Berufsbildungsrecht

Arbeitsschutzgesetzgebung

Der Ausbilder im dualen Ausbildungssystem

Didaktik und Methodik der Ausbildung

Lernen als Überlebensverfahren

Lehrinhalte und Lernziele

Stoffpläne und Curricula

Das Berufsbild

der Ausbildungsrahmenplan

Organisation der betrieblichen Ausbildung

Lehr- und Unterweisungsmethoden

Methodische Hilfsmittel und Medien

Ausbildungserfolgskontrolle und Prüfungen

Der Auszubildende

Das psychophysische Informationsverarbeitungssystem Mensch

Mensch und Individuum

Wahrnehmung, Lernen und Denken

Entwicklung und Entwicklungsstörungen

Gesellschaft, Gruppe und Individuum

pädagogische Psychologie

Mensch, Arbeit und Eignung, Berufswahl und Berufsberatung

Arbeitswissenschaften und Arbeitswirtschaft

Arbeitsumwelt

Arbeitsmittel und -einrichtungen

Arbeitszeit und ihre Gestaltung

Arbeitsschutz und Arbeitssicherheit

Abschluß grad. Betriebswirt

Kaufmännischer Unterweiser

Fachwissen

Allgemeine Betriebswirtschaftslehre

Vertiefung im jeweiligen Arbeitsgebiet

Fragen des Berufsbildungsrechts

Arbeitsschutzrecht

Arbeitsschutz und Unfallverhütung

Methodik der Unterweisung

Curriculum und seine Umsetzung in Unterweisungsschritte

Unterweisung on the job, Methodenformen

Lehr- und Lernmethodenabgleich

methodische Hilfsmittel on the job

Der Auszubildende

Das psychophysische System Mensch

Mensch und Individuum

Wahrnehmung, Lernen, Denken

Entwicklung und Entwicklungsstörungen

Mensch, Arbeit, Eignung und Leistung

Abschluß staatl. geprüfter Betriebswirt (praktischer Betriebswirt)

Damit wäre dann eine sachgerechte fachliche sowie arbeitspädagogische Ausbildung gesichert. Zugleich würde die Monopolstellung der IHK auf diese Weise beseitigt, was einem gesunden Wettbewerb auf dem Bildungsmarkt dienen könnte. Auch würde eine derartige Konzeption Stellung und Status der Ausbilder in den Betrieben dienen, wie es z.B. für den Handwerksmeister gilt und ursprünglich von den Reformern gedacht war. Entsprechendes gilt in unserem Lande für alle Lehrenden an den Schulen. Zusätzlich wäre gerade im Ausbildungswesen auch an die Einführung einer Vorbereitungszeit nach Art des Referendariats der Lehrer an öffentlichen Schulen zu denken, um echte Entwicklungshilfe und Humanisierung zu sichern.

Im Rahmen der methodischen Gestaltung spielen heute Medien und methodische Hilfsmittel eine bedeutende Rolle, vielleicht eine zu gewichtige. Das Problem des Einsatzes wurde in „Die Volkshochschule" in einer Art erziehungswissenschaftlichem Fachchinesisch behandelt (Die Volkshochschule, Handbuch für die Praxis der Leiter und Mitarbeiter, Blatt 72200)

Fassen wir diese für den Nicht-Erziehungswissenschaftler vielleicht etwas undurchsichtigen Ausführungen kurz zusammen, so können wir feststellen, daß ein Lehrender, der in seinem Unterricht Medien verwendet, dadurch auch gezwungen ist, den Aufbau seines Unterrichts auf den Einsatz dieser Medien abzustimmen. Danach sind also Medien, die man vielleicht besser als **Arbeitsmittel** bezeichnen sollte, nicht ohne Rückwirkung auf die Didaktik und Methodik. Man muß sich auch darüber klar sein, daß diese pädagogisch-wissenschaftlichen Forderungen in der Praxis kaum in dieser Strenge aufrechtzuerhalten sind. Solche Mittel dienen nämlich u. U. nur der Steigerung der Intensität der Darbietung und der Entlastung der Aufmerksamkeit der Lernenden. Zudem ist der Einfluß dieser Arbeitsmittel auf den Lernprozeß allen Behauptungen zum Trotz bis heute noch nicht genügend erforscht, gesichert und bekannt. In den aufgestellten Behauptungen spiegeln sich oft Wunschträume, ein Phänomen, das in Bildungsszenarien leider sehr häufig ist.

Das bekannteste optische Arbeitsmittel ist sicher das Buch. Wer Bücher verwendet und verwenden will, muß sich zunächst darüber klar werden, welchem Zweck sie dienen sollen. Handelt es sich um Lehr- und Arbeitsbücher oder um begleitende und ergänzende Lektüre? Bei Lehr- und

Arbeitsbüchern ist u.a. darauf zu achten, daß sie in Inhalt und Reihenfolge mit dem Bildungsplan übereinstimmen müssen. Sie sollten zudem weitgehend den gleichen Standpunkt wie der Lehrende einnehmen. Das gilt um so mehr, je geringer die Voraussetzungen bei den Teilnehmern sind, da sonst nur Verwirrung entstehen würde. Stehen solche Bücher nicht zur Verfügung, so muß man in Zusammenarbeit mit den Lehrenden entsprechende Skripten erarbeiten und erstellen. Das ist auch dann erforderlich, wenn die Inhalte zu verstreut in verschiedenen Werken zu finden sind. Der Aufwand ist beträchtlich, aber eher zu vertreten als ein Scheitern infolge ungeeigneter Lehr- und Arbeitsbücher. Manchmal läßt sich dieser Aufwand vermeiden, wenn die Curricula an Hand entsprechender Lehrbücher erstellt werden.

Für begleitende Lektüre gelten andere Gesichtspunkte. Mit ihr soll Grundlegendes ergänzt bzw. nach anderen Richtungen vervollständigt werden. Allerdings kommt sie nur bei ziemlich fortgeschrittenen und qualifizierteren Teilnehmern infrage. Natürlich müssen die Durchführenden und die Planer die zur Ergänzung angebotene Literatur genau kennen.

Ein Lernmittel, das heute nicht mehr in gleicher Weise von sich reden macht wie noch vor Jahren, ist die programmierte Unterweisung. Es gibt sie vor allem in Form der linearen bzw. verzweigten Lernprogramme, teilweise kombiniert mit der multiple choice Technik, bei der zur Lösung der gestellten Fragen mehrere Antwortmöglichkeiten vorgegeben sind, aus denen die richtige zu wählen ist, teilweise in einer Form, bei der die Antworten selbst gesucht und formuliert werden müssen. Dazu ein Beispiel von Correll[33]:

S.7	
	"Lernen ist ein Prozeß der Wechselwirkung zwischen Mensch und Umwelt. Es läßt sich sowohl vom ..... als auch vom sozial-kulturellen Standpunkt aus betrachten.
S.8	

[33]W. Correl: Lernpsychologie, Donauwörth 1970

biologischen	Diesen beiden Aspekten, dem...und dem...lassen sich verschiedene Auffassungen vom Lernprozeß zuordnen.
S.9	
a)biologischen b)sozial-kulturellen	Vom biologischen Standpunkt aus betrachtet, versteht man unter Lernen den Entwicklungsprozeß durch den der Mensch erst lebensfähig wird. Danach ist Lernen also ein ....-prozeß.
S.10	
Entwicklungs-	Dieser Lern- oder...-prozeß bewirkt eine Anpassung der Anlagen an die Umwelt.
S.11	
Entwicklungs-	Die Fähigkeit, sich durch ... zu entwickeln, ist erforderlich, da der Mensch von Natur aus nur über eine relativ dürftige Ausstattung an Instinkten verfügt.
S.12	
Lernen	Eine reichhaltigere Instinktausstattung ...."

Nach Wagner gibt es eine Vielzahl solcher Lernprogramme in der Bundesrepublik. Eine schematische Anwendung dieser Programme erscheint wenig sinnvoll, denn in Fachkreisen besteht Einigkeit darüber, daß derartige Programme ziemlich exakt auf Vorbildung und Begabung der Lernenden abgestimmt werden müssen. Sonst entstehen negative Effekte infolge von Langeweile oder Nichtverstehen. Für das gleiche Lernziel sind folglich sehr unterschiedliche Programmversionen erforderlich, wodurch der Aufwand beträchtlich wird. Im Falle qualifizierterer Teilnehmer läßt sich dieses mit Hilfe gestalt- oder strukturpsychologischer Lernprogramme umgehen, bei denen je nach Vorbildung und Begabung lediglich Unterschiede der Lern- und Bearbeitungszeit einzukalkulieren sind. Dazu nachstehend ein Beispiel:

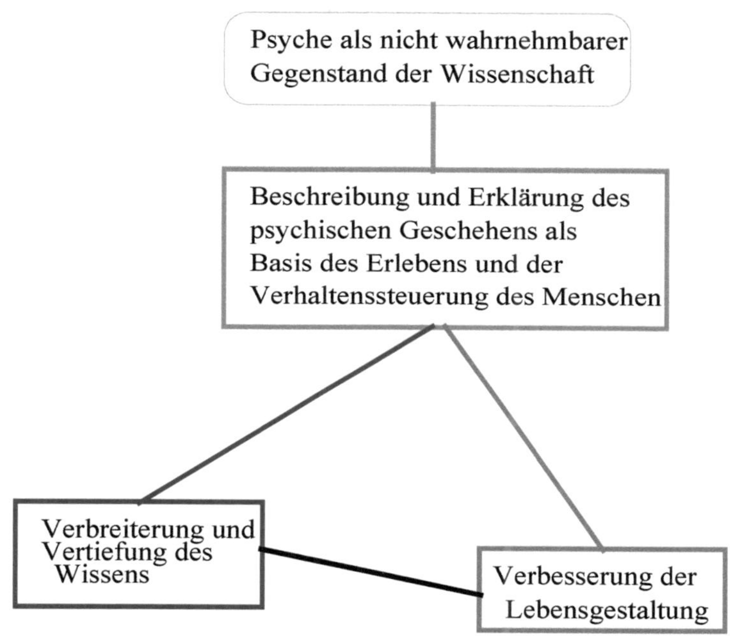

Fragen:

1)Inwiefern ist das psychische Geschehen nicht wahrnehmbar und welche Bedeutung hat das für die Beschreibung und Erklärung menschlichen Erlebens und Verhaltens?

2) Wie kann man dennoch zu einer Beschreibung und Erklärung psychischer Prozesse gelangen?

(Seite 1)

Antworten:

zu 1: Zwar nimmt jeder Mensch Teile seines psychischen Geschehens wahr, aber das sind rein subjektive Erlebnisse, denen es an Begrifflichkeit und Systematik sowie an Mitteilbarkeit fehlt, denen auch die für wissenschaftliche Erkenntnisse nötige Intersubjektivität und Nachprüfbarkeit abgehen.[34] Diese Nichtwahrnehmbarkeit führt dazu, daß die Erklärungen und Beschreibungen erstens nicht durch Beobachtung am Menschen zu überprüfen sind, daß sie zweitens nicht die tatsächlichen Prozesse und Größen, sondern nur erschlossene enthalten können.

zu 2: Man kann zu einer Beschreibung nicht wahrnehmbarer, also auch nicht direkt beobachtbarer Vorgänge dadurch gelangen, daß man einerseits die beobachtbaren Einwirkungen von außen und andererseits die zugehörigen Wirkungen beobachtet und daraus auf die wirkenden Faktoren und ihre Verknüpfungen schließt.

(Seite 2)

---

[34] vgl. Jaspers: Aallgemeine Psychopathologie, 5. Aufl. S. 2 sowie Bertelsmann: Lexikothek, Stichwort *Wissenschaft*

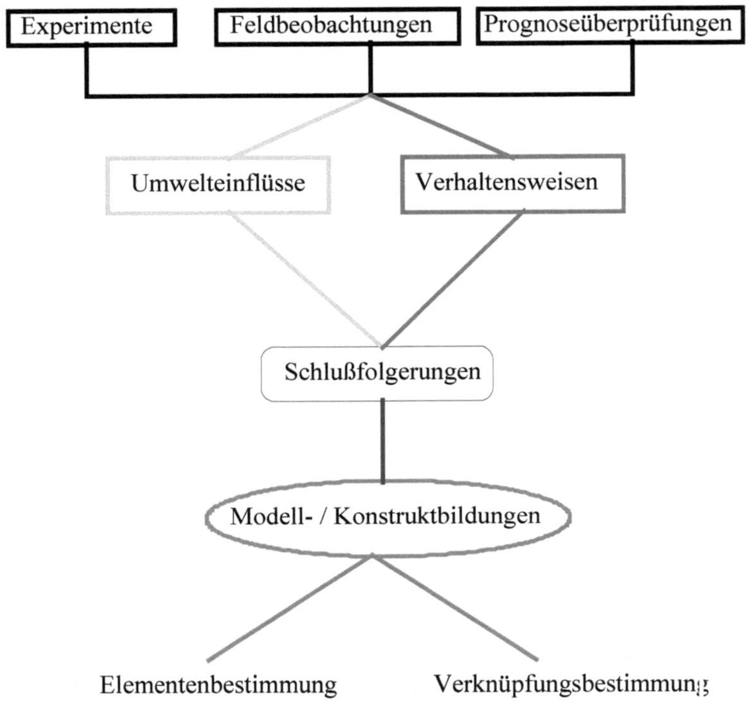

Fragen:

3) Inwiefern dienen Prognosenüberprüfungen der Datenerfassung und -sicherung?

4) Worin liegt der Unterschied zwischen Experimenten und Feldbeobachtungen?

5) Was bieten auf diese Weise gewonnene Modelle, was sind sie nicht?

(Seite 3)

Antworten

zu 3: Die anhand von Modellen erstellten Prognosen (Voraussagen) für bestimmte Reaktionsweisen unter bestimmten Bedingungen ermöglichen Aussagen über die Treffsicherheit solcher Modelle, aber auch ihre Korrektur und Verbesserung.

zu 4: Experimente unterscheiden sich von Feldbeobachtungen dadurch, daß in Experimenten die Bedingungen und Reizkonfigurationen, unter denen die Reaktionen erfolgen, exakt bestimmt und abgewandelt werden können, während die Bedingungen und Reize im Falle der Feldbeobachtung nur allgemein und global erfaßbar sind und im allgemeinen nicht abgewandelt werden können.

zu 5: Derartige Modelle erklären und beschreiben die Wirkungsfaktoren der Prozesse und ihre Verknüpfungen, sind aber nicht der Gegenstand selbst. Ein Modell der Persönlichkeit des Menschen ist keineswegs die Persön-

lichkeit, beschreibt sie und ihre Reaktionen aber und erlaubt es, Prognosen zu stellen. [Anschütz sagt dazu „Informationsverarbeitende Systeme gelten für die Kybernetik als gleichartig, wenn ihre Funktion gleich ist".]
(Seite 4)

003 Methoden der Theoriebildung, Beschreibung und Erklärung

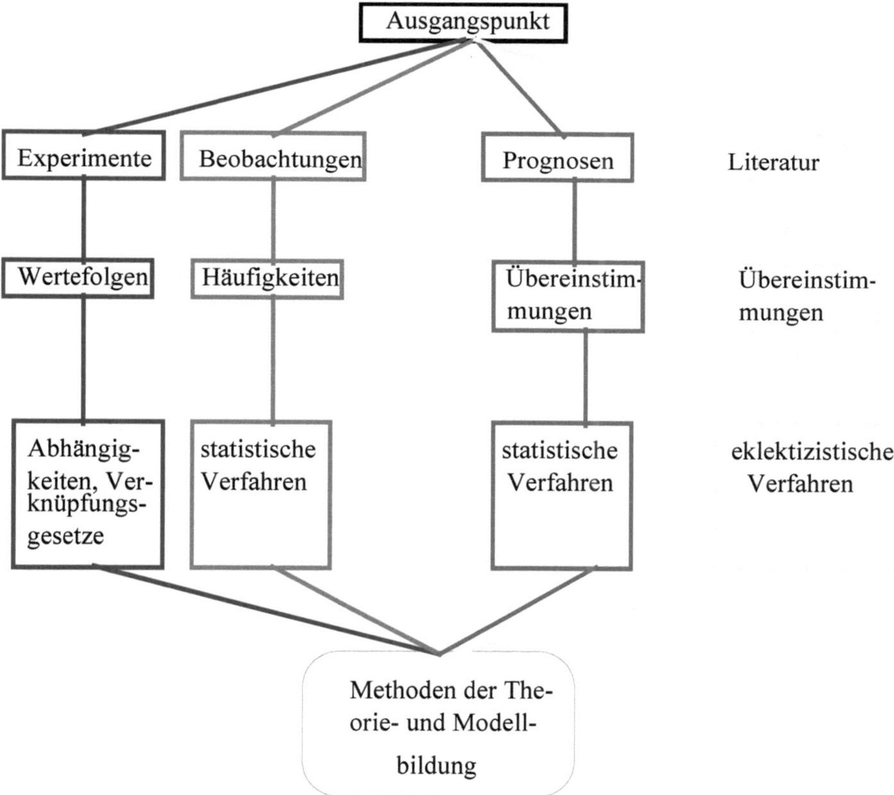

Fragen:

6) Nennen Sie Beispiele, wo aus den Wertefolgen der Experimente theoretische Erkenntnisse gewonnen wurden?

7) Welche statistischen Verfahren eignen sich nach Ihrer Meinung besonders?

8) Inwiefern eignen sich die Übereinstimmungen verschiedener Autoren zur Theoriebildung?

(Seite 5)

Antworten

zu 6: Beispiele für das Gewinnen theoretischer Erkenntnisse aus den Wertefolgen von Experimenten sind etwa die Gesetze des freien Falls in der Physik, die Weberschen, Fechnerschen und Potenzgesetze in der Psychologie über die Abhängigkeit der Empfindungsstärken von den Reizstärken.

zu 7: Als statistische Verfahren zur Theoriebildung eignen sich insbesondere Gleichsinnigkeits- und Gleichwertigkeitskorrelationskoeffizienten, Faktorenanalyse, Mittelwerte und Varianzen.

zu 8: Die Übereinstimmungen mehrerer - möglichst nicht der gleichen Schule entstammenden - Autoren lassen eine gesteigerte Wahrscheinlichkeit für die Richtigkeit ihrer Annahmen und Theorien vermuten. Man spricht hier von einem eklektizistischen Vorgehen, bei dem das möglichst allen Autoren Gemeinsame verwendet wird.

(Seite 6)[35]

-.-

Wichtiges Lehr- und Lernmittel sind Tafeln in allen möglichen Formen. Sie dienen der Visualisierung des Gesprochenen. Hinzu kommen Projektionseinrichtungen, die heute vor allem in Form des Tageslichtschreibers Verwendung finden. Die Wandtafel hat von ihnen den großen Vorteil, daß im allgemeinen die zur Verfügung stehende Fläche größer ist. Damit bleiben auch bei längeren Darstellungen die Zusammenhänge sichtbar. Nachteilig wirkt sich bei ihr aus, daß der Lehrende dem Lernenden beim Tafelanschrieb den Rücken zukehrt und damit der Blickkontakt verlorengeht. Zudem muß der Tafelanschrieb meistens jedes Mal neu erstellt werden.

Der Tageslichtprojektor eignet sich am besten, wenn mit vorbereiteten Folien gearbeitet werden kann. Dias und Filmprojektion haben ihm gegenüber den Vorteil, daß das Material differenzierter und farbiger dargeboten werden kann, den Nachteil, daß dieses bei Tageslicht meistens nicht genügend klar erfolgt. In der Einzelunterweisung wird statt der Wandprojektion heute vielfach der Bildschirm verwendet, was aber vom Standpunkte der Informationsgestaltung (s.o.) auch Probleme birgt. Bei Standardcurricula werden häufig Tonbildschauen und Tonfilme eingesetzt. Die Meinungen über die Effektivität derartiger methodischer Arbeitsmittel sind allerdings geteilt. Das gilt auch für den Einsatz von Fernsehen und Videorecorder. Bei

---

[35] vgl. B. Waszkewitz: Repetitorium der Wirtschaftspsychologie, Stuttgart 2000, das in dieser Form gestaltet ist.

letzterem können z.B. negative Auswirkungen beim Anblick der eigenen Person und ihres Handelns auftreten, besonders, wenn auch andere zuschauen[36].

Daneben finden rein auditive Methoden Verwendung, etwa Schallplatte, CD und Tonband. Besonders werden sie im Rahmen von Sprachlabors eingesetzt, um die Effektivität des Fremdsprachenunterrichts zu steigern. In Form von Tonbandcassetten und CDs gibt es inzwischen eine Vielzahl berufsbildender Inhalte. In dieser Form werden auch Fallstudien und Betriebshörspiele angeboten. Über ihre Eignung sind die Meinungen geteilt. Ein nicht zu unterschätzendes Arbeitsmittel stellt heute die EDV dar. Mit ihrer Hilfe lassen sich Modelle und Konstrukte der Entscheidungsbildung nicht nur verdeutlichen, sondern auch simulieren und abwandeln, ohne langwierige Zwischenarbeiten einzuschieben, die den Lernprozeß zerreißen. Die Simulationsrechnungen führt der Computer in kürzester Zeit durch. Die Ergebnisse werden umgehend auf dem Bildschirm dargestellt oder ausgedruckt. Überall, wo es sich um quantitative Entscheidungsprozesse handelt - auch in Planspielen - wird der Einsatz von EDV-Anlagen zunehmen. Wo qualitative Entscheidungen oder menschliche Verhaltens- und Wahrnehmungsweisen die entscheidende Rolle spielen, kann die EDV heute noch nicht mit Aussicht auf umfassende Erfolge eingesetzt werden.

Das Problem der Medienwahl ist, wie die wenigen Hinweise zeigen, für eine kostengünstige und effektive Förderung von großer Bedeutung, das gilt auch auf der schulischen Ebene. Es kann aber nur unter Berücksichtigung der Teilnehmer, der Lehrenden, der Inhalte und Ziele der jeweiligen Maßnahme gelöst werden. Es gibt dabei noch keine genauen Angaben darüber, welche Arbeitsmittel in welchen Fällen am geeignetsten sind.

Prüfung und Erprobung

Entwicklungshilfe, Bildungsmaßnahmen, Lehren und Lernen sind zielgerichtet und zudem kostspielig. Ihr Erfolg muß daher kontrolliert werden. Eine

[36] wobei dabei auch die Frage nach dem Schutz der Privatsphäre und dem Datenschutz aktuell ist.

technische Erfolgskontrolle ist allerdings dort nicht durchführbar, wo das Ziel *Persönlichkeitsbildung* ist, also überall dort, wo es sich darum handelt im Dienste derselben stehende Förderung auf ihre Ergebnisse hin zu überprüfen Hier können nur psychologisch-diagnostische Methoden helfen. Zu diesem Zweck muß man jeweils ein Persönlichkeitsbefund erstellen und sein Ergebnis mit dem vorigen vergleichen, wobei besonders auf evtl. Störungen, also β-, δ- und γ-Werte zu achten ist, und das auch im Temperaments- und Bedürfnisbereich[37]. Eine erste grobe Kontrolle für den Nichtpsychologen können hier unsere speziellen Kurzverfahren liefern.

Im Rahmen der im Zuge der Bildung wie Ausbildung betriebenen funktionalen oder Zweckbildung liegen die Verhältnisse anders. Hier kann man feststellen, ob das gesteckte Lernziel erreicht wurde, und das um so besser, je präziser und feiner die Lernziele formuliert sind. Dabei sind zwei grundsätzlich verschiedene Arten der Erfolgskontrolle zu unterscheiden, eine **pädagogische** und eine **außerpädagogische**.

Die entscheidende Frage im Zusammenhang mit der Erfolgskontrolle liegt allerdings darin, ob es nur Erfolg oder Nichterfolg gibt. Wir haben oben ausgeführt, daß Lernen dazu dient, Programme und Datenbanken als Grundlage der Lebensbewältigung zu erwerben. Natürlich kann man sich auf den Standpunkt stellen, daß nur das vollkommene Programm und die vollendete Datenbank als Erfolg zu werten sind. Wollte man dieses tun, so käme man schnell in die Situation, daß man alle Lehre für eitel erklären müßte, denn dieses Ideal ist nicht oder nicht sehr oft zu erreichen. Man wird sich fast stets mit mehr oder minder gelungener Lösung zufriedengeben müssen. Das heißt aber, daß wir nicht nur von Erfolg und Nichterfolg, sondern jeweils von mehr oder weniger Erfolg sprechen müssen. Eine quasiquantifizierende Qualifikation ist nicht zu umgehen, so schön es auch wäre, wenn man nur sagen müßte, ob Erfolg oder Nichterfolg. Das verkompliziert naturgemäß alles Testen und Bewerten. Soweit dabei eine **Zieltaxonomie** nach obigen Muster vorliegt, braucht man nur das Ergebnis der betreffenden Person mit den

---

[37] vgl. dazu B. Waszkewitz: Systematische Selbsterkenntnis, Stuttgart 2001

Vorgabewerten zu vergleichen. Um daraus den Qualifikationsgrad zu gewinnen, erscheint es sinnvoll, wie folgt zu rechnen:

x= V-E:Vorgabestufe minus Ergebnisstufe je Zielwert

$y = \Sigma x_i$

$z\% = 100*(\Sigma x_i)/\Sigma V$,

die x-Werte liefern dabei dann zugleich Hinweise auf die Art der bestehenden Lücken und auf Möglichkeiten, diese Lücken evtl. auszugleichen. Wo das dann nicht möglich erscheint, muß es zu einer Herabstufung der Zielwerte kommen, um Überforderungen auszuschließen. Auf diese Weise läßt sich eine übersichtliche und aussagefähige Ergebnisdarstellung für jeden einzelnen Lernenden, aber auch für die jeweiligen Lehrer und Ausbilder sowie Inhalte und Vorgaben gewinnen.

Unter pädagogischer Erfolgskontrolle verstehen wir die Überprüfung des Gelernten mit pädagogischen Mitteln. Dazu gehören in erster Linie Prüfungen im weitesten Sinne, aber auch Beobachtungen des Unterrichtsverhaltens. Bei Prüfungen muß zwischen mündlichen und schriftlichen Formen unterschieden werden. Beide verlangen von dem Prüfer die Bewertung der Leistungen des Lernenden. Und hier liegt das eigentliche Problem der pädagogischen Erfolgskontrolle. Von hier aus ergeben sich auch ständig Einwände gegen derartige Kontrollen. Die präzisen Zielwerte nach obigem Muster können klare Grenzen schaffen, verhindern außerdem, daß zu hohe oder zu niedrige Anforderungen einzelner Lehrender das Bild verfälschen.

Das große Problem der Bewertung wird durch die eindeutigen Zielwerte gemildert. Sie ersetzen das bei schriftlichen Prüfungen mehr und mehr in Mode gekommene Multiple-Choice-Verfahren, das nur scheinbar eine brauchbare und objektive Lösung darstellt. Schon Skinner hat diese Methode, die ihm oft zugeschrieben wird, abgelehnt, denn im Leben findet der Mensch meistens keine definierten Lösungsmöglichkeiten vor, zwischen denen er zu wählen hat. Er muß die Lösungsmöglichkeiten erst selbst herausfinden. Damit wird es besonders wichtig, die Bewertung zu objektivieren und zu operationalisieren wie in der Zieltaxonomie. Denn hierbei müssen einerseits sog. Beurteilungsfehler ausgeschaltet werden, muß andererseits auf die geringe

Differenziertheit menschlicher Wahrnehmung Rücksicht genommen werden. Daher ist es sinnvoll, die Bewertung in Teilschritte mit geringer Differenzierung zu zerlegen und dann die Teilergebnisse zusammenzufassen. Das gilt vor allem auch dort, wo das Zielwertverfahren nicht anwendbar ist, aus welchen Gründen auch immer. Dabei ist es zum Zwecke der Ausschaltung negativer Beeinflussungen günstig, nicht unmittelbar nach dem Schulnotensystem vorzugehen, sondern ein Zeichen- oder Punktsystem wie --= 1; -= 2; 0=3, +=4 und ++=5 zu verwenden.

Als brauchbar hat es sich erwiesen, bei mündlichen Prüfungen und Frageklausuren jede Frage, jedes Item einzeln zu bewerten. Handelt es sich um Problemklausuren, bei denen sich keine Items im üblichen Sinne bestimmen lassen, empfiehlt es sich, als itemadäquate Teilgrößen

A. Gliederung

B. sprachliche Gestaltung

C. Problemerfassung

D. Problemlösung

zu verwenden.

Schwieriger wird die pädagogische Erfolgskontrolle bei umfangreicheren Prüfungsarbeiten, wie sie bei höheren Qualifikationen üblich sind. Hierbei muß eine größere Anzahl von Teilaspekten unterschieden werden. Dabei ist zugleich zu bedenken, daß die Fehlanzeige in einem dieser Kriterien im allgemeinen die Gesamtleistung gegen Null führt. Daher gilt dabei eine andere Bewertungsumsetzung, nämlich -- = 0; - = 1; o = 2; + = 3; ++ = 4;. Als Bewertungsaspekte kommen bei solchen Arbeiten, etwa Diplomarbeiten usw.:

A. Formalien, Literatur, Zitierweise, Äußeres

B. Sprachliche Richtigkeit, sprachliche Formalien

C. Sprachstil, Begriffshandhabung u. -nutzung, Verwertung der Fachsprache

D. Aufbau und Gliederung sowie deren Verarbeitung

E. Themenprägnanz, Einhalten des Themas, kein Abschweifen

F. Themenvollständigkeit, Ausschöpfung des Themas

G. Klarheit und Knappheit der Darstellung, Redundanzminderung

H. Logik, Folgerichtigkeit, Stichhaltigkeit der Beweisführung

I. Richtigkeit und/oder Vertretbarkeit der Ergebnisse

in Frage. Die Punktwerte lassen sich dann nach der Gleichung:

%= 100* Produkt der Items/5 (4) ^{Itemzahl} [38]

Die aufgrund der Bewertung nach obiger Formel erhaltenen Prozentwerte lassen sich nach folgendem Schema, wenn es sein muß, in eine 5stufige Notenskala übersetzen

%	Note	%	Note	%	Note	%	Note
0-26	5.0	50-55	4.0	66-70	3.0	81-85	2.0
27-36	4.7	56-60	3.7	71-75	2.7	86-90	1.7
37-49	4.3	61-65	3.3	76-80	2.3	91-95	1.3
						>95	1.0

Manchmal wird verlangt, daß neben einer solchen Bewertung auch ein Gutachten zur Arbeit erstellt werden muß. Um hierbei möglichst die Forderung der Objectivity zu erfüllen, ist es sinnvoll, zu dem Bewertungssystem ein Textprogramm zu erstellen und zu verwenden. Das gilt besonders dann, wenn mehrere Beurteiler vorhanden sind.

Nicht unbeachtet sollte man im Interesse erfolgreicher Förderung vor allem in der Fortbildung die Erkenntnisse der Teilnehmer einer solchen Bildungsveranstaltung lassen. Sie geben nicht nur Hinweise auf den Lehrenden und sein Geschick, sie liefern auch Informationen über die Teilnehmer, deren Zusammensetzung und die Organisation der Veranstaltungen. Allerdings müssen derartige Befragungen systematisch und anonym durchgeführt werden, etwa wie in Datei EU.

Besonders dort, wo Lernziele Verhaltensänderungen in der Arbeit vorsehen, bringt die pädagogische Erfolgskontrolle wenig brauchbare Ergebnisse. Hier muß u.a. auf die Bewährungskontrolle zurückgegriffen werden[39] vorausgesetzt, daß sich die Lernziele auf Verbesserungen im Gesamtauf-

---

[38] 4 oder 5 ist abhängig von der Bewertungsskala.

[39] vgl. B. Waszkewitz: Up tp Date 2002, Datei Personalmanagement, Stuttgart 2002

gabengebiet des Stelleninhabers beziehen. Handelt es sich bei der Förderungsveranstaltung nur darum, für bestimmte Aufgabenteile Veränderungen zu erreichen, muß man auf die Technik der speziellen Auftragserledigung zurückgreifen und hierzu geeignete Beurteilungsmethoden entwickeln, wie etwa die Datei EX (Auswertung der Ergebnisse mit Hilfe der Datei EA). Sie dient auch zur Ergebniskontrolle bei Auszubildenden in den einzelnen Stationen.

Für die Erfolgskontrolle in Ausbildungs-, aber auch in Bildungssystemen - wenigstens teilweise - bedeutet dieses, daß auch überprüft werden muß, ob der jeweilige Lehrende im Rahmen der Ausbildung effektiv arbeitet und ob er Erfolg hat und die nötige Qualität zeigt. Im Hinblick auf die in den meisten Unternehmen herrschende Hierarchie oder hierarchische Ideologie besteht kaum die Möglichkeit, die jeweils Betroffenen urteilen zu lassen, was im pädagogischen Rahmen zudem wenig sinnvoll ist.. Also muß man davon ausgehen, daß der Vorgesetze des Lehrenden dessen Erfolg feststellen muß. Für die Beurteilung der Qualifikation der Lehrenden und Trainer[40] bieten sich dazu vor allem folgende Kriterien an:

1. - Routine, die der Lernende in dem Zeitraum erworben hat
2. - Verhältnis des Lehrenden zum Lernenden
3. - Intensität der Bemühungen des Lehrenden um die Bildung und Förderung der Lernenden, wobei die in der Zieltaxonomie erkennbaren Ergebnisse des Lernenden heranzuziehen sind.

So gehört dann der Bereich der Personalentwicklung, Aus-, Fort- und Weiterbildung als wichtiges Glied zum System der Humanisierung der Arbeitswelt. Und damit nähern wir uns dem zweiten Teil des psychischen Arbeitsschutzes, nämlich der Anpassung der Arbeit an Persönlichkeit und Arbeitsverhaltensperson der Menschen.

---

[40] vgl. dazu Datei EW und Auswertungsprogramm EA.

Anpassung der Arbeit

Anforderungsaffinität

Strukturaffinität

Sowohl für die Gestaltung der Berufe und Berufsbilder als auch und ganz besonders für die Stellen und Arbeitsplätze kommt es darauf an, sie so zu gestalten, daß man genügend Menschen findet, die den Anforderungen an psychischer bzw. Verhaltensstruktur entsprechen. Dazu ist es wesentlich, daß die Anforderungen **affin** sind. Was das heißt, sei an einem einfachen Beispiel demonstriert. Wenn die Arbeiten an einem Arbeitsplatz zugleich große Fingerfertigkeit und grobes manuelles Zupacken verlangen, besteht wenig Aussicht, Menschen zu finden, die beides in hohem Maße mitbringen. Diese beiden Eigenschaften kommen bei Menschen selten oder gar nicht zusammen vor, sie sind **diffug**. Damit beeinträchtigt eine derartige Arbeitsgestaltung die Möglichkeit der Selbstverwirklichung für einen Arbeitsplatzinhaber, aber auch den Leistungserfolg. Die Gefahr von Fehlentwicklungen, Unzufriedenheit und Frustrastion ist nicht gering. Dieses Problem tritt insbesondere auch dadurch auf, daß es eine Vielzahl von affinen bzw. diffugen Elementen und Komponenten in der Persönlichkeit, aber auch im Verhalten gibt.

Kennt man die Affinitäten und Diffugitäten, kann man anhand der mit Hilfe des DBB gewonnenen Anforderungswerte überprüfen, ob Berufe, Arbeiten und Arbeitsplätze humangerecht gestaltet sind. Ist das nicht der Fall, gilt es zu überlegen, welche Arbeiten und Aufgaben fehl am Platze sind, durch welche anderen sie evtl. zu ersetzen sind. Nach dem heutigen Stande unseres Wissens müssen wir von folgenden Affinitäten ausgehen, wobei wir mit den Elementen der Verhaltenspersönlichkeit beginnen wollen:

zu	affine Traits
Pv	Ev, Fv
Rv	Üv, Ov
Uv	Gv, Ev, Fv
Üv	Rv, Ov, Tv

Kv	Ev,
Bv	Sv, Tv
Gv	Pv, Uv, Ev, Fv
Sv	Bv
Ev	Pv, Uv, Kv, Gv, Fv
Ov	Rv, Üv,
Fv	Pv, Uv, Gv, Ev
Tv	Rv, Üv, Ov

für die Komponenten im differenzierten Persönlichkeitsbeschreibungssystem gilt dann:

zu	affine Traits	diffuge Traits
z	e, a, m, l, we	g, j, v, d
s	j, v, d, g, wk	z, e, m
e	z, a, m, k, w	s, d
j	s, h, d, t	z, e, v, a, m, k
v	p, m, de, wm, u	d, r
h	p, x	s, v, a, k
a	e, m, k, we, b	j, p, d, r
p	v, h, de, c	a, r, we
m	z, e, v, a, k, wm, n	s, j, h, d, r
d	s, j, r, wk, o	z, e, a, m, k
k	z, e, v, a, m, f	s, j, h, p, d, r
r	h, d, n	v, p, m, k
l	z, c	g, u, o
g	s, u, b, o	l, w, c
w	e, u, b, q	g, o
t	j, g, x,	l, u,
u	v, g, q, f	l, o, n
x	h, t, c	b, f
b	a, g, w, f	p, u, x, c, o
c	p, x, q	g, w, b, f, n
q	m, w, u	l, b, n
o	s, d, g	l, n
f	k, w, u, a	c, o, n
n	r, l, b, o	g, x, c, q, f

Natürlich kann auch jeder selbst analysieren, inwieweit Affinität hinsichtlich der Anforderungen an seinem Arbeitsplatz gegeben ist. Und hier und dort besteht dann auch bei genügend Einfallsreichtum die Möglichkeit, durch kleine Veränderungen, Verlagerung von Schwerpunkten ungünstige Einflüsse zum Schutz der eigenen Person zu mindern. Grundsätzlich aber ist dieses eine Aufgabe der Personalleute und Organisatoren im Betriebe, denen daran liegen muß, daß die Anforderungen jedes Arbeitsplatzes möglichst affin sind, weil dadurch die Beschaffung geeigneter Mitarbeiter erleichtert wird und die Möglichkeiten zur Leistungssteigerung wachsen.

Allerdings darf man aus dieser Übersicht nun wiederum nicht schließen, daß es keine Menschen gibt, die in sich diffuge Eigenschaften oder diffuge Verhaltensweisen aufweisen. Das heißt, daß selbst dort, wo man für Anforderungsaffinität gesorgt hat, für den Arbeitsplatzinhaber dadurch Probleme auftauchen, daß auf diese Weise bei ihm vorhandene diffuge Verhaltensweisen nicht gefragt sind. In den meisten Fällen wird es allerdings ihm selbst obliegen, dieses zu erkennen und dann nach Möglichkeiten zu suchen, diese diffugen Verhaltensweisen abzureagieren. Das muß ja nicht unbedingt am Arbeitsplatz sein.

Diese Affinität gilt auch hinsichtlich der fachlichen Anforderungen. Welche Kombinationen hier affin sind, entscheidet aber nicht die Persönlichkeit, sondern das jeweils bestehende Bildungs- und Ausbildungswesen. Auch dieses wird in unserer Welt immer komplexer und immer variabler, so daß es für Organisatoren und Personalleute immer schwieriger wird, für generell affine Strukturen zu sorgen. Dementsprechend kommt dem betrieblichen Bildungswesen eine wachsende Bedeutung zu.

Niveauaffinität

Ein wichtiges Kriterium der Arbeitswissenschaften zielt darauf, das Anforderungsniveau für die Arbeiten an einem Arbeitsplatz möglichst auf einer Ebene zu halten, also etwa die geistigen oder manuellen Anforderungen für die verschiedenen Aufgaben des Arbeitsplatzes auf gleicher Höhe zu halten.

Zwar kann eine Zwischenarbeit mit verminderten geistigen Anforderungen hier und dort der Erholung dienen, doch im allgemeinen wird sie eher Langeweile und Mißmut auslösen. Und das gilt nicht nur im Geistigen, nicht nur bei den grundlegenden Begabungen. Vielmehr muß man davon ausgehen, daß dieses für jede Begabungskomponente, aber auch für alle Fertigkeiten gilt. Jede braucht ihr Niveau, was naturgemäß an realen Arbeitsplätzen nicht immer zu verwirklichen ist. Und wenn Tätigkeiten mit unterschiedlichem Anforderungsniveau vorhanden sind, sollten sie möglichst auf verschiedenen Begabungs- oder Fachgebieten liegen.

Die Frage der Niveauaffinität gilt darüber hinaus auch für Kenntnisse, Erfahrungen und Fertigkeiten. Und es sollte Aufgabe jedes Vorgesetzten sein, dafür zu sorgen, daß Kenntnisse, Erfahrungen und Fertigkeiten, also die Speicherkategorien jeweils auf dem Stande der Anforderungen sind. Wo sie darüber hinausreichen, kann es zu Spannungen und Frustrationen kommen. Es erscheint daher im Interesse des psychischen Arbeitsschutzes wie der Motivation zweckmäßig, in solchen Fällen die Anforderungen durch Hinzufügen entsprechender Arbeiten zu erhöhen. Wo das nicht möglich ist, sollte der Vorgesetzte den Mitarbeiter beraten, wie er das Vorhandene nutzen kann, sei es betrieblich, sei es in der Freizeit, um keine unnötigen Frustrationen aufkommen zu lassen. Das gilt nicht nur für ein Mehr in sigmatischer Hinsicht. Das gilt ebenso überall dort, wo vorhandene Begabungen nicht gefordert werden. Überqualifizierung, die nicht außerberuflich ausgeglichen werden kann, birgt stets eine erhöhte Frustrationsgefahr und damit auch eine Gefahr für die psychische Gesundheit, ganz abgesehen davon, daß sie die Fluktuationstendenz erhöht, woraus sich dann erhöhte Kosten für das Unternehmen ergeben.

Selbstverständlich trifft das auch auf physische Eigenschaften und Fähigkeiten zu, denn Unterforderungen auf diesem Gebiete führen ebenfalls zu psychischen Frustrationen. Allerdings sind leichte Unterforderungen hier nicht ganz so gefährlich wie Überforderungen. Derartige Belastungen erzeugen letztlich u.U. Erschöpfungszustände mit allen bekannten Folgen für Gesundheit und Leistungsfähigkeit.

Das Problem der Niveauaffinität gilt nicht nur für die Arbeitsanforderungen. Es sollte auf jeden Fall auch im sozialen Kontext berücksichtigt werden. Es erweist sich als wenig sinnvoll, Menschen mit unterschiedlichen Niveaus zusammenzuspannen. Zu leicht bilden sich dabei belastende Spannungen heraus, weil entweder der eine glaubt, die anderen erkennen ihn zu wenig an, oder der andere das Gefühl hat, die anderen meiden ihn oder lehnen ihn ab, weil er nicht zu ihnen gehöre. Häufig beginnt damit eine Situation, in der es zu einem Mobbing kommt.

Verlaufsaffinität

Die zeitliche Gestaltung spielt für die psychische Gesundheit ebenfalls eine wichtige Rolle. Das betrifft einmal das Arbeitstempo an sich. Wird dieses Arbeitstempo über das individuelle Tempo hinaus gesteigert, entsteht für das Individuum eine Streßsituation mit allen bekannten Konsequenzen für die psychische Gesundheit dieses Menschen. Hektik, Angst vor dem Versagen, aber auch Depressionen können die Folge sein. Nun ist das individuelle Arbeitstempo nur in der Praxis, in der Arbeit selbst festzustellen, und zwar für die gerade ausgeübte Tätigkeit, denn es ist häufig für verschiedene Arbeiten unterschiedlich. Es muß Aufgabe des Vorgesetzten sein, sich immer wieder davon zu überzeugen, daß das geforderte Arbeitstempo die individuellen Grenzen der einzelnen Mitarbeiter nicht übersteigt. Nur dann kann er damit rechnen, auf die Dauer effektive Mitarbeiter zu haben.

Nun beeinträchtigt nicht nur ein erhöhtes Arbeitstempo den Mitarbeiter. Ebenso störend wirkt ein das individuelle Tempo unterschreitendes Arbeitstempo. Das führt z.B. zu Langeweile, zum Nachlassen der Aufmerksamkeit, zu erhöhter Fehlerzahl und damit wiederum zu Frustrationen, die möglichst zu vermeiden sind. Das kann auch dazu führen, daß ein Mitarbeiter Arbeiten eines langsameren anderen mit ausführt, damit aber Frustrationen für den nächsten auftreten.

Besonders problematisch wird das Phänomen Arbeitstempo, wenn mehrere Menschen zusammenarbeiten sollen und müssen. Hier ist es sehr wesentlich, daß man dafür sorgt, daß das individuelle Arbeitstempo der beteiligten Mitarbeiter möglichst gleich oder doch sehr ähnlich ist. Geschieht das nicht, darf man sich nicht wundern, wenn es einerseits zu Spannungen kommt, die wiederum die psychische Gesundheit des einen oder anderen Mitarbeiters gefährden, andererseits Fehlerhäufungen und vermehrte Terminüberschreitungen zu verzeichnen sind.

Wenn von der zeitlichen Gestaltung der Arbeit die Rede ist, sollte man aber nicht nur an das Arbeitstempo, sondern auch an den Verlauf denken. Manche Arbeiten verlangen unbedingte Stetigkeit des Tuns, andere bieten ständige zeitliche Veränderungen bis hin zur Sprunghaftigkeit. Und was dem einen Mitarbeiter adäquat ist, streßt den anderen und macht ihn krank. Gerade der Arbeitsverlauf wird weitgehend vom Verhaltensstil bzw. Temperament bestimmt. Er sollte daher auf das Anforderungsprofil des Berufes bzw. Arbeitsplatzes abgestimmt werden, wenn man nicht von vornherein eine krankmachende Atmosphäre schaffen will. In den Bereich der Verlaufsgestaltung muß man den Ort des Arbeitsplatzes ebenso einbeziehen wie die Verteilung der Arbeitszeit am Tage (z.B. bei Schichtarbeit) und über die Wochen und Monate. Und hier ergeben sich besondere Probleme dadurch, daß viele Menschen eher zu den „Eulen" oder „Lerchen" zu rechnen sind, ihre Bestleistung eher spät abends bzw. früh morgens erreichen. Infolgedessen ist es widersinnig, wenn man die Arbeitszeit für ein und denselben Mitarbeiter auf morgens und abends zugleich verlegt. Insbesondere bei Schichtarbeit muß man sehr sorgfältig die Leistungshochs und Leistungstiefs der betroffenen Mitarbeiter analysieren. Unter Umständen ist es zweckmäßiger für den Betriebserfolg wie für die Gesundheit der Mitarbeiter von vornherein Mitarbeiter für bestimmte Schichten anzuwerben.

Sozialaffinität

„Unternehmensphilosphie"

Absichtlich habe ich die Unternehmensphilosophie in Anführungszeichen gesetzt, denn das, was hier gemeint ist und heute oft mit dieser anspruchsvollen Bezeichnung versehen wird, hat mit Philosophie (Weisheitslehre) sehr wenig zu tun. Man sollte besser von Unternehmensideologie sprechen, die für den psychischen Arbeitsschutz große Bedeutung hat. Diese Unternehmensideologie zeigt sich nicht nur in Leitsprüchen und Leitlinien, sie spiegelt sich vor allem auch in der Führungs- oder Grundsatzorganisation[41], selbst dann, wenn es keine allgemeine Führungsanweisung gibt. Und die Unternehmensführung sollte sich einmal die Mühe machen, ihre Leitsätze und ihre Reden mit der Führungsorganisation in ihrem Hause zu vergleichen, dazu evtl. noch Ist- und Sollzustände analysieren und in das Arbeitsprogramm DAN einsetzen. Nach meinen Erfahrungen ergibt das in vielen Fällen ein böses Erwachen ob der dabei hervortretenden inneren Widersprüche in der Unternehmensführung. Und diese Widersprüche führen naturgemäß zu belastenden Spannungen im Sozialkörper des Unternehmens, nehmen den Mitarbeitern die Sicherheit und bringen psychische Belastungen mit sich, die der Leistung und dem Erfolg abträglich sind.

Im Zusammenhang damit ist es auch wesentlich, die Mentalität der beteiligten Berufsgruppen zu analysieren. Ergebnisse einer solchen Analyse können es durchaus ratsam erscheinen lassen, unterschiedliche Führungs- und Organisationsprinzipien in den verschiedenen Unternehmensteilen vorzusehen und einzusetzen.

Die betriebliche Sozial- und Führungsstruktur

Ein besonderer Blick muß im Zusammenhang mit der anzustrebenden Selbstverwirklichung der Führungssituation gelten, und zwar sowohl aus der Sicht des Mitarbeiters als auch aus der des Vorgesetzten gegenüber seinen Mitarbeitern bzw. dem von ihnen gebildeten Sozialkörper. Dazu verwenden wir das Arbeitsprogramm DL. Auch dieses ist so eingerichtet, daß die Itembewertungen mehrerer Personen automatisch verarbeitet werden, und zwar bis zu 5 Bewertungen pro Sozialkörper, sei es nun die Arbeitsgruppe, sei es die Abteilung usw.. Wesentlich sind dabei zwei Aspekte, nämlich einmal der Sozialkörper mit seinen Bedingungen und zum anderen die Lenkungsinstanz

[41] vgl. Waszkewitz: Organisation von Systemen, Stuttgart 1998, S. 37ff

dieses organisierten Gebildes. Dementsprechend werden 7 Kriteriengruppen mit je 6 Kriterien analysiert:

Dimensionen der Lenkung

La	Lässigkeit des Führungsverhaltens
Lb	Rationalität und Kälte des Führungsverhaltens
Lc	Fachkönnen des Führenden
Ld	Führungs- und Organisationskönnen des Führenden
Le	Flexibilität des Führungsverhaltens
Lf	Unauffälligkeit des Verhaltens des Führenden

Dimensionen der Arbeit

Aa	Wechselhaftigkeit der Arbeit und der Arbeitsweise
Ab	Anforderungs- u. Qualifikationsniveau der Arbeiten
Ac	Vielfalt der Sachinhalte im Arbeitsbereich
Ad	Verschiedenartigkeit auszuübender Tätigkeiten im Bereich
Ae	Freiheitsgrad des Arbeitens
Af	Kooperationsgrad zur Arbeitsbewältigung

Dimensionen des Mitarbeiterverhaltens

Ma	Aggressionsschwäche
Mb	Eignungs- bzw. Bewährungsgrad der Mitarbeiter
Mc	Kompliziertheit und Differenziertheit der Mitarbeiter
Md	Sensibilität und Empfindsamkeit der Mitarbeiter
Me	Kälte und Rationalität der Mitarbeiter
Mf	Herkunftsunterschiede

Dimensionen der Arbeitsumwelt

Ua	Kälte und Unpersönlichkeit
Ub	räumliche Isolation infolge Umweltgestaltung
Uc	individuelle Beeinflußbarkeit des Raumklimas
Ud	menschliche Distanzbildung und -unterstützung
Ue	Grad der individuellen Humanisierung
Uf	Freiheitsgrad der Umweltmitgestaltung durch Mitglieder

Dimensionen der Arbeitsplätze und Stellen

Sa Freiheitsgrad der Arbeitszeitregelung
Sb Kompliziertheit der Arbeitsausrüstung
Sc Grad ergonomischer Gestaltung v. Arbeitseinrichtung u.-mittel
Sd Umfang u. Komplexität arbeitsrelevanter Informationen
Se Änderungsrate von Arbeitsverfahren und -inhalten
Sf Freiheit von sonstigen Erschwernissen

Dimensionen der Personalpolitik

Pa Kompliziertheit und Systematik der Entgeltpolitik
Pb Fehlen von Sozialpolitik und Sozialhilfen
Pc Intensität der Personalentwicklung
Pd Mängel der Personaleinsatzsteuerung
Pe Undurchschaubarkeit der Personalpolitik
Pf Technokratiegrad der Personalpolitik

Dimensionen der Organisation

Oa Kompliziertheit der Gesamtorganisation
Ob Delegationsgrad in der Organisation
Oc Grad der Organisiertheit
Od Labilität der Primärgruppen
Oe Rationalität der Primärgruppenmentalität
Of Gewicht der Statussymbole

Das Ergebnis der Analyse der jeweils 6 Kriterien je Gruppe stellt man am besten in Form eines Schemas dar:

La	Aa	Ma	Ua	Sa	Pa	Oa
Lb	Ab	Mb	Ub	Sb	Pb	Ob
Lc	Ac	Mc	Uc	Sc	Pc	Oc
Ld	Ad	Md	Ud	Sd	Pd	Od
Le	Ae	Me	Ue	Se	Pe	Oe
Lf	Af	Mf	Uf	Sf	Pf	Of

Dazu berechnet man – das zugehörige Auswertungsprogramm DAL -einmal aus den Werten Aa bis Of (ohne die La bis Lf) das arithmetische und einmal das geometrische Mittel. Nach der folgenden Formel ergibt sich daraus ein Maß für die Geschlossenheit und Harmonisierung des Sozialkörpers[42]:

$$G = 100 \cdot \frac{arithmetischesMittel^4}{geometrischesMittel^4} = 100 \cdot \frac{M_a^4}{M_g^4}$$

Sobald dieser Wert niedrig wird, muß man damit rechnen, daß der betreffende Sozialkörper nicht mehr zu führen ist. Aber auch der Streß für den einen oder anderen Mitarbeiter nimmt zu, da sich Spannungen bilden, die den einzelnen in seiner Selbstverwirklichung behindern und damit zu Verspannungen in ihm selbst führen. Dadurch wird das, was man Betriebsklima nennt, negativ beeinflußt. Um derartige Spannungen zu vermindern sollte man danach streben, die Werte der Kriterien Aa bis Of so zu beeinflussen, daß alle den gleichen Wert bekommen. Allerdings muß man sich darüber klar sein, daß möglichst nur Sachfaktoren und formale Größen verändert werden sollten, bei denen man die Folgen einigermaßen abschätzen kann, was bei der Beeinflussung humaner und vor allem sozialer und informeller Phänomene beim heutigen Stande unseres Wissens nicht möglich ist. Zu leicht treibt man dabei den Teufel mit dem Beelzebub aus.

Andererseits muß man sich darüber klar sein, daß die Lenkungsinstanz, also das Verhalten der Führungskraft für die Mitarbeiter wesentlich ist. Und es gibt nicht das ideale Führungsverhalten, sondern nur ein für Mitarbeiter und Bedingungen mehr oder weniger geeignetes. Und daß eine solche Äquivalenz des Führungsverhaltens mit der Sozialstruktur besteht, läßt sich nach der folgenden Gleichung berechnen[43]:

$$F_i = \frac{G}{1{,}2^{|Li - M_a|}}$$

(Teilaspekt der Eignung der Führungskraft für diesen Sozialkörper). Jeweils für die bestimmten Führungsaspekte, die das Arbeitsprogramm automatisch berechnet und auswirft. Die Gesamtführungseignung ergibt sich dann als geometrisches Mittel der Teileignungswerte.

---

[42] Der Exponent 4 dient lediglich dazu, zu differenzierteren Ergebnissen zu kommen, ohne zu viele Dezimalstellen zur Hilfe nehmen zu müssen.

[43] Der Wert 1,2 ist maßstabsbedingt

Auf diese Weise lassen sich dann auch Belastungen erfassen, die aus der Sozial- und Führungsstruktur auf den einzelnen zukommen. Bei einer in die Details gehenden Analyse muß man sich das obige Zahlenschema genauer ansehen. Je näher die einzelnen Zahlwerte beieinander liegen, desto geringer sind die Spannungen, je größer die Unterschiede sind, desto mehr muß der einzelne Mitarbeiter damit rechnen, daß von hier aus Streßfaktoren auf ihn einwirken, die seine Entfaltung behindern, die bei ihm selbst schädigende Verspannungen auslösen. Dabei sollte er sich vor allem überlegen, wo die Werte der Ma bis Mf von seinen eigenen Werten abweichen. Sind diese Abweichungen groß, könnte es sein, daß er nicht in diese Gruppe hineinpaßt.

Statusgerechtigkeit

Verhaltensanforderungsaspekt

Eine Streßquelle mit beträchtlichen Auswirkungen entsteht überall dort, wo Überstellungsverhältnisse geschaffen werden, die nicht anforderungsgerecht sind. Dem Stelleninhaber einer derartigen vorgesetzten Stelle drohen Zerreißproben, da er Schwierigkeiten haben wird, die nötige Autorität für seine Lenkungsaufgaben zu gewinnen. Ebenso wird der Inhaber einer Stelle, die rangmäßig nicht den an ihn gestellten Anforderungen gerecht wird, darunter leiden und innerhalb des Sozialkörpers mannigfache Probleme bekommen. Infolgedessen gehört zur Humanisierung der Arbeit auch die richtige Einordnung und Verknüpfung der Stellen.

Während sich die qualitative Einheit der Anforderungen mit Hilfe des DBBk-Anforderungsergebnisses oder in differenzierterer Form mit dem DBB am besten prüfen läßt, verlangt die Einheit des Komplexitätsgrades ebenso wie die des Schwierigkeitsgrades weitere Überlegungen. Im Vergleich zu anderen Stellen benötigt man, wie wir bei der Behandlung der Stellenverknüpfungen noch sehen werden, einen Stellenwert oder Schwierigkeitsgrad, der sich aber keineswegs sachgerecht mit Hilfe der in der Entgeltgestaltung üblichen Bewertungsverfahren bestimmen läßt. Diese Verfahren nehmen nicht genügend Rücksicht auf den Systemcharakter der Arbeit, sie sind außerdem ideologisch überfrachtet und von Nivellierungstendenzen beherrscht[44].

Zu brauchbaren Ergebnissen verhilft aber beim DBB das DAB, das anschließend an die Anforderungsübersicht den Schwierigkeitsgrad **relA** auswirft, und das als Prozentzahlen zwischen 0 und 1. Zusätzlich werden die Teilwerte aufgeführt, nämlich für den allgemeinen Kenntnis- und Erfahrungsstand, für die grundlegenden Fähigkeiten, für die äußeren und Eindruckswerte sowie für die fachlichen Qualifikationen. Dazu wieder ein Beispiel:

Behavioristische relative Arbeitswerte oder Stellenwerte:

Fähigkeiten	**0,02700000**
Wissen/Erfahrung	**0,11600000**
Sinnesfunktionen	**0,01900000**
Äußeres	**0,03900000**
Fachliches	**4,90000000**
gesamt	**0,10260000**

Zu diesem Zweck werden die einzelnen Anforderungswerte je Kategorie miteinander multipliziert und dann durch das Produkt der Höchstwerte, also 9^{12} dividiert. Das wird durch Multiplikation mit dem Faktor 100 in Prozentwerte umgesetzt. Der Gesamtwert ist dann das geometrische Mittel der Teilwerte. Dabei zeigt sich, daß die Anforderungsniveaueinheitlichkeit in diesem Falle nicht besonders groß ist. Am geringsten ist das Anforderungsniveau im Begabungsbereich. Das folgt allerdings daraus, daß hierzu auch manuelle Fertigungsfunktionen und im betroffenen Arbeitsbereich weniger bedeutsame Funktionen wie räumliches Vorstellvermögen mitbewertet werden. Besonders ragen die Anforderungen in fachlicher Hinsicht heraus, was gerade in dieser Funktion, die das Personalwesen sowie die

---

[44] vgl. Bernhard Waszkewitz: Entgeltpolitik und –gestaltung im 21 Jahrhundert, Stuttgart 2001, S. 20 ff

arbeitswissenschaftlichen und arbeits- und sozialrechtlichen Fachgebiete umfaßt durchaus verständlich ist. Man muß also evtl. eine gewisses Anforderungsniveauungleichgewichtig aufgrund der fachlichen Eigenart in Kauf nehmen.

Von relativen Werten spricht man hierbei, weil jedes berücksichtigte Kriterium seine eigene Dimension hat, die geistige Unterscheidungsgabe eine andere als die Denkgewandtheit, die Körperkraft eine andere als die körperliche Belastbarkeit usw.. Das heißt, man kann die Werte nicht addieren, wie man auch Meter und Kilogramm nicht addieren kann. Es bleibt nur die Möglichkeit, sie zu multiplizieren oder kompliziertere Verknüpfungsformen zu wählen. Dabei entstehen dann aber komplexe Dimensionen, die man nicht einfach mit einem Geldfaktor zu einem Geldbetrag oder anderen Kennwerten multiplizieren kann. Man muß diese komplexen Dimensionen mit Hilfe entsprechender Divisionen herauskürzen, ehe man das Ergebnis als Faktor verwerten kann. Das geschieht am einfachsten durch Bildung relativer Werte, indem man z.B. die Produkte für die Stellenbewertungsergebnisse durch die Maximalwertprodukte dividiert. Dann erhält man als Ergebnis einen dimensionslosen Faktor zwischen 0 und 1, den man durch Multiplikation mit 100 zudem in einen Prozentwert umwandeln kann. Das bedeutet, daß das Bewertungsergebnis ein Zahlwert ohne Dimension oder Benennung ist, mit dem dann problemlos gearbeitet werden kann.

Nicht einbezogen werden dabei Neigungen und Temperamentsfaktoren, die für die Eignung besonders wichtig sind[45], denn hier spielen Strukturgefüge eine besondere Rolle, die rein quantitative Vergleiche nicht zulassen. Darüber hinaus besteht durchaus die Möglichkeit, das behavioristische Analyseverfahren DAB auch für entgeltpolitische Maßnahmen zu verwenden, doch verlangt das Nivellierungsmaßnahmen besonderer Art, um dieses den realen Werten von heute anzupassen.

Ob Gewerkschaften und Betriebsräte allerdings einer solchen entideologisierten Entgeltgestaltung zustimmen, erscheint eher fraglich. Wo-

---

[45] vgl. Bernhard Waszkewitz: Mensch und Gesellschaft a. a. O. S. 549 ff

gegen die relativen Arbeitswerte der Organisation keine Personalentscheidungen darstellen, sondern Hilfsmittel der Aufbauorganisation sind und damit nicht der Mitbestimmung unterliegen können.

Nun ist eine derart differenzierte Analyse oft nicht zu verwirklichen, da einfach die geschulten Mitarbeiter hierfür fehlen. Man muß vielfach "ökonomischere" Bewertungsformen verwenden, um Klarheit über den Stellenwert zu bekommen, wenn man dann auch nicht immer in der Lage ist, die qualitative Anforderungsaffinität zu prüfen, was personalpolitisch zu Problemen führen kann. Auch bei derartigen Bewertungen sollte man sich an dem Systemcharakter des zu bewertenden Sachverhalts orientieren. Dazu stehen dann zwei Verfahren zur Verfügung, ein globales und ein analytisches.

Die globale Arbeitsbewertung

Die Kriterien für die globale Arbeitsbewertung beruhen auf der Tatsache, daß jedes komplexe System vier Aspekte aufweist, einen sigmatischen, einen semantischen, einen syntaktischen und einen pragmatischen[46]. Dabei erhält man 4 Kriterien mit entsprechenden Abstufungen:

- **Si**: Höhe und Art der psychophysischen Beanspruchung, Anforderungen an körperliche Fähigkeiten und Ausdauer sowie an geistige und willensmäßige Talente:

1. keine besonderen psychophysischen Begabungen und Kräfte nötig
2. einige, enge psychophysische Begabungen und Kräfte nötig
3. durchschnittliche psychophysische Begabungen zur Ausbildung und Kräfte zur Ausführung nötig
4. Ausbildung, Wissen, Routinen und Übung allein genügen für diese Aufgaben weder physisch noch psychisch
5. Psychophysische Begabungen, Talente und Kräfte sind entscheidend, die Ergebnisse sind von Wissen, Erfahrung und Übung eher unabhängig

[46] vgl. Klaus (Her.): Wörterbuch der Kybernetik, Frankfurt 1969, Stichwort: System

□ **Se**: Umfang und Tiefe des Wissens und der Erfahrungen, die zur Aufgabenbewältigung erforderlich sind[47] .

1. keinerlei spezielles Wissen und keine besondere Erfahrung nötig
2. Wissen und Erfahrungen auf Ebene eines Realschulabschlusses bzw. Lehrberufsabschlusses oder 2 bis 3 Jahren praktischer Tätigkeit nötig
3. Wissen und Erfahrungen auf der Ebene der FH-Reife, einer höheren Fachschule oder 3 bis 5 Jahren praktischer Tätigkeit nötig
4. Wissen und Erfahrungen auf Abitur-, Fachhochschuldiplomniveau bzw. langjähriger praktischer Tätigkeit nötig
5. Wissen und Erfahrung auf Universitätsabschlußniveau sowie langjähriger und vielfältiger Berufserfahrung nötig.

□ **Sy:** Verknüpfungs-, Verantwortungs- und Dispositionsanforderungen

1. nur für eigene Arbeit verantwortlich
2. über 1 hinaus für Material und Gerät verantwortlich
3. Disposition von Arbeit und Material für andere
4. Verfügung über den Einsatz von Sachmitteln und Personal
5. umfassende Sach- und Personaldispositionen bei großem Risiko

□ **Pr:** Ausführungsanforderungen, Art und Selbständigkeit des Handelns

1. nur einfache Handgriffe und mechanische Ausführungsweisen
2. selbständig im Rahmen routinemäßiger Arbeiten und Arbeitsabläufe
3. Anwendung des eigenen Könnens auf unterschiedliche Sachverhalte
4. eigenständige Lösung komplexer Aufgaben und Vorgänge
5. Eigenentwicklungen, Erfindungen, kreative Aufgaben

Im Hinblick auf die begrenzte Differenziertheit der menschlichen Wahrnehmung beschränken wir uns auf eine 5er-Skala, die sich bei viel Erfahrung der Bewerter dadurch verfeinern läßt, daß Halbwerte als Zwischenstufen erlaubt werden. Man erkennt daraus, daß eine solche globale Bewertung relativ grob bleiben muß, daß sie aber strikt auf die Arbeit und die Vorgänge im Arbeitssystem bezogen bleibt. Dennoch haben wir es hier mit 4

[47] soweit mehrere Fachgebiete gefragt sind, ist die nächsthöhere Stufe oder eine zusätzliche Halbstufe anzusetzen

Bewertungen zu unterschiedlichen Dimensionen des Systems zu tun. Die Dimensionen wurden mit Si, Se, Sy, Pr gekennzeichnet. Multiplizieren wir nun die 4 Werte miteinander, da eine Addition nicht erlaubt ist, so erhalten wir ein Produkt mit der Dimension [Si*Se*Sy*Pr]. Dividieren wir dieses Ergebnis aber durch das Produkt der Maximalwerte der 4 Größen, so bleibt ein relativer Wert übrig, der keine Dimension mehr aufweist. Es bleibt uns das Wertezahlenprodukt/625.

Sinnvoll ist natürlich, solche Bewertungen jeweils durch ein Gremium vornehmen zu lassen. Dabei sollte man wenigstens in einem ersten Schritt jeden Bewerter für sich arbeiten lassen. Erst später sind die Einzelurteile zusammenzufassen, wobei durchaus verschiedene Möglichkeiten bestehen[48]. Um dabei etwa anfallende Rechenaufgaben zu vereinfachen und abzusichern, ist es sinnvoll, die Bewertungsergebnisse in ein Tabellenkalkulationsprogramm am Bildschirm einzutragen, das die Ergebnisse auswirft. Um dieses zu verwirklichen, verwenden wir ein Protokoll zur manuellen Bearbeitung (ER) und ein Auswertungsprogramm EA auf der Basis eines Tabellenkalkulationsprogramms. Dieses verwertet für 9 Arbeitsplätze jeweils bis zu 7 Einzelbewertungen unter Verwendung der Bildung arithmetischer Mittelwerte. Man erhält dabei zwei Werte:

□ Relativer systemanalytischer Arbeits- oder Stellenwert

$A = (Si \cdot Se \cdot Sy \cdot Pr)/625$ und

□ Prozentualer angepaßter Arbeitswert für Entgeltgestaltungsaufgaben:

$AW\% = 100 * (A)^{0,75}$,

Außerdem liefert die MW-Spalte jeweils 4 Werte, die im Interesse der Anforderungsniveaueinheitlichkeit möglichst nahe beieinander liegen sollten.

Betrachtet man sich die relativen Arbeitswerte , wie sie sich in der Praxis ergeben, so wird man im Zuge der Entgeltgestaltung in Anbetracht der inzwischen erfolgten Entgeltnivellierung in unserem Lande allerdings in Bedrängnis kommen. Man wird Schwierigkeiten haben, mit Hilfe dieses re-

---

48 z.B. verschiedene Mittelwertbildungen, gemeinsame Erörterungen und Einigungen usw.

lativen Arbeitswertes Grundentgelte zu erhalten, die wenigstens in etwa der heutigen Entgeltwirklichkeit entsprechen. Dazu muß man dann von dem relativen Arbeitswert der Organisationsarbeit zu einem an bestehenden Tarifen und Lebensstandards orientierten prozentualen Arbeitswert übergehen, wie es die oben aufgeführten Algorithmen beschreiben, wobei eine Beschränkung auf 1 Dezimalstelle ratsam ist. Man sollte sich aber ansonsten am relativen Arbeitswert orientieren, damit die entgeltpolitisch entstandenen Verzerrungen nicht auch noch in die Organisation des Unternehmens hineingetragen werden.

Analytische Arbeitsbewertung

Eine Differenzierung und Verbesserung der Ergebnisse der globalen Bewertung läßt sich mit Hilfe einer analytischen Betrachtungsweise erreichen. Diese geht von einer etwas anderen Perspektivenwahl aus und orientiert sich primär am Ausführenden, wie folgt:

□ **Sig**: notwendige körperliche Beschaffenheit:

a- Statur, Robustheit, Haltungsbelastungsfähigkeit

b- Dynamik, Muskelkraft, Kraft- und Muskelarbeit

c- Gesundheitsstatus, Gesundheitsbelastungen und -risiken

d- Mobilität, physische Beweglichkeit, Ortsveränderungsumfang u. -häufigkeit

□ **Sem**: Erfahrungswerte

e- nötiges Wissensniveau

f- nötige Wissensvielfalt

g- erforderliche Berufserfahrungsdauer

h- erforderliche Vielfalt der Tätigkeitserfahrungen

□ **Syn:** Begabungswerte

i- Sinnesanforderungen

j- Begabungsanforderungen (V,I,F,W[49])

k- Führungsfunktionen

---

[49] vgl. Waszkewitz: Mensch und Gesellschaft a. a. O. S. 157 ff

l- Verantwortungsumfang

- **Pra:** Handlungswerte

  m- nötige Selbständigkeit und Kreativität

  n- Verhandlungs- und Kontaktaufgaben

  o- Umfang und Niveau von Teamarbeit

  p- Planungs- und Arbeitsvorbereitungsumfang

Jedes dieser Kriterien wird nach einer 5stufigen Skala bewertet. Auch hierzu gehören ein Bewertungsprotokoll (ES) und ein Auswertungsprogramm (Datei EA). Man erhält damit eine Mehrzahl von Werten, die zwei verschiedene Betrachtungsweisen erlauben. Einerseits kann man davon ausgehen, daß alle 16 Größen ihre eigene Dimension haben. Dann muß man alle diese Werte miteinander multiplizieren und durch das Produkt der Maximalwerte dividieren, um eine dimensionsfreie relative Größe zu erhalten. Diese ergibt sich dann als

Relativer analytischer Arbeitswert:

$$A=(Sig_a \cdot Sig_b \cdot Sig_c \cdot Sig_d \cdot Sem_e \cdot Sem_f \cdot Sem_g \cdot Sem_h \cdot Syn_i \cdot Syn_j \cdot Syn_k \cdot Syn_l \cdot Pra_m \cdot Pra_n \cdot Pra_o \cdot Pra_p)/152587890625$$ [50]

Um daraus einen Faktor für die Grundentgeltgestaltung zu gewinnen und zugleich im Rahmen der Tarifrealität zu bleiben, empfiehlt sich ein Prozentualwert nach folgendem Muster:

$$AW\% = 100 * \sqrt[7]{A}$$,[51]

wobei man sich dann auf 2 Dezimalstellen beschränken sollte.

Man kann sich allerdings auch auf den Standpunkt stellen, daß nur die Sigmatik, Semantik, Syntaktik und Pragmatik eigene Dimensionen aufweisen, die a bis p jeweils nur Teilwerte dieser Dimensionen darstellen. Dann müßte man jeweils die Mittelwerte der zugehörigen 4 Teilwerte bis auf eine Stelle hinter dem Komma bilden und könnte A und AW% wie bei einer globalen Bewertungsweise berechnen. Die entsprechenden Teilarbeitswerte dazu bildet das Auswertungsprogramm schon wegen der Beurteilung des

[50] Die Zahl im Nenner ist 5^{16}

[51] das setzt voraus, daß das Grundentgelt proportional nach GE=AW*Geldfaktor bestimmt wird.

einheitlichen Anforderungsniveaus, wobei es in geistigen Berufen nicht so sehr auf die Sig-Werte ankommt.

Unabhängig von der jeweiligen Verwendung liefern die Ausgangswerte dieser analytischen Betrachtungsweise aber bessere Hinweise zum Anforderungsaffinitätsniveau und zur Rangsituation der Stellen als die globale Form, geringere aber als die behavioristische Anforderungsanalyse.

Stellenverknüpfung

Nach gelungener Aufgabensynthese und Stellenbildung muß der Aufbauorganisator diese Stellen miteinander verknüpfen, er muß Gruppen, Abteilungen usw. bilden. Abgesehen davon, daß es unterschiedliche Verknüpfungsgrundformen gibt, auf deren Besonderheiten kurz einzugehen ist.

Die reine Linienform ist die einfachste Verknüpfungsweise der Stellen miteinander, sicher aber für größere Unternehmen eine zu einfache Form. Sie hat den Vorteil der Transparenz, gerät aber auch in Gefahr, daß eine Abschottung der Teilbereiche mit Abteilungsegoismen usw. die Effektivität beeinträchtigt, von den dadurch entstehenden sozialen Konflikten ganz abgesehen. Dadurch, daß jede Stelle aber nur einen Vorgesetzten hat, gerät kein Mitarbeiter wie beim Mehrliniensystem in Gefahr "mehreren Herren dienen" zu müssen, was sicher auf die Dauer nicht gut gehen kann.

Bei immer komplizierter werdenden Fragestellungen in der Aufgabenbewältigung, wird immer mehr Rat und Hilfe von Spezialisten benötigt, wenn Entscheidungen und Weisungen sich nicht im leeren Raum bewegen sollen. Andererseits sollen die Spezialisten, deren Sicht nicht immer sehr weit über ihr Fach hinausragt, nicht selbst entscheiden, zumal ihnen dadurch die Möglichkeit genommen wird, ihr Spezialwissen ständig zu ergänzen. Und so gelangt man dann zur Stab-Linien-Verknüpfungsweise, wie sie sich in einer Vielzahl mittlerer und großer Unternehmen findet und bewährt hat.

Besondere Bedeutung haben in den letzten 50 Jahren die Sparten- und die Matrixorganisation gewonnen, die allerdings beide nicht ganz unproblematisch sind, weil ihnen Doppelunterstellungen eigen sind. Die Spartenorganisation mit den der Unternehmensleitung zugeordneten Zentralbereichen in Stabsfunktion und den in sich geschlossenen Sparten (Produktgruppen), die in sich alle wesentlichen Funktionen aufweisen bleibt auf Großunternehmen mit mehreren Produktgruppen und Werken beschränkt.

Die Matrixorganisation entwickelt diesen Ansatz weiter, wobei die Zentralbereiche eigene Linienfunktionen sind, die in die Sparten hineinwirken, so daß in vielen Fragen Kollegialentscheidungen und Einigungskonferenzen unvermeidlich sind.

Das eigentliche Problem der Verknüpfungsbildung liegt für die Aufbauorganisation allerdings im sozialen Bereich[52], selbst wenn die gebildeten Stellen zunächst noch gar nicht mit Mitarbeitern besetzt sind. Durch diese Verknüpfung entstehen unterschiedliche Ebenen, entstehen Über- und Unterstellungen, in die dann die Mitarbeiter eingefügt werden. Da Menschen keine Engel sind, Fehler machen und ihre Eigenarten - nicht immer im Sinne der Arbeit - entwickeln, brauchen Sie Lenkung, Aufsicht und Kontrolle, aber natürlich auch Hilfe von erfahreneren und qualifizierteren Mitarbeitern. Das heißt, die immer wieder beschworene Abschaffung der Hierarchien widerspricht den Notwendigkeiten der Unternehmungslenkung. Sie widerspricht auch den sozialen Verhaltensweisen der Spezies Mensch, wie ein Blick auf deren Eigenart in Gruppenbildung und -verhalten zeigt. Und je vielstufiger derartige Hierarchien sind, desto leichter wird es für die Menschen, höhere Stufen zu erklimmen, also auch zu sozialen Erfolgserlebnissen zu kommen.

Wesentlich dazu ist die Tatsache, daß ein großer Teil des Ansehens und der „Autorität" eines Menschen in seinen sozialen Bezügen von den Aufgaben ausgeht, die er bewältigt, also von den Rollen oder Stellen, die er ausfüllt. Das gilt insbesondere im Betrieb, im Beruf und im Sozialkörper Betrieb. Natürlich setzt das voraus, daß er die ihm übertragene Rolle auch ausfüllt, also für sie aufgrund seiner Arbeitsverhaltensperson geeignet ist. Diese

[52] vgl. Ziff. 3.5.

Tatsache ist für die Aufbau- und Strukturorganisation eines Unternehmens von entscheidender Bedeutung.

Dementsprechend muß es für die Bestimmung der Stellenverknüpfungen darauf ankommen, vom Schwierigkeitsgrad bzw. relativen Arbeitswert auszugehen. Er muß die Grundlage für die Hierarchieebene sein, in der die jeweilige Stelle angesiedelt wird. Stellen gleicher Hierarchieebene sind folglich jene, deren relativer Arbeitswert ungefähr gleich ist. Der Arbeitswert der jeweils höheren Ebene muß dann darüber liegen, der der jeweils darunter liegenden Ebene niedriger sein. Berücksichtigt man diese Tatsache nicht, wächst die Gefahr von Konflikten in der Zusammenarbeit wie in Führungssituationen.

Für die Stelleninhaber werden diese Verknüpfungen kritisch, wenn die Wertigkeit ihrer Rolle geringer ist als die Gleichgestellter oder gar Unterstellter. Darunter leidet ihr soziales Ansehen, darunter leidet ihre Bedeutung und auch die Möglichkeit, sich gegenüber den Unterstellten persönlich durchzusetzen, ohne sich unnötig auf die jeweilige Organisationshierarchie berufen zu müssen, also autoritär[53] zu regieren. Die Inhaber solcher Stellen selbst leiden zusätzlich, entwickeln u.U. Minderwertigkeits- und Unzulänglichkeitsgefühle, die ihrem Einsatz, ihrer Gesundheit und Leistung abträglich sind.

Bei der Erstellung der Verknüpfungen ist es also erforderlich, von den relativen Arbeitswerten als Maß für den Schwierigkeitsgrad auszugehen. Es erscheint zudem sinnvoll, die relativen Arbeitswerte etwa in die Stellenbeschreibungen, evtl. auch in die Organisationspläne aufzunehmen. Wichtig ist dazu, dieses durch eine Kenntnisgabe der relativen Arbeitswerte im Unternehmen, die man als Stellenwert oder anders bezeichnen kann, zu unterstreichen[54]. Man verhindert damit, daß sich informelle Bewertungen herausbilden, die zusätzliche Spannungen im sozialen Gefüge auslösen.

---

[53] D.h., mit "angemaßter" Autorität

[54] da diese Werte als Dezimalwerte oft recht klein sind, kann man sie für diese Zwecke mit entsprechenden Zehnerpotenzen multiplizieren.

Das heißt, daß es für die Stellen- und Verknüpfungsorganisation wichtig ist, die Arbeitswerte zu kennen und zu berücksichtigen. Es ist zudem wesentlich, daß dabei rein niveaumäßig eine Anforderungseinheitlichkeit an der Stelle besteht. Das betrifft u.a. Aufgaben und Funktionen, die der Stelle zugeordnet sind. Es ist wenig sinnvoll und effektiv, wenn umfassende komplexe Kenntnisse dort verlangt werden, wo nur einfache Handgriffe und Routinen zu bewältigen sind. Ebensowenig ist es zweckmäßig umfassende Dispositionsleistungen auf der einen Seite, aber keinerlei oder nur unwesentliche Fachkenntnisse zu fordern. Das führt zu einer einseitigen Fehlbelastung und zur Nichtauslastung in anderer Hinsicht, damit dann zur Entstehung von Unzufriedenheit, Fehlern usw.. Es ist also anzustreben, daß die Anforderungen an Können und Begabungen, Verantwortung usw. in einer Stelle annähernd gleichwertig sind. Allerdings darf man auch nicht verkennen, daß es Funktionen im Unternehmen gibt, wo z.B. Wissen und Erfahrung besonders wichtig sind, wo evtl. nur einseitige Begabungen erforderlich sind usw.. Das alles setzt sorgfältige Überprüfung der Ergebnisse voraus. Sowohl die globale als auch die systemanalytische Arbeitsbewertung liefern dazu Hinweise, wenn man die Grundwerte der sigmatischen, semantischen, syntaktischen und pragmatischen Aspekte miteinander vergleicht, die annähernd gleich sein sollten. Das gilt auch für die behavioristische Anforderungsanalyse. Bei ihr kann man allerdings dann eine genauere Prüfung vornehmen, warum Abweichungen auftauchen, und ob man diese akzeptieren sollte.

„Strahlungsfreiheit"

Gruppen- und Teamarbeit

Zudem gibt es eine Reihe von Ergebnissen der Sozialpsychologie, die oft nicht berücksichtigt werden, aber zu gravierenden Belastungen für den einzelnen Mitarbeiter werden können. Es geht hierbei um Ausstrahlungen sozialer Resultantenbildungen, die man abschirmen oder verhindern sollte.

Dabei unterscheidet man zwischen Primärgruppen, die sich frei aus dem Zusammenschluß von Personen bilden, und Sekundär- oder Formalgruppen, die unter bestimmten Zielsetzungen auf Anordnung gebildet werden. Während bei den Primärgruppen die Persönlichkeiten der Gruppenmitglieder entscheidend sind, stehen bei der Sekundärgruppenbildung vorgegebene Rollen und Rollenbeziehungen im Mittelpunkt.

Und in diesem Zusammenhang stellt sich zunächst das Problem der Gruppenarbeit und der Teamarbeit, die keineswegs identisch sind. Während im Falle der Gruppenarbeit mehrere weitgehend gleich qualifizierte Personen am gleichen Gegenstand arbeiten, wirken bei der Teamarbeit Fachkräfte unterschiedlicher Fachrichtungen und Qualifikationen so an einem Projekt zusammen, daß jeder das löst, was in seine Fachrichtung fällt. Und insbesondere bei der Gruppenarbeit muß man sich darüber klar sein, daß es hierbei zum **sozialen Bummeln** kommt, das mit der Gruppengröße zunimmt, und zwar bei Männern mehr als bei Frauen[55]. Im Gegensatz dazu erhöht sich die Effektivität der Entscheidungsbildung in einer Gruppe Gleichqualifizierter, wobei eine Gruppengröße von 3 bis 5 optimal ist[56]. Diese Effektivität nimmt in größeren Gruppen dann schnell wieder ab, ein generelles Problem der Demokratie und der Volksentscheide im besonderen.

Innerhalb von Primärgruppen bildet sich im allgemeinen recht schnell eine Hackordnung heraus, durch die das einzelne Gruppenmitglied beeinflußt wird. Solche Hackordnungen führen häufig zu einer Art Zwangsverhalten und bringen für manches Gruppenmitglied eine erhebliche Unfreiheit mit, über die sich aber keiner beschweren wird, um nicht aus der Gruppe ausgestoßen zu werden. Man wird also nur mit gezielter Beobachtung derartige Beeinträchtigungen feststellen können. Im Rahmen derartiger Gruppenstrukturen kann es auch zur Leistungszurückhaltung kommen.

---

[55] vgl. Zimbardo: Psychologie, 6. Aufl. S. 725; Krech und Crutchfield: Grundlagen der Psychologie Bd.7, S. 91;

[56] vgl. Krech und Crutschfield: a.a.O. S. 91f

Gruppen und Organisationen

Bedenken muß man, daß sich in jeder sich organisatorisch bestimmten oder sich frei bildenden Gruppe - und diese entsteht unweigerlich, wenn Menschen zusammenarbeiten und zusammenleben -, Normen und Normensysteme bilden, die keineswegs mit den üblichen Normen des Alltags identisch sein müssen. Und diese Gruppennormen üben großen Einfluß auf das Verhalten, also auch das Arbeitsverhalten der Gruppenmitglieder aus. Und dieses Verhalten wird umso eher gruppenkonform, je schwieriger und mehrdeutiger die Beurteilungsaufgabe, je enger der Gruppenzusammenhalt ist und je mehr sich die Person zur Gruppe hingezogen fühlt, je kompetenter die anderen Gruppenmitglieder der Person erscheinen und je mehr die Reaktionen der Person in der Gruppe bekannt gemacht werden[57]. Und so kann eine Arbeitsgruppe mit ihren Normen zu einem Gefährdungspotential für die gesamte Betriebseffektivität werden. Und dabei kann man nicht von einem Rädelsführer sprechen, denn wen die Gruppe auch als Führer wählt bzw. bestellt, er hat wenig Einfluß auf diese Normen. Sicher, es kommt auch vor, daß ein Rädelsführer Mitarbeiter um sich schart und zu einer Gruppe mit von ihm intendierten Normen formt. Auch nach Entfernen dieses Rädelsführer gelingt es oft nicht, die Gruppe aufzulösen bzw. zu einer Normenänderung zu veranlassen. Solche Gruppenbildung im Keim zu erkennen und aufzulösen, etwa durch Verteilung der Mitglieder auf andere Gruppen - unbedingt mit aufgabenbestimmter Begründung - ist eine wichtige Aufgabe im Rahmen des psychischen Arbeitsschutzes und der Betriebsführung..

Ein besonders Augenmerk muß man auf die sog. **informelle Organisation** richten. Darunter versteht man die Primärgruppe der Primärgruppen, also eine übergeordnete Form bei der die Primärgruppen die Mitglieder sind. Diese informelle Organisation kann sich natürlich vollständig mit der formalen Organisation des Betriebes und des Unternehmens decken. Das führt dann allerdings auch zu einer gewissen Sterilität, denn unmittelbare Impulse der Weiterentwicklung bleiben aus. Und werden dann solche Impulse in der formalen Organisation gesetzt, kann es zum passiven Widerstand

[57] vgl. Zimbardo: a.a. O. S. 727f

dieser informellen Organisation kommen, durch den die Weiterentwicklung verhindert wird. Überhaupt wird die informelle Organisation sich stets als Hemmschuh für Änderungen erweisen, die nicht in ihrem Sinne sind, was dem Phänomen der sozialen Bummelei entspricht. Und dazu gehört vor allem auch die Verhinderung von leistungsorientierten Belohnungen und eine Weiterentwicklung und Steigerung der Anforderungen. Solche informellen Organisationsbildungen treten oft unter dem Einfluß der Gewerkschaften und ihrer Ideologie der Nivellierung hervor.

Fallen formale Organisation und informelle Organisation stark auseinander, wird dieses zur streßhaften Belastung der Mitarbeiter und Führungskräfte führen. Einmal verlangt ihr Arbeitsvertrag, dem SOLL der Firma zu genügen, andererseits verlangt die Gruppe und damit die informelle Organisation Konformität in anderer Richtung, wenn der betreffende Mensch nicht ausgeschlossen werden will oder Sanktionen vermeiden will. In einer solchen Situation wird es sehr schwer, psychischen Arbeitsschutz herzustellen. Gewisse Möglichkeiten bestehen lediglich in einer Stärkung der formalen Organisation, wozu unbedingte Transparenz und möglichst einfache Formen gehören.

In diesem Zusammenhang muß vor der **Deindividuation**[58] gewarnt werden. Dazu sagt Zimbardo: *„Bedingungen, die für Anonymität sorgen, verleiten Menschen dazu, aggressiv zu handeln oder sich auf andere Weise unsozial zu verhalten, wenn sie die Gelegenheit dazu erhalten.“*[59] Und in intensiven affektiven Gruppen entstehen Deindividuationen, die in Verbindung mit den Gruppennormen dann auch dazu führen, daß Aggressionen gegen andere Gruppen angeregt werden. Ähnliche Erscheinungen findet man hier und dort, wo die Mitarbeiter - aus welchen Gründen auch immer - zur Nummer werden oder das Gefühl haben, dazu gemacht zu werden. Damit werden dann asoziale Verhaltensweisen akzeptabel. Treten derartige Konstellationen auf, evtl. zwischen Unternehmensleitung und Belegschaft bzw. Gewerkschaft entstehen nicht nur für das Unternehmen große Gefahren, sondern zugleich Belastun-

---

[58] vgl. Zimbardo: a.a.O. S.715ff

[59] Zimbardo: a.a.O. S. 718

gen für die beteiligten Mitarbeiter, die ihre psychische Gesundheit in Mitleidenschaft ziehen müssen.

Nicht ungefährlich ist auch eine andere Methode, die der **Dehumanisierung**, bei der der andere entmenschlicht wird, der andere zu einem Bösewicht und Untermenschen gestempelt wird. Damit wird für die eigene Formal- oder Primärgruppe das Handeln gegen ihn moralisch unerheblich, ein Verfahren, das man sowohl in der Politik, aber auch hier und dort in der Wirtschaft findet, das natürlich psychisch abträglich ist, sich zudem u.U. eines Tages gegen seinen Anwender kehren kann. Innerhalb der Gruppen kehrt sich dieses hier und dort gegen ein Gruppenmitglied. Die Folge ist dann das, was man als Mobbing bezeichnet.

Einstellungen und Überzeugungen

Dabei muß wissen, daß nur wenige Menschen sich bis zu einem gewissen Grade von diesen Meinungen und Einstellungen bewußt freihalten bzw. befreien können, wenn die Situation es verlangt. Das sind dann die Rationalen, die Skeptiker und Depressiven. Zimbardo sagt dazu: „ Im Unterschied zu den meisten von uns, die dazu neigen, den günstigen Eindruck, den wir auf andere machen, zu überschätzen, neigen die Depressiven zu einer genaueren Wahrnehmung. Ihre soziale Wahrnehmung wird nicht durch die rosaroten Brillengläser der Verzerrung im Dienste des Selbst gefärbt.“[60] Dieses muß sich jeder Mitarbeiter vor Augen halten, wenn es darum geht, die eigenen Möglichkeiten und Grenzen zu beurteilen, um die Frage beantworten zu können, ob ihm „Gerechtigkeit“ widerfährt, ob er am richtigen Platz steht.

Eine bedeutende Rolle spielen in diesem Zusammenhang auch die Einflüsse außerbetrieblicher Sozialkörper, mit denen die Mitarbeiter in Berührung kommen oder früher gekommen sind. Sie prägen nämlich Einstellungen und Überzeugungen. Und diese wiederum beeinflussen, was und wie sie die Erscheinungen wahrnehmen. Sind nun die Einstellungen und Überzeugungen der Menschen in einem Unternehmen sehr ähnlich, so hat das den Vorteil, daß die belastenden Konfliktmöglichkeiten verringert werden, also

[60] Zimbardo: a.a.O. S. 708

eine Art Strahlungsfreiheit entsteht. Allerdings erkauft man das dann auch mit einer besonderen Art der Betriebsblindheit, die für die weitere Entwicklung des Unternehmens äußerst hinderlich werden kann.

Für die Personalpolitik eines Unternehmens kommt es daher darauf an, bei der Personalauswahl auch die Meinungen und Einstellungen der Bewerber zu bedenken. Zwar dringen sie dabei in die Intimsphäre der Bewerber ein[61], aber nur so können sie unnötige Belastungen für ihre Mitarbeiter durch zu heftige Meinungsunterschiede vermeiden. Denn an Kleinigkeiten, wie dem Lieblingssportverein, der Parteizugehörigkeit usw. können sich nicht nur endlose Debatten, sondern ausgesprochene Feindschaften und Gehässigkeiten entzünden, die das Klima derart vergiften, daß für den einen oder anderen krankmachende Belastungen entstehen, von dem schädlichen Einfluß auf die Betriebsleistung ganz abgesehen. Hier kann u. U. schon eine Befragung zum Betriebsklima (Analyseprogramm EQ) wichtige Hinweise geben.

Auch die Fluktuation als Fehlanpassung stellt eine Quelle der Erkenntnis wirksamer Konflikte dar. Soweit dabei ein Ausscheiden von Mitarbeitern aus betriebsbedingten Gründen erfolgt, ergeben sich daraus Fehler der Personalplanung, der Unternehmensführung oder der Wirtschaftslage, die erfaßt und auf ihre Ursachen analysiert werden müssen. Soweit es sich um ungewollte Fluktuation handelt, also die Kündigung durch den Arbeitnehmer erfolgt bzw. durch den Betrieb, weil Leistungs- und Verhaltensmängel dazu zwingen, liegt eine Fehlanpassung der Mitarbeiter bzw. des Betriebes an die Mitarbeiter vor. Da Fluktuation eine sehr kostspielige Angelegenheit ist, bei der je nach Qualifikation der Mitarbeiter 10 000,- bis 200000,- Euro je Wechsel auf dem Spiele stehen[62], ist eine genaue und sorgfältige Analyse und Erfassung der Fluktuationsursachen immens wichtig. Es gibt eine Vielzahl derartiger Ursachen. Um daher systematisch Ursachenforschung als Grundlage ihrer Überwindung zu betreiben, benötigt man auch hier eine entsprechende Systematik

[61] das kann man nicht systematisieren, das muß informell und institutionsfrei sein.

[62] Personal-Enzyklopädie Bd. 2; Stichwort *Fluktuationskosten*

A. Wirtschaftliche und betriebliche Ursachen

a. allgemeinwirtschaftliche Strukturänderungen
b. wirtschaftliche Schwierigkeiten des Unternehmens
c. Unsicherheit des Arbeitsplatzes infolge innerbetrieblicher Änderungen
d. Arbeitsumweltfaktoren
e. Arbeitsbedingungen(Arbeitsorganisation und -ausrüstung)
f. Arbeitsschutz- und Arbeitssicherheitsmängel
g. Entgeltpolitik und –gestaltung
h. Unternehmensstil (Führungsorganisation, Personalpolitik etc.)

B. Betriebssoziale Ursachen

a. Vorgesetztenverhalten
b. Kollegenverhalten
c. Führungsprobleme (mit Unterstellten)
d. Probleme mit dem Betriebsrat
e. Mängel der Personalbetreuung
f. Mängel der Personalentwicklung und -entwicklungsaktivitäten
g. Betriebs- und Arbeitsordnung
h. Ruf und Image des Unternehmens

C. persönliche Ursachen

a. Aufstiegs- und Entwicklungsbeschränkungen
b. Nichtauskommen mit dem Einkommen
c. Überforderung
d. Unterforderung
e. berufliche Umorientierung
f. klimatische Unverträglichkeiten
g. Gesundheitszustand
h. Tod/Pensionierung

D. Private Ursachen

a. Menschenschlag in dem Lebens- und Wohngebiet

b. Sprachprobleme (Dialekt usw.)
c. familiäre Probleme
d. Verkehr und Umwelt
e. Wohnungsprobleme
f. Schulprobleme
g. kulturelle Strukturen und Versorgung
h. politische Umstände

E. gewollte Ursachen

a. Arbeitsmangel, allgemeiner
b. Arbeitsmangel im Teilbereich
c. Arbeitsmangel infolge Qualifikationsanforderungsänderung
d. Leistungsmängel infolge Unfähigkeit
e. Leistungsmängel infolge schlechter Arbeitsweisen
f. Leistungsmängel als Krankheits- bzw. Unfallfolge
g. Verhaltensmängel, die nach unten oder auf gleicher Ebene stören
h. Verhaltensmängel, die nach oben stören.

Während die gewollten Ursachen schon in den Kündigungsgründen enthalten sein sollten, müssen die Ursachen, die zu einer Kündigung durch den Mitarbeiter führen, erst einmal ermittelt werden. Allerdings kann man den Ausscheidenden nicht einfach nach den Gründen seines Weggehens fragen, da er in vielen Fällen die eigentlichen Ursachen entweder nicht nennen möchte oder aber - und das ist viel öfter der Fall - gar nicht kennt. Ein systematisches Abschlußinterview - möglichst nach Aushändigung des Zeugnisses - ist daher erforderlich. Damit dieses auch die wirklichen Ursachen an den Tag bringt, braucht der Interviewer viel Erfahrung und möglichst eine systemgerechte Checkliste mit geeignetem Auswertungsprogramm[63], damit nichts ausgelassen wird. Evtl. kann man eine solche Checkliste auch zum Fragebogen ausarbeiten, der sich dann allgemein zur Störquellenanalyse eignet. Damit lassen sich potentielle Fluktuationsneigungen frühzeitig erkennen, so daß ihnen gegengesteuert werden kann.

---

[63] vgl. Analyseprogramm EP

Die Ergebnisse der Fluktuationsanalyse sind dann nach Ursachen und Arbeits- bzw. Führungsbereichen aufzulisten, um nicht nur deren Art, sondern auch die Entstehungsorte abgrenzen zu können.

Arbeitsqualität und Humanisierung der Arbeit

Im Zuge der Ergebniserstellung und des Absatzes der erbrachten Ergebnisse fällt eine Reihe von Tätigkeiten im Betriebe an, die von den beteiligten Menschen ausgeführt werden müssen. Dabei vollziehen sich die Tätigkeiten nicht absolut und nicht für sich, aber auch nicht nur an dem jeweiligen Gegenstand, sondern in einem vielfaktoriellen Rahmen. Dieser Rahmen wird zunächst von den Merkmalen der Sekundärgruppe Betrieb gebildet, die ihrerseits unter den Rahmenbedingungen der beteiligten Gesellschaften bzw. Subgesellschaften wirkt. Aber nicht nur die menschlichen und sozialen Beziehungen und Strukturen wirken auf den Tätigkeitsvollzug ein. In gleicher Weise sind rein sachliche und dingliche Faktoren wirksam. Das betrifft zunächst den Gegenstand der Tätigkeit und damit das einzelne Arbeitsergebnis. Das gilt ebenfalls für die Mittel und Hilfsmittel bei der Ergebniserstellung. Beide sind zur Arbeit zu rechnen. Beide stehen zugleich in enger Beziehung zu den sachlichen Gegebenheiten anderer Tätigkeiten, die zum gewünschten Ergebnis beitragen. Diese anderen Tätigkeiten und die sie ausführenden Personen bilden für die betreffende Arbeit eine Art Hintergrund, eine arbeitsspezifische Umwelt.

Das Kontextsystem der Arbeit beschränkt sich nicht darauf, sondern reicht weiter, vor allem in chemisch-physikalischer Hinsicht. Das beginnt mit den Abgrenzungen der Arbeitsplätze und setzt sich in den Arbeitsraum und dort herrschende Bedingungen fort. Zugleich stellt der ausführende Mensch für die Arbeit eine Kontextgröße dar. Will man nun quantitativ und qualitativ möglichst gute Ergebnisse erzielen, muß man die Arbeit und ihren Kontext optimal aufeinander abzustimmen suchen. Das bedeutet einerseits, daß der Mensch optimal für diese Tätigkeit gerüstet sein muß, heißt andererseits, daß die Tätigkeit und ihr Kontext bestmöglich auf den Menschen abgestimmt werden müssen. Welche Probleme sich dabei hinsichtlich des sozialen Kontextes ergeben, wurde im vorigen Abschnitt dargelegt. Hier wollen wir uns mit dem sachlichen Kontext und der Tätigkeit beschäftigen. Auch dabei müssen wir berücksichtigen, daß Ähnlichkeiten aufgrund der Spezies Mensch und ihrer Eigenarten vorhanden sind, aber auch individuelle Unterschiede bestehen. Das heißt, daß generelle Überlegungen zum Kontext und zur Kontextgestaltung nur die Richtung angeben können, daß sie aber keine Rezepte für die Personalarbeit und -führung liefern. Jede Situation, jeder Fall muß gesondert geprüft und gelöst werden. So muß dann in jedem Einzelfalle geprüft werden, ob eine möglichst hohe Arbeitsqualität vorhanden ist. Dazu verwendet man Prüflisten, und zwar möglichst solche, die auf der Basis von Tabellenkalkulationsprogrammen die Ergebnisse automatisch errechnen (so die Arbeitsprogramme EB, EC, ED, EE, EF, EG, EH, EI, EJ, EK, EL, EM, EO, . Für diese gilt:

Im Zusammenhang mit Fragen des Arbeitsschutzes und der Humanisierung der Arbeitswelt, aber auch zum Zwecke der Effektivitätssteigerung und der Minderung leistungshemmender Belastungen ist eine systematische Analyse der Arbeit und Arbeitsumgebung wichtig. Verfahren dazu findet der Leser in den Analysedateien. Die Ergebnisse werden dann jeweils in das Auswertungsprogramm EA eingetragen, das sie automatisch auswertet, wobei den Ergebniswerten folgende Bedeutung zukommt.

0.00 bis 0,30	von einer Arbeitsqualität und -gestaltung kann auf dem betreffenden Gebiete keine Rede sein
0.31 bis 0.50	Arbeitsqualität und Arbeitsgestaltung erscheinen auf dem Gebiete mangelhaft
0.51 bis 0.60	Arbeitsqualität und -gestaltung erscheinen auf dem Gebiete mehr zufällig, aber auch unvollständig
0.61 bis 0.70	Arbeitsqualität und -gestaltung zeigen Ansätze einer sinnvollen Lösung auf diesem Gebiete
0.71 bis 0.80	Arbeitsqualität und -gestaltung zeigen auf diesem Gebiete positive Ansätze, die weiter auszubauen sind
0.81 bis 0.90	Arbeitsqualität und -gestaltung entsprechen auf diesem Gebiete schon weitgehend dem vorhandenen Erkenntnisstand

0.91 bis 1.00	Arbeitsqualität und -gestaltung dürften auf diesem Gebiete optimal sein.

(Dabei ist in Zelle P11 oy durfch die Anzahl der bewerteten Größen zu ersetzen, ehe in P12 das richtige Ergebnis erscheint). Bei der Anwendung der Prüflisten sind die folgenden Richtwerte zu beachten.

Richtwerte der Arbeitsumweltgestaltung

Dafür gelten im allgemeinen die folgende Richtwerte:

Raumbedarf (Nach Skiba[64])	
- Mindestgrundfläche pro Arbeitsplatz	8 qm
- mindeste lichte Höhe bei bis zu 50 qm	2,50 m
- mindeste lichte Höhe bei bis zu 100 qm	2,75 m
- mindeste lichte Höhe bei bis zu 2000 qm	3,00 m
- mindeste lichte Höhe bei über 2000 qm	3,75 m
- freie Bewegungsfläche je Arbeitsplatz	1,50 qm
((nach meiner Ansicht nicht unter	2,5 qm))
- Funktionsflächengröße je nach Ausstattung,	
im Büro etwa	10-12 qm
im Großraumbüro je Arbeitsplatz	10-15 qm
Mindestluftraum pro Person	
- bei sitzender Tätigkeit	12 cbm
- bei nicht sitzender Tätigkeit	15 cbm
- bei schwerer körperlicher Arbeit	18 cbm
- allgemein	14-17 qm
Orientierung	
- Verkehrswege im Büro Mindestbreite	1,75 m
(soweit nur Fußwege, Fluchtwege mindestens doppelt	
so breit, in Großraumbüros genau gekennzeichnet)	

- - Stockwerke sind so zu kennzeichnen, daß man sich im Gefahrenfalle orientieren kann, wo man ist

[64]Skiba: Taschenbuch der Arbeitssicherheit, 2. Aufl., Bielefeld 1975, S. 279

- - Arbeitsräume sind so anzuordnen, daß überschaubare Führungsbereiche entstehen, also alle zur Gruppe gehörenden Personen möglichst einen abgeschlossenen Teilraum füllen
- - Personen einer Arbeitsgruppe sollten räumlich nicht mit Mitgliedern anderer Gruppen verzahnt sein
- - Reihenanordnung der Arbeitsgruppen (entlang der Flure) läßt eine solche Konzentration der Führungsbereiche zweier und mehrerer Ebenen zu, setzt aber deutliche Kennzeichnung von außen etwa durch unterschiedliche Farbgebung der Türen usw., voraus
- - Blockanordnung, wie sie besonders in Großräumen anzutreffen ist, läßt eine solche Geschlossenheit nur in einer Führungsebene zu
- - Kreuzanordnung läßt eine Koordination in zwei Führungsebenen zu
- - Großraumbüros[65] umfassen mindestens 600 qm, sind nirgends schmaler als 20 m, enthalten mindestens 80 Arbeitsplätze - womit allerdings gegen die Richtlinien zur Funktionsflächengröße, selbst gegen die DAG-Norm von 8 qm pro Arbeitsplatz, deutlich verstoßen wird.
- - Wesentliche Kriterien für Großraumbüros, die keine *Arbeitsschuppen* sind, liegen im außer-technischen Bereich, im Vorhandensein von Pausenräumen (nach DGB pro 10 qm Arbeitsraum 0.7 bis 1.0 qm Pausenraum), Besprechungsräumen, einheitlicher Möblierung und Ausstattung, Bildung von Bürolandschaften durch Stellwände, Pflanzen usw., einer freien Mobilaranordnung und einem geringen Lärmpegel.

Raumgestaltung:

Hinsichtlich der Ausgestaltung von Räumen muß man formale und informelle Aspekte unterscheiden. Informelle Formen kommen nur in Einzel- und Kleingruppen- sowie Privaträumen in Frage und werden weitgehend von den Raumbenutzern entschieden. Hier sind evtl. eindeutige Entgleisungen zu korrigieren. Die formale Raumgestaltung muß sich dagegen an festen Richtlinien orientieren. Eines der wesentlichen Gestaltungsmittel ist die Raumfarbe, wobei auf fachgerechte, saubere und solide Verarbeitung zu ach-

[65] Peters: Arbeitswissenschaft für die Büropraxis, 2. Aufl., Ludwigshafen 1976 S. 45f

ten ist. Grundsätzlich sollten Pastellfarben mit möglichst hohem Reflexionsgrad verwendet werden, um nicht zuviel Licht zu verlieren. Farbwirkungen (nach Skiba und Peters[66])

Farbe Eindruck	***Eindruck***	***Wirkung***
rotviolett	aggressiv, beunruhigend	Unruhe, Unbestimmtheit
rot	aufreizend, beunruhigend	Empfänglichkeit für Reize
		Antriebskraft
orange	anregend, warm, licht,	Drang zu positivem Tun, zu Leistung und Geltung anregend
gelb	sehr licht, angenehm, anregend	Belebung, Anregung zu (geistiger) Aktivität
hellgrün	leicht, anregend, frisch	natürliche Reaktion u. Aufgeschlossenheit
dunkelgrün	sehr beruhigend, dämpfend	Beständigkeit, Stetigkeit, Ausgeglichenheit
hellblau	steuernd, klar	Kühle, Kälte, Mäßigung
dunkelblau	warm, dämpfend	Ruhe, Gleichmäßigkeit der Reaktionen
blauviolett	schwermütig, deprimierend	Reaktionsdämpfung
braun(hell)	neutral, anregend	Durchsetzung bis zu Eigensinn und Widerstand
braun(dunkel)	depressiv, unheimlich	Mißstimmung, Inaktivität
schwarz	isolierend, einengend, angsterzeugend	dumpf, trübe und beschwerte Stimmung, Isolation-
grau(mittel)	neutral, indifferent	Kühle, Beherrschung, Stimmungsneutralität
weiß	kahl, leer, unlebendig	Enthemmung und Überreizung, steril

- - Generell sollten horizontale und vertikale Flächen nicht in der gleichen Farbe ausgeführt werden, wobei zudem Fenster und Türen deutlich gegen die Wände abzusetzen sind. Türrahmen sind möglichst farblich gegen die Türen abzusetzen.

[66] Skiba: a.a.O.; Peters: a.a.O.

- - Die Farbgebung muß sich am Individuum und an der Tätigkeit bzw. Bestimmung des Raumes orientieren. Wo lebhaftes Geschehen zu erwarten ist, sind eher dämpfende, wo Monotonie auftritt, eher helle und belebende Farben zu verwenden.
- - Nach Löhr[67] sollte der Reflexionsgrad von Decken und Wänden in Fensternähe nicht unter 60% liegen, der der Decken eher etwas größer als der der Wände sein. Alles, was behindernd im Wege steht, muß stark abweichend und kontrastierend gefärbt werden, während unbedeutende Einzelheiten und Unschönes durch Kontrastminderung zu verstecken sind. Gefährliche Teile sind durch besonders starke Kontraste hervorzuheben. Lange und schmale Räume lassen sich eindrucksmäßig entzerren, wenn die Schmalseiten in warmen, die Langseiten in kühlen Farben gehalten werden; hohe Räume erscheinen niedriger durch horizontale Unterbrechungen u. dunkle Deckenfarben, niedrige Räume werden optisch höher durch helle Deckenfarben, die evtl. zudem für den oberen Teil der Wände verwendet werden.
- - Pflanzen im Raum sind als Schmuck und Klimafaktor günstig, aber nur Grünpflanzen, denn blühende Pflanzen bergen Allergiegefahren. Wegen der Verletzungsgefahren ist auf Kakteen zu verzichten.
- - Bei sonstigem Raumschmuck, wie Bildern usw. sollte man große Vorsicht walten lassen. Insbesondere "neumodische" Formen sind sehr sparsam zu verwenden, weil sie viele Menschen aufregen bzw. abstoßen, worunter das Behaglichkeitsgefühl leiden würde.
- - Bei der Farbgestaltung muß unbedingt darauf geachtet werden, daß die Arbeit nicht durch Reflexionserscheinungen behindert wird. Generell verlangt eine sachgerechte Farbgestaltung die Hinzuziehung eines Fachmanns, der nicht nur Farbwirkungen, Gestaltungstechniken etc. beherrscht, sondern zudem noch Künstler sein muß.

Raumklima

Ein wesentlicher Bestandteil der Raumgestaltung ist das Raumklima. Es wird durch Temperatur, Luftfeuchtigkeit und Luftgeschwindigkeit bestimmt. Als

[67] Löhr: Ergonomie, Würzburg 1976 S. 97

Nebenfaktoren sind Strahlung, Luftdruck und Luftionisation(s.u.) zu berücksichtigen. Löhr[68] gibt Richtwerte für die 3 Hauptfaktoren an. Danach gilt bei Schreibarbeit eine Minimaltemperatur von 18°C, eine optimale von 20 bis 21°C und eine maximale von 24°C bei einer maximalen relativen Luftfeuchtigkeit von 70%, einer optimalen von 50% und einer minimalen von 40%. Die Luftbewegung sollte maximal bei 0,1m/sec liegen. Für andere Tätigkeiten ergeben sich die folgenden Werte

°C	%	°C	%	°C	%	Luftbewegung	
18	70	20	50	24	40	0,1m/sec40	0.1m/sec leichte Handarbeit im Sitzen
17	70	18	50	22	40	0.2m/sec	leichte Arbeit im Stehen
15	70	17	50	21	30	0,4m/sec	schwere körperliche Arbeit

Diese Angaben sind allerdings mit Vorsicht zu genießen, denn je nach dem Grad der Transpiration können die angegebenen Werte der zulässigen Luftgeschwindigkeit schon zu Zugempfindungen führen. Ferner ist zu beachten, daß hinsichtlich Temperatur und Luftfeuchtigkeitsgrad große individuelle Unterschiede bestehen. So liegt die Behaglichkeitstemperatur bei Büroarbeit etwa zwischen 17 und 26°C, die erwünschte und organismusfreundliche Luftfeuchtigkeit zwischen 40 und 75, evtl. gar 80 %. Es wird daher schwierig, für eine größere Personenzahl jeweils optimale Verhältnisse zu schaffen. Besonders schwierig ist dieses beim Einsatz von Klimaanlagen, die darüber hinaus akustisch belastend sind und vielfach zu einer ungünstigen Luftionisation (s.u.) beitragen. Viele Büromenschen sind im übrigen bronchienempfindlich und benötigen daher hohe Luftfeuchtigkeit, um nicht zu erkranken. Natürlich spielt die Frischluftzufuhr eine große Rolle, wozu Skiba angibt, daß bei einer Raumgröße von 5 bis 10 cbm/Person je nach körperlicher Belastung 0,5 bis 1,5, untertage 3 bis 5 cbm/ min nötig sind.

Frischluftbedarf

- \- bei Rauchverbot und Luftraum 15cbm/Person Minimum 20 cbm/h und Person, Maximum 30 cbm/h und Person

[68] Löhr: a.a.O. S. 15

- - bei Raucherlaubnis und 15 cbm Luftraum/Person Minimum 30cbm/h und Person, Maximum 40cbm/h und Person
- - generell bei sitzender Tätigkeit Luftraum/Person Zufuhr/h und Person[69]

• 2.8cbm	• 42cbm
• 5.6cbm	• 27cbm
• 7.8cbm	• 20cbm
• 14cbm	• 10cbm

(Taschenbuch Mensch und Arbeit 1988)

- - Schutz gegen Wärmestrahlung
- * Wasser Wasserkästen, wasserberieselte Wände usw.
- * blanke Metallschirme zur Reflexionsableitung das beste Schutzmittel, wenn sie blank gehalten werden
- * strahlungsreflektierende Kleidung mit Reflexionsgrad über 90%
- * Hitzeschutzgläser (grün gefärbt) (Taschenbuch Mensch und Arbeit 1988)
- - Schutz bei Kältearbeit
- * isolierende Kleidung
- * häufige Aufwärmphasen
- * warme Getränke
- viel Bewegung

Optische Gestaltung

Dazu sind dann die folgenden Richtwerte zu beachten:

Beleuchtung:

- **Maßsysteme**(nach Taschenbuch Mensch und Arbeit 1988)

* Lichtstrom: die gesamte von einer allseitig in den Raum strahlenden Lichtquelle abgegebene sichtbare Strahlungsleistung, gemessen in *Lumen* (lm)

* Lichtstärke die in einer bestimmten Richtung gemessene Stärke der Strahlung einer Lichtquelle, gemessen in *Candela (cd)*

---

[69] Skiba: a.a.O.

* Beleuchtungsstärke das Licht, das auf eine bestimmte Fläche fällt, gemessen in *Lux* (1 lx= 1lm/qm)
* Leuchtdichte Das Verhältnis der Lichtstärke einer leuchten Fläche zu ihrer vom Auge gesehenen Größe (z.B. bei Blendung), gemessen in *Stilb*
(1 sb= (10 000 cd/qm)
* Lichtausbeute Wirkungsgrad einer Lichtquelle aus Gesamtlichtstrom zu aufgewandter Energie lm/W

- Grundsätze

* Allgemein- oder Raumbeleuchtung und Arbeitsfeldbeleuchtung sollten voneinander getrennt werden.
* Dunkelräume, also Stellen in Räumen oder auf Verkehrswegen, an denen infolge geringerer Ausleuchtung eine schnelle Adaption des Auges auf veränderte Lichtverhältnisse nötig wird, sind zu vermeiden.
* Mischung von Lichtarten unterschiedlicher Spektralverteilung (Mischlicht) schadet einerseits der Sehfähigkeit und führt andererseits zu Fehlwahrnehmungen, insbesondere zu Farbbestimmungsfehlern.
* Für die optische Gestaltung ist einerseits die Beleuchtungsstärke der Lichtquellen, andererseits der Reflexionsgrad der Materialien und damit der Helligkeitseindruck zu berücksichtigen.
* Hinweise enthält nachstehende Übersicht (Skiba[70])

	Beleuchtung(Lux)	Helligkeit(cd/qm)
Sonne		$1,5.10^{9}$
sonniger Sommertag	100 000	
trüber Wintertag	3 000	
Glühlampe, klar		10^{6} bis $2*10^{7}$
Glühlampe, matt		$5*10^{4}$ bis $5*10^{5}$
Himmel		1 000 bis 12 000
Mond		2500
Vollmondnacht	0.25	

[70] Skiba : a.a.O. S. 268

untere Grenze d. Helligkeits-empfindung		10^{-5}

Lampen:

* Die geeignetste Form der Beleuchtung ist das Tageslicht, auf das wir Menschen mit unseren Sinnesorganen abgestimmt sind. Es steht in unseren Breiten jedoch nur bedingt zur Verfügung und reicht oft auch am Tage für die auszuführenden Arbeiten nicht aus. Daher muß dem künstlichen Licht unsere besondere Aufmerksamkeit gewidmet werden.

* Am bekanntesten ist die gasgefüllte Glühlampe, die mehr rötlich-gelbes Licht ausstrahlt und sich überall dort nicht eignet, wo mit Farben gearbeitet wird. Ihr Einsatzbereich ist vor allem der Wohnraum. Allerdings sollte sie keineswegs mit Tageslicht kombiniert werden, denn dann entsteht das ungeeignete Mischlicht.

* Die Lichtausbeute solcher Glühlampen beträgt ca. 12 lm/W (Lumen/Watt). Die Ausbeute wird umso höher je leistungsstärker die Lampe ist, so daß 4 Lampen zu 25 Watt nicht soviel Lichtstrom liefern wie eine zu 100 Watt. Die 4 Lampen entsprechen in ihrer Lichtausbeute etwa einer 75 Wattlampe.

* Hauptkonkurrent der Glühlampe ist heute die Leuchtstofflampe, die es in den verschiedensten Versionen gibt. Ihre Lichtausbeute liegt bei etwa 50 bis 60 lm/W. Das bedeutet geringeren Energieverbrauch und weniger Wärmeentwicklung. Soweit diese Lampen in Röhrenform ausgeführt sind, entstehen bei ihnen auch keine Schlagschatten. Dafür benötigen sie dann aber viel Platz. Die Lebensdauer solcher Lampen ist etwa 5 bis 7 mal so groß wie die der Glühlampen.

* Inzwischen gibt es von diesem Typ auch schon kompakte Formen mit Sockel E 27(neuerdings auch mit E 14 bei kleineren Ausführungen) zum Einschrauben in normale Lampenfassungen. Allerdings führen sie teilweise zu Schlagschattenbildungen. Sie erreichen u. U. eine Effektivität bis hin zu 75 lm/W und sind je nach Tönung der Beschichtungen mit Glühlampen- bzw. Tageslicht mischbar. Sie eignen sich daher auch besonders für zusätzliche Beleuchtungen am Arbeitsplatz.

- Hinzu kommen in neuester Zeit die sog. Halogenleuchten, die auch eine höhere Lichtausbeute als die üblichen Glühlampen aufweisen, zudem relativ scharf gebündeltes Licht mit mehr weißem bzw. blauem Charakter liefern, was für manche Arbeiten von besonderer Bedeutung ist. In neuerer Zeit werden allerdings gesundheitsbeeinträchtigende Wirkungen von dieser Lampenart berichtet. Für die Farbwiedergabe der Lampen gilt nach DIN 5035 Blatt 1:

Stufe 1	tageslichtweiß (tw)	Xenonlampen, Leuchtstofflampen-Tageslicht Halogen -Metalldampflampen
	neutralweiß (nw)	Leuchtstofflampen weiß mit sehr guten Farbwiedergabe-eigenschaften, die sich mit Tageslicht kombinieren lassen
	warmweiß(ww)	Glühlampen, Halogenglühlampen, Leuchtstofflampen Warmton mit guten Farbwiedergabeeigenschaften, die sich gut mit Glühlampen kombinieren lassen.
Stufe 2	wie Stufe 1 mit etwas geringeren Farbwiedergabeeigenschaften	
Stufe 3	ohne tw Gruppe	sonst wie Stufe 1 mit relativ schlechten Farbwiedergabe-eigenschaften
Stufe 4		Natriumdampflampen, Quecksilberdampf Hochdrucklampen ohne Leuchtstoff mit beträchtlicher Farbverfälschung

Für die Verwendung gilt nach Löhr:

# Handel	
Lebensmittel	1 nw; 2nw; 1 ww
Fleischerei, Feinkost	1 nw; 1 ww
Bäckerei	1 nw; 1 ww; 2nw
Kleidung, Textilien	1 tw; 1 nw; 1 ww; 2nw
Schuhe, Lederwaren	1 tw; 1 nw; 1ww; 2nw
Möbel, Teppiche	1nw; 1ww; 2nw
Bücher, Reisen, Sport, Spielwaren	1nw; 1tw; 1ww, 2nw
Photo, Uhren, Schmuck	1tw; 1nw; 1ww
Kosmetik, Friseur	1nw; 1ww

Blumen	1nw; 2nw
# Industrie und Handwerk	
Walzwerk, Gießerei	2nw; 3nw; 3ww
Färberei, Weberei, Wäscherei, Reinigung, Textil, Konfektionsbetriebe, Druckerei, graphische Betriebe, Chemie, Kunststoffindustrie, Labor	tw 1. nw 1,2
Elektroindustrie, Feinmechanik	2nw; 3nw
Holzindustrie	1nw; 2nw;3nw; 1ww; 2ww
Auto und Maschinenbauindustrie	2nw; 3nw
Lager	2nw; 3ww
Staubbetriebe	4 Natriumdampflampen
Konferenzzimmer, Speiseräume	1nw; 2nw; 1ww
Großraumbüro, Büros	1nw; 2nw

- Bei der **Gestaltung** der Beleuchtung müssen wir beachten, daß der für gutes Sehen nötige Lichtbedarf altersabhängig ist. Die dazu vorhandenen Angaben verschiedener Autoren decken sich nicht, weil hier Unterschiede für verschiedene Beleuchtungsstärken bestehen. Peters gibt an[71]

Der Lichtbedarf eines 60jährigen im Vergleich zu dem eines 20jährigen beträgt

bei 100 Lux 21:10

bei 300 Lux 18:10

bei 900 Lux 12:10

- Natürlich spielt dabei auch der Kontrast der Sehdinge eine wichtige Rolle. Engels liefert ohne Angabe der Beleuchtungsstärke folgende Verhältniswerte[72]

10:20:30:40:50:60 Jahre= 3:5:7:10:20:50

- Nicht berücksichtigt wurden von den Autoren dabei die individuellen Unterschiede. Es handelt sich folglich lediglich um grobe Richtwerte. Zu bedenken ist ferner, daß viele ältere Menschen aus den Gewohnheiten früherer Jahre heraus sich mit einer Unterdeckung im Beleuchtungsbereich wohlzufühlen

[71] Peters: a.a. O.

[72]Engel: Handbuch der neuen Techniken des industrial Engineering, München 1973

scheinen. Sie erreichen damit aber nicht die optimale Leistung bei minimaler Belastung.

- Unter Beachtung der Angaben nach DIN 5053 ergeben sich folgende Richtwerte für die erforderliche Beleuchtungsstärke bei verschiedenen Sehaufgaben :

Lux	**Umstände und Arbeiten**
30 bis 60	nur oberflächliche Orientierung bei vorübergehendem Aufenthalt, Durchgangswege, Nebenräume, untergeordnete Gänge(vgl. aber Dunkelräume)
120	Große Details mit hohem Kontrast, grobe Arbeiten, Grobwalzen in Walzwerken, Grobreinigen großer Teile und Flächen, grobe Sortierarbeit
250	Große Details mit mittlerem Kontrast, relativ leichte Sehaufgaben, mittelgroße Details bei guten Kontrasten, Schweißen, Drehen, Bohren, Fräsen, Schlosserarbeiten, Sitzungs- und Ruheräume
500	Gehobene Sehaufgaben, mittlere Details und Kontraste, feine Schlosserarbeit, Montage größerer Teile, einfache Büro- und Sortierarbeiten
750	Kleinere Details mit mittlerem Kontrastumfang, komplizierte Büro- und Buchungsaufgaben, Schulaufgaben, Schreibarbeiten
1000	Kleinere Details mit geringem Kontrastumfang, schwierige Sehaufgaben in größeren Büros, Fertigung von Textilien, Näharbeiten, Zeichnen, Großraumbüro, Korrekturarbeiten
2000	Sehr schwierige Sehaufgaben, sehr geringe Kontraste, feinste Details, Kleinstmontage, Feinkorrektur, Feinkontrollen, Weißnähen, Goldschmiede- und Uhrmacherarbeit
$\geq$5000	Außergewöhnliche, mit besonderen Gefahren verbundene Sehaufgaben, Operationsfeldbeleuchtung, wissenschaftliche Experimente

- Kontraste

*mittleres Gesichtsfeld. Hier sollten möglichst große Kontraste - etwa 1 : 7 bis 1:15, in Sonderfällen bis zu 1 : 30 oder gar mehr

* direkter Arbeitsbereich zum angrenzenden Arbeitsumfeld sollte der Kontrast nicht größer als 3 :1 werden,

*zwischen Arbeitsbereich und Arbeitsumwelt sollte er 10 : 1 aus Adaptions- und Sicherheitsgründen nicht überschreiten.

- Selbstverständlich ist jegliche Blendungsgefahr auszuschalten, wie sie immer wieder von Oberflächen der Möbel, Arbeitstische und sonstigen Einrichtungen ausgeht.

- Für die Wahl der richtigen Beleuchtungsstärke ist es wichtig, den Reflexionsgrad der Materialien der Raumgestaltung zu kennen. Löhr und Peters haben dazu Tabellen mit Beispielen erarbeitet:[73]

Alabaster	60%	Aluminium, poliert	70%
Aluminiumfolie	83%	Aluspiegel, chem. geglänzt	93%
Aluminium, matt	58%	Ölfarbe Bleiweiß	83%
Chrom, poliert	63%	Chromspiegel	68%
Email, weiß	70%	Glas, klar (3mm)	7%
Kacheln, weiß	68%	Marmor, natur	50%
Messing, poliert	60%	Nickel, poliert	58%
weiße Wandbekleidung	78%	rote Wandbekleidung	20%
grüne Wandbekleidung	30%	blaue Wandbekleidung	30%
graue Wandbekleidung	30%	weißes Zeichenpapier	70%
weißes Porzellan	70%	Silber, poliert	90%
blanker Stahl	58%	massives Trübglas	50%
Weißblech	68%	helle Webstoffe	35%
Holz, natur	30%	gelber Ziegelstein	38%
roter Ziegelstein	20%	heller Mörtel	45%
helle Holzplatten	45%	Nußbaum	18%
schwarzer Samt	1%	dunkle Vorhänge	20%
dunkle Tapete, Wandfarbe	20%	weißes Tuch	45%
Teakfurnier	35%	Eichefurnier, hell	45%
Holzfaserplatte(Spanplatte?)	50%	grauer Sichtbeton	45%
helle Tapete oder Farbe	70%	heller Außenputz	55%
weiße Gardinen	75%	Drahtglas	24%
Prismenglas	13%	Thermoluxglas	43%

[73] Löhr: a.a. O.S. 152f; Peters: a.a.O. S. 283

(mittlere Werte, die um ±10% schwanken)

* **Farben**: Sobald zudem Farben im Spiel sind, muß man damit rechnen, daß sie als sog. Körperfarben die Zusammensetzung des reflektierten Lichtes stark verändern und damit zu Sehproblemen führen können.

* Farbempfindlichkeit im Sehfeld unterschiedlich. Für Blau-Gelb ist der Mensch im allgemeinen innerhalb des größeren Bereiches seines Gesichtsfeldes empfindlich. Das Gesichtsfeld für die Rotwahrnehmung ist je nach der Seite um ca. 20 Grad enger, das für die Grünwahrnehmung gar um ca. 35 Grad.

* Bildschirme. Bei ihnen ist oft der Mittelbereich des Sehfeldes dunkler als die Umgebung, wodurch Kontrastblendungen entstehen.

* Licht mit hohem Blauanteil führt infolge der verstärkten Brechung dieses Lichts im Auge zu einer besonderen Kurzsichtigkeit . Umgekehrt führt ein zu hoher Rotanteil zur Weitsichtigkeit. Menschen, die unter solchen Umständen gearbeitet oder gelebt haben, benötigen daher besondere Brillen, um ihre Arbeitsfähigkeit zu sichern.

Akustische Gestaltung

Geht es bei der Gestaltung der optischen Umwelt mehr darum, stützende Maßnahmen zu ergreifen, so kommt es in **akustischer** Hinsicht vor allem darauf an, Schutzmaßnahmen zu ersinnen, denn der damit verbundene Lärm beeinträchtigt nicht nur das Gehör, sondern beeinflußt das gesamte psychophysische Befinden.

- Zur Lärmerfassung werden verschiedene Maßsysteme verwendet, was den Laien leicht verwirrt. Besonders wichtig sind die folgenden
- cgs-System in Forschung und Unterhaltungselektronik (Watt)
- Schalldruckssystem in der Technik (bar, millibar)
- Alltagssystem (Dezibel, je nach Filter dB(A) und dB(B)) errechnet aus

dB=20log([Schalldruck in mb]/[2 mal 10^{-4} mb]) {relatives Maß}

- Schallintensitätssystem (W/qm)
- Lautstärkeempfindungssystem(Phon)
- Schallintensität

- Bei allen Messungen kommt es - soweit es den Menschen betrifft - nicht nur auf die Stärke des Schalls an, sondern auch auf die Frequenzen (Tonhöhen). *Das gilt besonders dann, wenn die Schallintensität gering bleibt.

- Nach Löhr liegt die Hörschwelle bei 20 Hz bei etwa 120 dB, bei 3000 Hz bei etwa 10 dB.[74]

* Musik spielt sich etwa zwischen 30 und 20 000 Hz ab, während die Sprache einschließlich der zur Personenkennung dienenden Obertöne etwa zwischen 100 und 10000 Hz liegt.

- Allerdings muß man berücksichtigen, daß der Frequenzbereich, den der Mensch hörend erfaßt, mit zunehmendem Alter kleiner wird. Sowohl in den unteren als auch in den oberen Bereichen tritt ein Verlust ein. Nach[75] Rohracher ist die obere Hörgrenze mit 35 Jahren im allgemeinen auf 15000, mit 60 Jahren bis auf 5000 Hz gesunken, und das umso stärker, je geringer der Schalldruck ist. Zwischen Schallpegel und Schallintensität bestehen die nachstehend aufgeführten Beziehungen, wobei die Entfernung von der Schallquelle in Klammern steht[76]:

Vergleichsfaktor	*W/qm*	*dB(A)*	*Schallquelle (Entfernung)*
10^{14}	10^{2}	140	Düsentriebwerk (7m)
10^{13}	10^{0}	130	pneumatischer Gesteinsbohrer (7m)
10^{12}	10^{-2}	120	Propellerflugzeug(50m)
10^{11}	10^{-4}	110	Gesteinsbohrer (7m)
10^{10}	10^{-6}	100	Metallbearbeitungswerkstatt (7m)
10^{9}	10^{-8}	90	schwerer LKW (7m)
10^{8}	10^{-10}	80	verkehrsreiche Straße (7m)
10^{7}	10^{-12}	70	PKW (7m)
10^{6}	10^{-14}	60	normales Gespräch (1m)
10^{5}	10^{-16}	50	leises Gespräch (7m)
10^{4}	10^{-18}	40	leise Musik (7m)

[74] Löhr a.a.O.S. 100

[75] Rohracher: Einführung in die Psychologie, 5. Aufl. S. 232f

[76] Löhr: a,a,O, S 101

10^{3}	10^{-20}	30	Flüstern (1m)
10^{2}	10^{-22}	20	ruhige Stadtwohnung
10	10^{-24}	10	raschelndes Blatt
1	10^{-26}	0	Hörschwelle (bei 2500 Hz)

- Schalldruck(W/qcm), Frequenz (Hz) Lautstärke in dB in ihrer gegenseitigen Abhängigkeit:

Hz	W/qcm	dB	W/qcm	dB	W/qcm	dB
20	10^{-9}	0	10^{-6}	70	10^{-5}	100
400	$5*10^{-16}$	6	$5*10^{-10}$	70	$8*10^{-7}$	100
1000	$5*10^{-16}$	4	10^{-9}	70	10^{-6}	100
3000	$8*10^{-17}$	0	$5*10^{-10}$	70	10^{-7}	100
8000	$6*10^{-15}$	0	$7*10^{-9}$	70	$6*10^{-6}$	100
16000	10^{-14}	0	$2*10^{-9}$	70	$5*10^{-5}$	100

Hz	W/qcm	dB	W/qcm	dB	W/qcm	dB
20	10^{-9}	0	10^{-6}	70	10^{-5}	100
400	$5*10^{-16}$	6	$5*10^{-10}$	70	$8*10^{-7}$	100
1000	$5*10^{-16}$	4	10^{-9}	70	10^{-6}	100
3000	$8*10^{-17}$	0	$5*10^{-10}$	70	10^{-7}	100
8000	$6*10^{-15}$	0	$7*10^{-9}$	70	$6*10^{-6}$	100
16000	10^{-14}	0	$2*10^{-9}$	70	$5*10^{-5}$	100

Dementsprechend ist jeweils eine Frequenzanalyse vorzunehmen.

- Wie wichtig Lärmbekämpfung ist, zeigt sich vor allen Dingen an den Wirkungen des Lärms auf den Menschen.[77]

Lärmpegel(dBA)	**Wirkungen**
> 30	psychisch lästig, führt zu Leistungsstörungen bei hohen Anforderungen
>40	Überdecken der akustischen Wahrnehmung
>45	negative vegetative Reaktionen im Schlaf
>55	negative vegetative Reaktionen im Wachzustand, Leistungsstörungen bei einfachen A

[77] diverse hier erwähnte Quellen zusammengefaßt

>85	offizielle Hörschäden-Gefahr
gleiche Gehörbelastungen	
90	über 8 Stunden
93	über 4 Stunden
96	über 2 Stunden
99	über 1 Stunde

Für die Praxis, insbesondere die betriebliche, gelten allgemein folgende Werte, die allerdings vom Humanstandpunkt aus eher nach faulen Kompromissen aussehen:

DBA	**Kompromißergebnisse**
<55	überwiegend geistige Tätigkeiten, Pausen- ,Bereitschafts-, Liege-, Sanitätsräume
<70	einfache oder überwiegend mechanisierte Bürotätigkeiten und vergleichbare Tätigkeiten
<85	alle sonstigen Tätigkeiten in neuen Arbeitsstätten; nicht in vor dem 1.5.76 errichteten Arbeitsstätten, sofern umfangreiche Änderungen notwendig sind
<90	In alten Arbeitsstätten; in neuen Arbeitsstätten, sofern nicht technische, organisatorische oder wirtschaftliche Gründe Werten von <85dB entgegenstehen
>90	nur mit staatlicher Ausnahmegenehmigung; sind durch Gebotsschild als *Lärmbereich* zu kennzeichnen
>85	persönliche Schallschutzmittel müssen zur Verfügung gestellt werden.
>90	Hörprüfungen und Benutzung persönlicher Schallschutzmittel und Vorsorgeuntersuchungen sind Pflicht

- nach Marschner [78] sind folgende Werte zu berücksichtigen:

Lärmquelle	Schallpegel in dB	bei Abstand von *m*	Schallpegel in dB	bei Abstand von *m*	Schallpegel in dB	bei Abstand von *m*
PKW 50 km/h	74-80	6				

[78] (Arnold/Eysenck/Meili Lexikon der Psychologie, Freiburg 1987, Spalte1210/1211)

Motorrad 60km/h	81-98	7				
Schwerer LKW 50km/h	85-97	6				*6*
Straßenbahn 30 km/h	83-90	5				
100 Fahrzeuge/min	73-77	6	58-63	30	46-51	*120*
10 Fahrzeuge/min	63-68	6	49-53	*30*	38-42	*120*
1 Fahrzeug/min	55-59	6	*41-46*	*30*	29,33	*120*
Nebenstraße (geschl. Fenster)	45-65					
Hauptstraße (geschl. Fenster)	60-80					
Eigenlärm 3 Personen	55					
Eigenlärm 10 Personen	60					
Eigenlärm 50 Personen	65					
Telefonglocke	75	*2*				
Normale Schreibmaschine	70	*2*				
Geräuscharme Schreibmaschine	60	*2*				
Arbeitsplatz Kesselschmiede	90-120					
Arbeitsplatz Motorenprüfstand	90-100					
Arbeitsplatz Karosseriewerkstatt	90-100					
Arbeitsplatz Werkzeugmaschine	75-90					
Arbeitsplatz schwere Stanzen	95-110					
Arbeitsplatz Gußputzerei	95-115					
Arbeitsplatz Möbelfabrik	90-105					
Arbeitsplatz Kreissäge	75-105					
Arbeitsplatz Hobelmaschine	85-105					
Arbeitsplatz Websaal	95-105					
Bierbrauerei(Flaschenabfüllen)	85-95					
Schokoladefabrik(Klopfbahn)	101-106					

Leider fehlen dabei Angaben zur Frequenz der Schallwellen.

- Lärmbekämpfung

- * an der Quelle durch konstruktive Maßnahmen

- * zur Abschirmung verwendet man schallschluckende Materialien, wie Mineralwolle, Glaswolle usw. Auch Teppiche dienen in den Arbeitsräumen der Lärmdämpfung.
- * immer wieder Erholung in stiller Umgebung (Lärmpausen)
- * dämpfende Materialien als Unterlagen, Dämpfungsringe
- * Gleitlager statt Wälzlager
- * Gummiräder statt Stahlräder
- * Keilriemen aus gummiertem Gewebe
- * Spritzbeschichtung dröhnender Bleche mit Antidröhnmasse
- * Schalldämpfer
- * Abkapselung der Quellen, wobei Kapselinnenwand mit Schallschluckstoff zu versehen ist
- * Maschinen abstellen während der Pausen (Lärmpausen)
- * Vergrößerung des Abstandes von Arbeitsplatz und Lärmquelle
- * Raumteilung(Isolierung lärmerzeugender Tätigkeiten)
- * Minderung der Resonanzgefahren
- * Gehörschutzkapseln
- * Gehörschutzstopfen

- Um spätere Lärmschädigungen, die nicht nur als Hörschäden in Erscheinung treten, zu vermeiden, ist es wichtig, daß besonders in der Entwicklung und im jungen Alter detonative Lärmentladungen und große Lärmdosen ausgeschlossen werden. Sie können über Hörschäden hinaus gerade hier zu Atrophien, Angstbildungen usw. führen, die später nicht mehr zu reparieren sind. Gerade die erhöhte Empfindlichkeit in jüngeren Jahren und ganz besonders im Kleinkindalter, wird immer noch nicht genügend beachtet, besonders auch dort nicht, wo es um den Lärm in Wohngebieten geht, wo aber nicht nur Tiefflieger und überhaupt Überschallflugzeuge als Lärmerzeuger auftreten, handwerkliche Maschinen und auch Haushaltsmaschinen erhebliche Störungen hervorrufen können.

Infra- und Ultraschall:

Bei Schallfrequenzen unter 60 bis 20 Hz, vor allem aber unter 20 Hz (je nach Alter) spricht man von Infraschall, bei solchen über 15000 bis 20000 Hz von Ultraschall. Auch diese Schwingungen wirken auf den menschlichen Organismus.

- Nach Skiba[79] wird der **Ultraschall** bei Werten von 80 bis 90 dB(A) als unangenehm empfunden.

* Ab 90 dB(A) zeigen sich danach Ermüdungserscheinungen
* bei 110 bis 130 dB(A) treten zunächst Kopfschmerzen und nach etwa 2 Stunden Übelkeitserscheinungen auf .
* Dabei denkt Skiba vor allem an die Wirkungen technischer Ultraschallanlagen in der Werkstoffprüfung und in der Medizin, wo mit Frequenzen von 15 bis 100 kHz gearbeitet wird.
* Er berücksichtigt nach meiner Auffassung aber nicht, daß bei Übertragungen in der Luft diese Ultraschallwellen auch zur Veränderung der hörbaren akustischen Umwelt führen, denn es werden hier nur Resultanten aufgenommen. In dieser Hinsicht sind weitere Untersuchungen erforderlich, zumal nach Löhr[80] länger einwirkender Ultraschall zu Leukozytenschwund führen kann. Schallintensitäten über 3 W/qcm bei einer Dauer von mehr als 10 Minuten können zur Ablösung der Knochenhaut vom Knochen führen.
* Ultraschall tritt auch als Nebenprodukt des hörbaren Lärms auf, ohne daß dieses erkannt oder beachtet wird.

- **Infraschallerscheinungen** treten bei vielen Geräten auf, so auch im Büro und im Zusammenhang mit EDV-Druckern. Nach Löhr gilt:[81]

Körperteile	**mittlere Resonanzfrequenz**
stehender Mensch	4 bis 6 Hz
Kopf	20 Hz
Augapfel	40 bis 100 Hz
Unterkiefer	6 bis 8 Hz
Kehlkopf	8 Hz

[79] Skiba a.a.O. S. 239
[80] Löhr: a.a.O. S. 107
[81] Löhr a.a.O. S. 113

Eingeweide, Bauchdecke	3 Hz
Magen	4 Hz
zweite Beckenresonanz	bis 12 Hz

* Bei anhaltenden Belastungen innerhalb dieser Frequenzbereiche, die mit den üblichen Frequenzmessern meistens nicht erfaßt werden, kann es zu erheblichen psychischen und physischen Störungen kommen, die auch chronisch werden können, ohne daß die Ursache erkannt wird.

Vibrationen:

- individuell unterschiedlich, speziell wenn es sich um Schwingungen unter 0,5 Hz handelt. Auch die Verträglichkeit weist individuelle Unterschiede auf. Unter diese Erscheinungen fallen auch die See- und Luftkrankheiten. Über Resonanzen wirken sie ähnlich wie der Infraschall.

- Über auftretende Beschwerden äußert sich Löhr [82] :

Frequenz	**Wirkungen**
4 bis 9 Hz	Allgemeines Unwohlsein
13 bis 20 Hz	Sprachstörungen
6 bis 8 Hz	Sprachstörungen durch Unterkieferresonanz
1 bis 3 Hz	Sprachstörungen durch Atemnot
4 bis 8 Hz	Atembeschwerden
8 bis 12 Hz	Rückenbeschwerden
4 bis 10 Hz	Schmerzen im Unterleib
10 bis 18 Hz	Harn- und Stuhldrang
Ca. 7 Hz	Beeinträchtigung der Konzentration

- Nach Skiba kommt es bei periodischen Dauerschwingungen um 5 Hz oft zu Wirbelsäulen- und Magenschädigungen, bei solchen über 80 Hz muß man mit Schädigungen des Hautgewebes rechnen.

- konstruktive Gegenmaßnahmen

- * Verändern der Eigenfrequenz von Arbeitsmitteln, Vergrößerung der Masse, Ändern von Drehzahlen etc.

[82] Löhr: a.a.O. S. 114

- * Vermeiden großer Schwingungsamplituden, Massenausgleich bei Unwucht, Verringern der Aufprallenergie
- * Pressen statt Hämmern, Walzen statt Rütteln
- * Schwingungsisolation durch Dämmen und Dämpfen z.B. durch Gummiunterlagen, aber darauf achten, daß nicht Infraschall stattdessen wirksam wird
- *** Dämpfungen an Sitzen durch Polster und Federn**
- * Arbeitsplatzwechsel und Einführung zusätzlicher Pausen als Notlösung

Schadstoffe

Überall im Alltagsleben und im Arbeitsbereich treten **Schadstoffe** auf, darunter auch Staube, die meistens sehr fein in der Luft verteilt sind. Je feiner der Staub ist, desto gefährlicher ist er, weil die Körperfilter ihn dann nicht mehr aufhalten. Nach Löhr[83] enthält gute Bergluft etwa 1 Staubteilchen pro ccm, Industrieluft demgegenüber mehr als 10 000 Teilchen pro ccm. Je nach Staubart wirken die Partikel sehr verschieden. So führen Quarzstaube zu Silikose, Asbeststaube zur Asbestose und zu Krebserkrankungen. Auch Thomasschlacke, Kohle-, Zucker- und Mehlstaube verursachen Lungenschädigungen[84].

- Allergien

Nur hier und dort werden in der neueren arbeitswissenschaftlichen Literatur Allergien und ihre Entstehung behandelt. Dabei mag mitspielen, daß bei ihrer Entstehung bzw. ihrem Ausbruch individuelle Faktoren eine wesentliche Rolle spielen. Es ist daher schwer, zu einer einfachen Systematik zu kommen. Zudem treten solche Allergien oft erst auf, wenn der Mensch durch längere und engere Berührung mit den Stoffen sensibilisiert wurde. Eine genaue Beobachtung durch Ärzte, Kliniken, Psychotherapeuten und die betroffenen Menschen ist nötig. Es muß bei Allergien stets daran gedacht werden, daß manche Formen erst auftreten, wenn andere Stoffe gleichzeitig wirksam

---

[83] Löhr: a.a.O. S. 124

[84] Löhr: a.a.O. S. 124

werden oder Änderungen der Lebens- oder Arbeitsumstände auftreten. Das Anwachsen allergischer Reaktionen in der Bevölkerung gibt Anlaß, sich diesen Fragen intensiver zuzuwenden, wobei man allerdings auch an psychogene Ursachen denken muß, ganz abgesehen davon, daß in früheren Jahrhunderten viele Allergiker schon jung starben.

- ***Schadstoffbekämpfung***

Zur Bekämpfung des Staubes ist ein hoher technischer Aufwand erforderlich. Es erscheint daher wesentlich, seine Entstehung möglichst zu verhindern. In manchen Fällen besteht nur die Möglichkeit, die Menschen aus der Staubumwelt herauszunehmen bzw. dafür zu sorgen, daß sie immer nur sehr kurze Zeit mit dem Staub in Berührung kommen. Auch der Einsatz von Robotern ist gerade bei Staubgefährdungen ein brauchbares Instrument, denn in unserer Kultur kann man es sich sicher nicht erlauben, eher krankmachende Arbeitsplätze zu erhalten, als mit weniger Arbeitsplätzen auszukommen. Auch Gase und chemische Schadstoffe spielen eine wichtige Rolle, wenn es darum geht, Beeinträchtigungen der Menschen einzudämmen. Die heutige Diskussion um das schadstoffarme Auto und das Waldsterben zeigt dieses eindringlich. Ohne hier auf Einzelheiten einzugehen, sei doch darauf hingewiesen, daß drei grundsätzlich verschiedene **Wirkungsformen** zu unterscheiden sind

* Giftwirkung
* allgemeine Reizwirkung
* krebsfördernde bzw.- auslösende Wirkung

Über die Giftwirkungen chemischer Substanzen weiß man im allgemeinen recht genau Bescheid, wenn auch wohl weniger über die Auswirkungen bei längerem Einwirken sehr geringer Dosen. Diese lassen sich nun einmal nicht vorhersehen, sind auch selbst nach längerem Gebrauch oft nicht einwandfrei zu bestimmen. Das gilt im übrigen nicht nur für künstliche, sondern in gleicher Weise für Naturstoffe. Die Forderung, nur absolut ungiftige und unschädliche Stoffe herzustellen bzw. einzusetzen, ist somit sachlich unsinnig. Vielmehr erscheint es nötig, bei Einsatz jedes Stoffes eine sorgfältige und differenzierte Langzeitbeobachtung vorzunehmen, um schon bei leicht erhöhtem Vorkommen besonderer Phänomene die nötigen Daten zur Verfügung zu haben. Nur so lassen sich gefährliche Substanzen so rechtzeitig wie möglich einkreisen. Im übrigen stellt man bei genauer Betrachtung fest, daß die Umweltschützer sich mit den schädlichen Wirkungen für die Menschen anscheinend kaum beschäftigen, ihnen geht es nur um Pflanzen und Tiere. Wir sollten aber berücksichtigen, daß manche Substanzen, die für die sog. Natur unschädlich sind, für den Menschen lebensbedrohend sein können. Was für die eine Art gut ist, kann für die andere tödlich sein. Hier ist eine viel differenziertere Betrachtungsweise nötig.

Nichtwahrnehmbare Schädigungsquellen

Hierzu gehören vor allem:

- Gamma- und Röntgenstrahlungen

Während Licht und Lärm und auch viele Schadstoffe von uns wahrgenommen werden können, gibt es - auch in der Arbeitswelt - ebenfalls viele Einflüsse, die wir gar nicht wahrnehmen. Dazu gehören u.a. die elektromagnetischen Schwingungen. Soweit es radioaktive Gammastrahlen bzw. Röntgenstrahlen angeht, bestehen schon heute umfassende, wenn auch keineswegs ausreichende Schutzvorschriften. Merkwürdigerweise vertragen danach Menschen, die berufsmäßig mit solchen Strahlungen umgehen, mehr als andere. Durch Schutzeinrichtungen und präzise Meßverfahren sind speziell im medizinischen Bereich heute bessere Bedingungen für die arbeitenden Menschen wie für die Patienten geschaffen worden.

In der Atomindustrie scheint dieses bis heute nur teilweise gelungen zu sein, sowohl was das Personal als auch was die Bewohner der umliegenden Landstriche angeht. Hier sind die Wirkungsmechanismen noch nicht voll durchschaut. Dabei ist zu bedenken, daß die heutige Angabe von Belastungen in Bequerel eine Irreführung der Menschen darstellt. Diese Einheit ist für Physiker wichtig, denn sie gibt an, wieviel Zerfälle pro Sekunde stattfinden, sagt aber nichts darüber aus, welche Energie- und Wirkungsmengen dabei frei werden, denn jeder Zerfall setzt je nach Zerfallsprodukt unterschiedliche Wirkungsmengen frei. Die Angabe in rem ist für die Wirkung auf den Menschen immer noch die verständlichere, wenn sich Sievert als Einheit auch mehr und mehr durchsetzt. Allerdings ist zugleich zu bedenken, daß bis heute nichts darüber bekannt ist, wie über die natürliche Strahlenbelastung hinausgehende Einwirkungen wirken, ob hier nur eine Addition oder gar eine Multiplikation anzusetzen ist[85].

- elektromagnetische Schwingungen

Darüber darf man allerdings eine Reihe weniger beachteter elektromagnetischer Schwingungen nicht vernachlässigen, zumal sie viel häufiger auftreten und viel mehr Menschen mit ihnen in Berührung kommen.

* Nach Skiba[86] gehört dazu u.a. die **Radarstrahlung** mit einer Frequenz von 10^9 bis 10^{10} Hz. Ihre biologische Wirkung ist von Frequenz und Feldstärke ziemlich unabhängig. Sie wirken wie Mikrowellen und erwärmen. Bei Ganzkörperbestrahlung steigt die Körpertemperatur, wobei schon eine Erhöhung um 1°C ziemlich gravierend ist, da dadurch ein starker Sauerstoffmangel entsteht. Außerdem wird anscheinend das zentrale Nervensystem angegriffen. Bei partieller Strahleneinwirkung ist besonders das Auge gefährdet. Es kann grauer Star entstehen. Als zulässige Dosis gilt in der Bundesrepublik für Dauerbestrahlung ein Grenzwert von 0.01 W/qcm am Ort der Person. In den USA und der UdSSR liegen diese Grenzwerte erheblich niedriger.

Gleiche Wirkungen wie Radarstrahlen lösen Mikrowellen aus, so daß bei derartigen Geräten die Dichtigkeit ständig überprüft werden sollte.

- Infrarot- und Ultraviolettstrahler

Auch Infrarot- und Ultraviolettstrahler erfordern große Aufmerksamkeit. Zwar können wir Infrarotbestrahlungen wahrnehmen, aber die Differenzierungsfähigkeit der Wahrnehmung ist hier relativ gering. Besonders in Feuerbetrieben treten sie auf. Es ist besondere Arbeitskleidung erforderlich, aber auch spezieller Augenschutz nötig, da Infrarotstrahlen die Augenlinsen gefährden (Feuerstar).

[85] vgl. Waszkewitz: Mensch und Gesellschaft, S. 537f, Stuttgart 2000
dazu Gerthsen und Vogel: Physik 17. Aufl. Berlin 1983, S. 664f

[86] Skiba: a.a.O. S. 197 ff

Ultraviolettstrahlung tritt einmal bei starker Sonneneinwirkung auf, wird teilweise von der Ozonschicht abgefangen, führt zu Hautschäden, evtl. zu Hautkrebs. Diese Strahlung entsteht auch beim Lichtbogen- und Schutzgasschweißen sowie bei der Nutzung bestimmter Bestrahlungslampen. Auch hier ist das Auge besonders gefährdet. Die Wirkungen treten oft erst einige Stunden nachher in Erscheinung, wie Entzündungen, Kopfschmerzen. Textilien werden von UV-Strahlen teilweise zerstört.

Darüber hinaus bildet sich aus dem Luftsauerstoff unter der Einwirkung dieser Strahlen das schon in sehr geringen Konzentrationen für den Menschen giftige Ozon.

Zudem zersetzen UV-Strahlen manche Chemikalien. Aus chlorierten Entfettungsmitteln, wie sie etwa beim Schweißen benutzt werden, bildet sich z.B. giftiges Phosgen (chemischer Kampfstoff im 1. Weltkrieg, Grünkreuz).

Auch **Laserstrahlen** verlangen besondere Schutzmechanismen, da sie menschliches Gewebe zerstören. In den Augen entstehen augenblicklich irreversible Schäden. Die Gefährdung wächst bei Verwendung unsichtbaren Laserlichts, weil es auch bei versehentlichem Anstellen nicht bemerkt wird.

- Rundfunk- und Fernseh- sowie Wetterstrahlungen

Bisher noch wenig erforscht und beachtet sind jene elektromagnetischen Strahlungen, die von Rundfunk und Fernsehen ausgehen, doch ist schon die Vermutung geäußert worden, daß sie schädlich für den Menschen sein könnten. Reiter[87] fand Korrelationen zwischen der menschlichen Reaktionslage und Reaktionsbereitschaft einerseits und Infralangwellen-Störungen im Bereiche von 10 000 bis 50 000 Hz andererseits .

Dieser Bereich wird von Strahlungen der Wetterfronten bestrichen und grenzt unmittelbar an übliche Sendefrequenzen, die bis hinauf in den Radarbereich reichen. Hinsichtlich einer Anpassung der Umwelt an den Menschen werden wir wohl damit rechnen müssen, daß von hier aus noch erhebliche Probleme auf uns zukommen[88]. Ob sich diese durch ein Umsteigen

[87] vgl. Peters: a.a.O. S. 269

[88] man denke an die Diskussionen um den Elektrosmog

auf Kabelrundfunk und Kabelfernsehen vermindern lassen, ist noch abzuwarten.

Im übrigen sollte bedacht werden, daß auch unser Kopf anscheinend als Resonator auf elektromagnetische Schwingungen wirkt. Seine Eigenfrequenz liegt im Mittel bei ca. 375 MHz , also durchaus im Bereiche technisch genutzter Strahlungen[89].

Dabei sieht es nach neueren Erkenntnissen so aus, als ob auf den Menschen und sein Zentralnervensystem zumindest hauptsächlich der magnetische Anteil der Strahlungen wirkt, denn an der medizinischen Universitätsklinik Lübeck wurde festgestellt, daß im EEG bei Einwirkung starker Magnetfelder auf den Menschen Symptome auftauchen, wie sie beim klinischen Tod zu finden sind.

Das alles sind nur Auszüge aus Forschungsergebnissen dieses Bereiches, in dem deshalb auch große Schwierigkeiten der Erkenntnisgewinnung bestehen, weil die Meßverfahren bezüglich zentralnervöser Reaktionen des Menschen noch in den Anfängen stekken und viele Aspekte nicht zu erfassen vermögen.

- Luftionisation und elektrostatische Felder

Erst in neuester Zeit ist das Problem der Ionisation der Luft wieder in den Mittelpunkt des Interesses gerückt, obwohl Curry schon in den 50er Jahren darüber berichtet hat. Dazu mögen auch die entsprechenden Versuche des Schweizer Bankvereins beigetragen haben.

Danach sollte ein Raum möglichst frei von elektrischen Feldern sein. Das gilt sowohl für Potentialfelder, wozu seinerzeit umfangreiche Versuche von Curry in Dießen am Ammersee durchgeführt wurden, als auch für Wechselfelder. Letztere sind allerdings schwer auszuschalten, zumal eine Fülle sonstiger hochfrequenter elektromagnetischer Strahlung uns umgibt.

Nach Peters besteht die Tendenz, zum Ausgleich solcher Wechselfelder elektrische Gleichfelder mit überlagerten Rechteckimpulsen von 10 Hz einzusetzen . Nach Peters ist vor allem die Abschirmung der Arbeits- und Aufenthaltsräume gegenüber mittel- und niederfrequenten Störungen, sowie

[89] So berichtet in Bild der Wissenschaft Heft 12/ 1980 S. 131

ein Ausgleich des schädlichen Einflusses von positiven CO_2- Ionen durch negative O_2-Ionen wesentlich.

Die Auswirkungen derartiger Anreicherungen der Luft mit positiven Ionen zeigen sich nach Peters[90] vor allem in

- Ermüdung und Lufthunger
- plötzlicher Absenkung des Blutsauerstoffspiegels
- ungünstigen Veränderungen des EEG
- Steigerungen der Reizschwelle für elektrische Stöße
- Migräne, Kopfschmerzen und evtl. Übelkeit
- Depressionen und Minderung der psychischen Leistungsfähigkeit
- nervösen Spannungen und Schlaflosigkeit
- Steigerung allergischer Reaktionen
- Zunahme sonstiger chronischer Störungen, besonders soweit diese vegetativer Art sind.

Unter dem Einfluß eingeleiteter negativer O_2-Ionen folgt dann:

- eine Steigerung der Vitalkapazität
- eine Abschwächung von Ermüdungserscheinungen
- eine Steigerung der Reaktionsfähigkeit des Zentralnervensystems
- eine Anhebung von Stimmung und Aktivität.

Entsprechende Anlagen zur Ionisierung sind allerdings kompliziert und kostspielig, rentieren sich aber im Betrieb dadurch, daß die Effektivität wächst und zusätzlich die Erkältungsgefahr und damit die Fehlzeiten vermindert werden.

Grundsätze und Richtwerte der Arbeitsgestaltung

Zeitgestaltung:

Ein besonderes Problem der Anpassung der Arbeitswelt an den Menschen stellt die Gestaltung der Arbeitszeit dar. Aufgrund langjähriger Untersuchungen wurden Zeitkurven für den Leistungsrhythmus des Menschen erarbeitet.

---

[90] Peters: a.a.O. S. 270

Ich möchte sie hier nicht wiedergeben[91], denn bei ihnen handelt es sich um Mittelwerte, bei denen keinerlei Streuwerte vermerkt sind. Aufgrund neuerer Untersuchungen ist davon auszugehen, daß es keine allgemeine menschliche, sondern lediglich eine individuelle Leistungsrhythmik gibt, die zudem mancherlei Schwankungen unterworfen ist. In ihr haben wir allem Anschein nach eine Resultante aus sehr unterschiedlichen, teils biologischen, teils umweltbedingten Faktoren vor uns.

1. - Um die individuelle Leistungsrhythmik zu ermitteln, bedarf es systematischer und längere Zeiträume überdeckender Untersuchungen jedes einzelnen Menschen, wozu Flimmertest bzw. Hörfrequenztest Verwendung finden können, die es erlauben, den jeweiligen Ermüdungsgrad zu ermitteln.
2. - Näherungsweise kann der Mensch seinen eigenen Leistungsrhythmus ermitteln, wenn er sich über mehrere Wochen stündlich etwa folgende Fragen beantwortet (dazu das Arbeitsprogramm AR ; Höchstwerte der Summenskala zeigen die Leistungsspitzen an)

- # fühle ich mich frisch und wach?
- # hat mir die Arbeit in der letzten Stunde Spaß gemacht?
- # bin ich noch voll da, noch wirklich fit?
- # ging mir die Arbeit in der letzten Stunde leicht von der Hand?
- # habe ich in der letzten Stunde schnell und zügig gearbeitet?
- # war die Arbeit der letzten Stunde fehlerfrei?
- # habe ich in der letzten Stunde ein großes Arbeitspensum geschafft?

Mit Hilfe von Millimeterpapier kann man dann für jeden Tag und dessen einzelne Stunden die Ergebnisse auftragen. Vergleicht man die dabei entstehenden Kurven für verschiedene Tage bzw. gleiche Wochentage mehrerer Wochen miteinander, läßt sich daraus eine ungefähre individuelle Leistungsrhythmuskurve herausschälen. Mit Hilfe mathematischer Verfahren kann man das Ergebnis auch noch präzisieren.

---

[91] Das Taschenbuch der Arbeitsgestaltung, Köln 1977 zeigt eine solche Kurve

In der Praxis findet man sehr unterschiedliche Arbeitszeitregelungen, wobei drei Grundformen unterschieden werden können, die **starre** Arbeitszeit, bei der Arbeitsbeginn, Pausen und Arbeitsende für alle festgelegt und Abweichungen nicht erlaubt sind, die **gleitende** Arbeitszeit, bei der eine Kernzeit für alle verbindlich ist, die restliche Sollarbeitszeit von jedem innerhalb gewisser Grenzwerte frei gewählt werden kann und die **flexible** Arbeitszeit, bei der dem einzelnen Mitarbeiter völlig freigestellt wird, wann er innerhalb der Betriebszeit arbeitet und seine Sollzeit ableistet.

Die Vorteile der **starren** Arbeitszeit liegen darin, daß scheinbar alle Mitarbeiter gleich belastet werden, alle innerhalb der gleichen Zeit zu erreichen sind und die Arbeitszeitkontrolle vereinfacht wird. Nachteilig wirkt sich für den Mitarbeiter aus, daß von ihm eine besondere Disziplin verlangt wird und die Gefahr besteht, daß er sich überanstrengt, weil er in seinem eigenen Leistungsminimum stark belastet wird. Sich darin spiegelnde autoritäre Strukturen können zudem zu erhöhten sozialen Spannungen im Unternehmen führen, zumal etwaige Freiräume vom Wohlwollen der jeweiligen Vorgesetzten abhängen. Hinzu kommen weitere Belastungen in der Rush Hour.

Die **Gleitzeit** hat den Vorteil, daß ein Mitarbeiter seine Arbeitszeit wenigstens teilweise so einrichten kann, wie es seinen Bedürfnissen entspricht, ein Vorteil der bei flexibler Arbeitszeit noch wächst, wenn auch damit dann nicht mehr sicher ist, daß der Mitarbeiter - wie bei der Gleitzeit - zu bestimmten Zeiten unbedingt erreichbar ist. Mit diesen Zeitformen ist ein größerer Freiraum verbunden, aber auch mehr Eigenverantwortung. Gleitzeit und flexible Arbeitszeit verlangen einen erhöhten Kontrollaufwand. Die Ansprechbarkeit des Betriebes von außen her wird erschwert, was naturgemäß auch zu innerbetrieblichem Leerlauf führen kann. Zudem muß man damit rechnen, daß manche Mitarbeiter ihre Arbeitszeit bewußt oder unbewußt in ihre Leistungsminima legen. Das vermindert einerseits die betriebliche Effektivität, kann andererseits zu einer erhöhten Belastung des Mitarbeiters und damit zu seinem Verschleiß beitragen.

Besondere Bedeutung kommt bei der Arbeitszeitgestaltung den **Pausen** und der **Schichtarbeit** zu.

- Im Verlaufe jeder Arbeit tritt Ermüdung auf, wobei zwischen subjektiver und objektiver Ermüdung zu unterscheiden ist.

Subjektive Ermüdung oder **Müdigkeit** führt generell zu Leistungsabfall und individuellen Leistungsminima. Sie ist schwer meßbar und hat oft rein psychische Ursachen. Führungsfehler, falsche Arbeitsverteilung und Monotonie oder zu viele Wechsel sind häufig die Ursachen. Auftretende subjektive Ermüdung ist durchaus ernst zu nehmen, zumal sie die Unfallgefahr erhöht.

Gefährlicher ist aber noch das Fehlen subjektiver Ermüdung bei vorhandener objektiver Ermüdung, weil dann damit zu rechnen ist, daß der Mitarbeiter sich überfordert und nicht regenerierbare Reserven verbraucht.

Die objektive Ermüdung ist die Folge eines Nachlassens der Kraft- und Energiereserven. Sie verläuft keineswegs geradlinig, sondern steigt im Verlaufe der Arbeit exponentiell an. Es kommt daher darauf an, sie möglichst schon im unteren Teil des Anstiegs abzufangen.

Dazu dienen die Pausen. wobei zu beachten ist, daß die Erholungswirkung im ersten Drittel der Pause am größten ist und allmählich nachläßt.

- Mehrere kurze Pausen sind daher effektiver als eine lange.
- Der Verlauf und die Höhe der objektivem Ermüdung hängen von der Eigenart und Höhe der Belastungen ab. Nur experimentelle Untersuchungen jeder Arbeit und der wirksamen betrieblichen Umstände können die für die jeweilige Arbeit bestmögliche Pausengestaltung ermitteln helfen.
- Dabei sollte man aber bedenken, daß die subjektive Ermüdung gegen Ende der täglichen und auch der wöchentlichen Arbeitszeit relativ gering ist, so daß hier Täuschungen auftreten können.
- Man muß daher dafür sorgen, daß die von ihr evtl. überdeckte objektive Ermüdung zu diesen Zeitpunkten möglichst gering ist, um das Risiko der Wegeunfälle gering zu halten. Das Taschenbuch *Mensch und Arbeit* enthält genauere Schaubilder hierzu [92].

[92] Taschenbuch Mensch und Arbeit 1974/75 S. 127 und 129

Daraus ergibt sich, daß selbst bei erheblicher Verminderung der Arbeitszeit durch regelmäßige Pausen beträchtliche Steigerungen der Gesamtleistung bei gleichzeitiger Schonung der Menschen zu erzielen sind. Das gilt nicht nur, wie häufig dargestellt, für schwere Muskelarbeit, sondern auch für Tätigkeiten, die besondere Konzentration verlangen, wie Korrektur-, Ablese-, Lese- und Bildschirmarbeit.

Da die Menschen zudem meistens nicht natürlich im Sinne ihres Organismus reagieren, sondern unnatürlich, und das besonders unter dem Einfluß ihrer Gruppe, müssen derartige Pausen festgelegt und muß ihre Einhaltung überwacht werden.

- Nach Löhr sind drei Erscheinungsformen psychischer Beanspruchung besonders zu beachten[93]:

- Tätigkeiten mit zu starrem Arbeitstakt, bei denen jede Abweichung zu erheblichen Fehlern führt,
- Unterbeanspruchung infolge von Nicht-Handeln-Können, wobei der Mensch nur als Bereitschaftsorgan funktionieren muß,
- Tätigkeiten, die den Menschen über längere Zeit bis an die Grenze seiner Leistungsfähigkeit fordern, also echte Überforderung und übermäßigen Streß bringen.

In allen diesen Fällen muß bei ungenügender und falsch gelegter Erholungszeit mit organischen und organisch-funktionellen Auswirkungen und Schädigungen, letztlich mit Fehlzeiten gerechnet werden.

- Für Ermüdung und Pausengestaltung ist nach Löhr ferner zu berücksichtigen, daß jede länger anhaltende **geistige Tätigkeit** zu einem erheblichen Aufmerksamkeitsverlust führt, so daß Fehlwahrnehmungen und unkritische Informationsaufnahmen die Folge sind. Es verlängert sich damit die geistige Verarbeitungszeit. Es treten Denkstörungen auf. Zugleich bilden sich Koordinationstörungen heraus, die zu Fehlern der Bedienung führen können.

[93] Löhr: a.a.O. S. 47 f

Mit Hilfe von individuell abgestimmten Leistungsanreizen können diese Fehler eingeschränkt und gemildert, aber auf Dauer kaum verhindert werden.

Ein spezielles Pausenproblem ist die **Mittagspause**. Sie wird im allgemeinen in den Betrieben - besonders in Ballungszentren - viel zu kurz bemessen. Die physiologisch und psychologisch optimale Mittagspause muß folgende Gesichtspunkte beachten:

- Es muß genügend Zeit bestehen, um ohne Hast vom Arbeits- zum Essensplatz und zurück zu gelangen,
- es muß genügend Zeit - auch für langsame Esser - vorhanden sein, die Mahlzeit in Ruhe einzunehmen,
- an die Einnahme der Mahlzeit sollte sich mindestens eine halbe Stunde Ruhezeit anschließen, um physische Störungen durch die Blutverteilungsambivalenz zu vermeiden,
- häusliche Mahlzeiten sind Kantinenmahlzeiten vorzuziehen,
- soweit Kantinenessen unumgänglich ist, sollte dieses nach modernen, nicht ideologisch übersteigerten ernährungsphysiologischen Erkenntnissen unter Berücksichtigung der jeweiligen Arbeitsprozesse und individueller Geschmackswünsche zusammengestellt sein.
- Bei dem Versuch, diese Grundsätze zu verwirklichen, entsteht meistens ein Konflikt zwischen Verlängerung der Mittagspause und Frühzeitigkeit des Arbeitsendes im Interesse der Freizeitgestaltung. Betriebsrat und Arbeitnehmer sind hier in ihrem eigenen Interesse zur Vernunft aufgerufen, wobei den Betriebsärzten in ihrer Beratungsfunktion große Bedeutung zukommt.

Wo immer möglich, sollte **Schichtarbeit** vermieden werden. Insbesondere ist zu versuchen, Nachtschichten zu verhindern oder dort, wo sie bestehen, sie abzubauen.[94]

[94] nach Taschenbuch Mensch und Arbeit 1974/75, S. 136f

- * Durch Schichtarbeit kommt es insbesondere zu Schlafmangel und Schlafstörungen, zu psychischen Spannungen und Veränderungen sowie zu sozialen Konflikten und Störungen.
- * So ergibt sich die Forderung, alle für Nacht- und Schichtarbeit einzusetzende Menschen vorher und während ihres Einsatzes medizinisch zu untersuchen und regelmäßig zu überwachen. Eine zusätzliche psychologische Überprüfung von Zeit zu Zeit ist außerdem ratsam.
- * Menschen, die zu Magen- und Darmerkrankungen, Kreislaufstörungen usw. neigen, sind von der Schicht- und Nachtarbeit auszunehmen. Das gilt auch für Mitarbeiter, die jünger als 25 oder älter als 50 Jahre sind und noch keine solche Arbeit geleistet haben. Dauernachtarbeit ist unbedingt zu unterbinden.
- * Während der Nachtarbeit sind leichte und bekömmliche Mahlzeiten und auch die nötigen, unbedingt alkoholfreien Getränke bereitzustellen.
- * Gesetzlich ist Nachtarbeit für Frauen und Jugendliche verboten, was allerdings nach dem letzten Urteil des Bundesverfassungsgerichts dem Gleichberechtigungsgrundsatz der Verfassung widerspricht.[95]
- * Im übrigen erscheint es zweckmäßig, die heute vielfach üblichen Schichtanfangszeiten 6, 14 und 22 Uhr um ca. 1 bis 2 Stunden auf 7 bzw. 8, 15 bzw. 16 und 23 bzw. 24 Uhr zu verschieben und damit auf die inzwischen veränderten sozialen Gewohnheiten Rücksicht zu nehmen.
- * Wirklich befriedigende Schichtsysteme sind bis heute noch nicht gefunden worden, zumal hierbei auch betriebliche und verkehrstechnische Fragen zu lösen sind. Auch darf man nicht damit rechnen, daß solche Systeme in absehbarer Zeit oder überhaupt jemals entwickelt werden, wenn man den Ausführungen von Stössel folgt .
- * Das verlangt nach besonderer Aufmerksamkeit bei der Auswahl von Schichtarbeitern. Es ist danach wesentlich, die Toleranz jedes betroffenen Individuums für die Schichtarbeit festzustellen. Diese hängt von seiner in-

[95] an einigen Stellen ist das Urteil des BVerfG schon berücksichtigt, ob zum Nutzen der Menschen erscheint fraglich

dividuellen Leistungsrhythmik und einer Vielzahl von Persönlichkeitsfaktoren ab.

- * Insbesondere sind Morgenmenschen (Lerchen) gefährdet, nicht so sehr flexiblere Naturen und Abendmenschen (Eulen).
- * Vor allem Menschen mit sehr konstanter Leistungsrhythmik leiden unter Wechselschichten. Es ist daher notwendig, spezielle Eignungsdiagnostik in dieser Hinsicht zu betreiben, um Risikogruppen auszusieben.
- * Wenig realistisch erscheint dagegen die Forderung, Schicht- und Nachtarbeit grundsätzlich zu verbieten. Hochzivilisierte Gesellschaften können ohne sie nicht auskommen, naturgemäß besonders nicht bei hohen Maschineninvestitionen. Dennoch müssen gerade zukünftige Investitionsentscheidungen dieses Problem berücksichtigen.

Für die Arbeitszeitgestaltung sind aufgrund der heute vorliegenden Erkenntnisse folgende **Grundsätze** zusätzlich zu beachten:

- * *Zeitdruck* bringt im allgemeinen keinen Produktivitätszuwachs außer bei den wenigen Menschen, die aufgrund ihrer Persönlichkeit dazu disponiert sind, besonders gut unter Zeitdruck zu arbeiten. Generell führt er zu Arbeitsstörungen und psychophysischen Schädigungen.
- * *Gesamtarbeitszeit* sollte täglich 8 Stunden nicht überschreiten, da eine längere Arbeitszeit sich als Streß auswirkt, aber infolge unbewußter Verminderung bzw. Streckung des Leistungsfaktors keine erhöhten Leistungen bringt, wenn nicht die Maschine sie erzwingt, was dann Zeitdruck (s.o.) bedeuten kann.
- * *Überstunden* bringen - soweit nicht Zwangstempo wirksam wird - kaum nennenswerte Effekte, aber überproportionale Kosten.
- * *Arbeitszeitverkürzung* führt - besonders bei körperlich schweren Arbeiten und solchen, die eine hohe Dauerkonzentration erfordern - kaum oder selten zu einer Minderung der Produktivität, wenn es sich um eine dosierte Minderung der täglichen Arbeitszeit handelt.
- * *Teilzeitarbeit* erbringt meistens einen höheren Leistungsgrad als Vollzeitarbeit, so daß sich trotz evtl. höherer Kosten Teilzeitarbeit positiv auswirkt.

Außerdem ist Teilzeitarbeit bei einseitiger psychischer oder physischer Belastung vorzuziehen, da dadurch der Verschleiß des arbeitenden Menschen vermindert wird. Das gilt vor allem bei Kontrolltätigkeiten, körperlicher Schwerstarbeit, Schreibarbeiten usw.

- * *Schöpferische Arbeit* sollte soweit wie möglich vom Zwang fester Arbeitszeiten befreit werden, denn Kreativität (schöpferisches Denken) läßt sich zeitlich weder vorprogrammieren noch zu festen Zeiten abrufen. Außerdem können Menschen mit derartigen Funktionen den gedanklichen Prozeß nicht einfach abstellen. Sie arbeiten also meistens auch dann noch, wenn sie nicht am Arbeitsplatz sind.

Anthropometrische Richtwerte

Insbesondere für die Arbeitsplatzgestaltung und die Anordnung von Bedienungselementen sind die Körpermaße sehr wichtig, wobei man sich allerdings darüber klar sein muß, daß diese Richtwerte sich immer wieder ändern und auch landsmannschaftlich Unterschiede aufweisen.

Körpermaße und Bewegungsräume(Männer= M; Frauen= F) nach DIN 33402(1981; 16-60 Jahren)[96]

Bezeichnung			**Percentile**	
		5	**90**	**5**
Körpergröße	M	162.9	173.3	184.1
	F	151,0	161,9	172,5
Augenhöhe	M	150,9	161,3	172,1
	F	140,2	150,2	159,6
Brustbeinhöhe	M	135,0	143,9	153,2
	F	126,9	135,3	143,6
Schritthöhe	M	75,5	82,7	90,1
	F			

[96] nach Hardenacke /Peetz/ Wichert: Arbeitswissenschaft, München 1955 und Institut für angewandte Arbeitswissenschaften 1977

Ellenbogenhöhe	M	102,1	109,6	117,9
	F	95,7	103,0	110,0
Höhe der Hand über der	M	72,8	76,7	82,8
Standfläche	F	66,4	73,8	80,3
Reichweite des Armes	M	66,2	72,2	78,7
(nach vorn)	F	61,6	69,0	76,2
Reichweite des Armes	M	191,0	205,1	221,0
(nach oben)	F	174,8	187,0	200,0

- **Breiten- und Gliedmaßenmaße**

Bezeichnung			**Percentile**	
		5	**90**	**5**
Schulterbreite	M	36,7	39,9	42,8
	F	32,	35,5	38,8
Hüftbreite stehend	M	31,0	34,4	36,8
	F	31,4	35,8	40,5
Sitzhöhe(Sitz bis Kopfrand)	M	84,9	90,7	96,2
	F	80,5	85,7	91,4
Augenhöhe(Sitz bis Augen)	M	73,9	79,0	84,4
	F	68,0	73,5	78,5
Höhe des angewinkelten Ellenbogens über der Sitzfläche	M	19,3	23,0	28,0
	F	19,1	23,3	27,8
Unterschenkellänge	M	40,1	44,1	48,4
	F	36,1	40,1	44,0
Sitztiefe	M	45,2	50,0	55,2
	F	42,6	48,4	53,2
Gesäß - Knielänge	M	55,4	59,9	64,5
	F	53,0	58,7	63,1
Gesäß - Beinlänge	M	96,4	103,5	112,5
	F	95,5	104,4	112,6
Oberschenkeldicke(nicht Umfang)	M	12,7	13,6	15,7

	F	11,8	14,4	17,3
Breite über Ellbogen bei angelegten Armen	M	39,9	45,1	51,2
	F	37,0	45,6	54,4
Sitzbreite	M	32,5	36,2	39,1
	F			
Ellbogen Griffabstand	M	32,7	36,2	38,9
	F	29,2	32,2	36,4

- **Hand- und Fingermaße**

Bezeichnung			**Percentile**	
		5	**90**	**5**
Kleinfingerbreite	M	1,6	1,7	1,8
(Handnähe)	F	1,2	1,5	1,7
Kleinfingerbreite	M	1,4	1,5	1,7
(Fingerspitzennähe)	F	1,1	1,3	1,5
Ringfingerbreite	M	1,8/1,5	2,0/1,7	2,1/1,9
	F	1,5/1,3	1,6/1,4	1,8/1,6
Mittelfingerbreite	M	1,9/1,7	2,1/1,8	2,3/2,0
	F	1,4/1,4	1,8/1,5	2,0/1,7
Zeigefingerbreite	M	1,9/1,7	2,1/1,8	2,3/2,0
	F	1,6/1,3	1,8/1,5	2,0/1,7
Kleinfingerlänge	M	5,6	6,2	7,0
	F	5,2	5,8	6,6
Ringfingerlänge	M	7,0	7,7	8,6
	F	6,5	7,3	8,0
Mittelfingerlänge	M	7,5	8,3	9,2
	F	6,9	7,7	8,5
Zeigefingerlänge	M	6,8	7,5	8,3
	F	6,2	6,9	7,6
Daumenlänge	M	6,0	6,7	7,6
	F	5,2	6,0	6,9

Handflächenlänge	M	10,1	10,9	11,7
	F	9,1	10,9	10,8
Handlänge(m. Fingern)	M	17	18,6	20,1
	F	15,9	17,4	19,0
Daumenbreite	M	2,0	2,3	2,5
(am Gelenk)	F	1,6	1,9	2,1
Handdicke	M	2,4	2,8	3,2
	F	2,1	2,6	3,1
Handbreite m. Daumen	M	9,8	10,7	11,6
	F	8,2	9,2	10,1
Handbreite o. Daumen	M	7,8	8,5	9,3
	F	7,2	8,0	8,5
Griffumfang der Hand	M	11,9	13,8	15,4
	F	10,8	13,0	15,7
Handumfang	M	19,5	21,0	22,9
	F	17,6	19,2	20,7
Handgelenkumfang	M	16,1	17,6	18,9
Handhöhe überm Boden		70		

- **Besondere Arbeitshaltungen**

Bezeichnung			**Percentile**	
		5	**90**	**5**
Arbeiten im Hocken Höhe		120	mKK[97]	130
Breite		70	mKK	100
Arbeiten in Kniebeuge Breite		102	mKK	110
Arbeiten im Knien Breite		120	mKK	130
Höhe		145	mKK	150

- **Bewegungsbereiche**

Bewegungsbereiche(maximal))				
Kopfgelenk:				

[97] mKK= mit KälteKleidung

vor und zurück			+12 bis 25°	
rechts links neigen			+55 bis - 55°	
rechts links drehen			+55 bis -55°	
Rumpf in sich:				
vor- zurückbeugen			+100 bis -50°	
rechts links neigen			+50 bis -50°	
rechts links drehen			+50 bis -50°	
Oberschenkel/Hüftgelenk:				
vor zurück beugen			+120 bis 15°	
auswärts einwärts zur Seite			+30 bis 15°	
Unterschenkel/Oberschenkel		135°/	+0 bis 135°	
Fuß/Unterschenkel			+110 bis +55°(unbe-quem)	
Fuß/Rumpf(auswärts einwärts drehen)			+110 bis 70° (unbequem)	
Oberarm/Rumpf:				
auswärts einwärts schwenken			+180 bis 30°	
auf ab schwenken			+180 bis 45 °	
vor zurück schwenken			+140 bis 40°	
Unterarm/Oberarm			+145 bis 0°	
Hand/Unterarm einwärts-/ auswärtsschwenken		+30 /	+30 bis 20°	
Hand/Unterarm beugen /strecken		+75 /	+75 bis 60°	
Hand/Rumpf, links /rechts drehen			+130bis 120°	

- **Arbeitshöhen**

feine Arbeit im Stehen	M F		100 bis 110 95 bis 105	
leichte Arbeit im Stehen	M F		90 bis 95 85 bis 90	

schwerere Arbeit im Stehen	M F		75 bis 90 70 bis 85	
Schreibmaschinentische	M F		64 61	
Feinstarbeit mit kurzer Sehdistanz	M F		100 bis 110 80 bis 90	
Schreib- und Lesearbeiten	M F		74 bis 78 70 bis 74	
Handarbeit im Sitzen mit Kraftleistungen	M F		68 65	

Arbeitsmöbel:

Auch Arbeitsplätze, Arbeitseinrichtungen, z.B. Möbel und Maschinen, sowie Arbeitsmittel, etwa Werkzeuge, müssen an den Menschen angepaßt werden. Dazu muß man auch wissen, welche Funktionen an welchen Tätigkeiten beteiligt sind. Naturgemäß sind das sehr unterschiedliche je nach Tätigkeitsbereich. Im allgemeinen unterscheiden sich die Funktionen im Büro deutlich von denen in der Werkstatt. Man muß folglich bei der Gestaltung von Arbeitsplätzen und Arbeitsmitteln zunächst die jeweiligen Funktionen sehr genau analysieren. Dazu gehört, daß man sich mit den jeweiligen Tätigkeiten vertraut macht. Nicht übersehen werden sollte dabei allerdings, was bei vielen Autoren der Fall ist, daß viele Tätigkeiten Funktionen des Zentralnervensystems, also psychische Funktionen in hohem Maße mit beanspruchen. Soweit es Bürotätigkeiten angeht, finden sich nähere Hinweise bei Peters. In den Refa-Büchern sind Auskünfte über Funktionen in der Produktion enthalten[98]. Hierbei ist es besonders ergiebig, die Darlegungen zu den Methoden vorbestimmter Zeiten heranzuziehen.

Tragen und Heben:

Besondere Probleme stellen auch heute noch die körperlichen Belastungen. Das betrifft einmal das Tragen von Lasten, wofür es exakte Grenzwerte gibt ,

[98] vgl. Peters: a.a.O.; Refa-Bücher

die oft genug nicht eingehalten werden. Das gilt besonders für kleinere Betriebe, in Betrieben des Herbergsgewerbes, aber auch etwa bei der Bundeswehr und in Schulen, wo vor allem Turn- und Sportlehrer gegen die Arbeitsschutzbestimmungen verstoßen. Die dabei entstehenden Schäden werden leider nicht gleich offenbar, sondern treten oft erst viele Jahre später hervor und werden dann einfach dem Alter oder allein dem Betroffenen angelastet. Hier wäre eine schärfere Aufsicht der zuständigen Aufsichtsgremien bzw. -behörden unbedingt erforderlich.

*Lastentragen (in kp)[99]

tägliche Dauer		Männer			Frauen	
in Std.	Maximum Normal Minimum	Normal Maximum Normal	Minimum Minimum	Maximum	Normal	Minimum
≤1	50	40	30	30	20	15
1.5 bis 4	32	25	18	16	12	9
4 bis 6	20	14	9	9	6	4
>6	10	6	3	5	2.5	1
Jugendliche zeitweise		20			15	
häufig		11-16			7-11	

- Grundsätze für Heben und Tragen

- * vorher alle Hindernisse beseitigen
- * optimale Höhe des Lastfassens ca. 40 cm über Standfläche
- * optimales Hebegewicht (s.o.)
- * möglichst körpernahes Anheben
- * Rücken durchdrücken
- * bei Anheben vom Boden Hilfsmittel zur Verlängerung der Arme verwenden

[99] nach Taschenbuch Mensch und Arbeit 1974/75, S. 30f

- * Ausgangsstellung mit tiefgebeugten Knien und aufgerichtetem Oberkörper
- * Tragen nahe am Körperschwerpunkt, möglichst mit zwei seitlich herabhängenden Armen bzw. Händen

Arbeitshaltungen:

Es sollte möglichst im Sitzen gearbeitet werden, wo dieses nicht möglich ist, ist für Sitzgelegenheiten in den Pausen unbedingt Sorge zu tragen. Bücken und Arbeiten in gebückter Haltung ist ebenso zu vermeiden wie Hocken und Arbeiten in Hockhaltung. Überhaupt führen Arbeiten, bei denen über längere Zeit eine Zwangshaltung erforderlich ist, zu frühzeitigen Schädigungen. Das gilt vor allem für Haltungsarbeiten und statische Belastungen. So ist dann auch Halte- und Tragearbeit zu vermeiden. Ganz besonders wichtig ist eine Arbeits- und Arbeitsmittelgestaltung, die eine normale Kopfhaltung ermöglicht.

Wie wesentlich die Beachtung der Kopfhaltung ist, haben Untersuchungen von Orthopäden ergeben , die festgestellt haben, daß viele der sog. Sehnenscheidenentzündungen von Schreibkräften gar keine sind. Es handelt sich hierbei vielmehr um Auswirkungen einer falschen Kopfhaltung. Durch im modernen Design gebaute Schreibmaschinen und deren tief liegenden Wagen müssen die Schreibkräfte beim Mitlesen während des Schreibens den Kopf gesenkt halten. Das führt zu einer Verspannung der Schultergürtelmuskulatur, die sich dann in Kopfschmerzen, aber auch in sehnenscheidenähnlichen Beschwerden äußert. Durch hochgestellte Schreibmaschinenwagen bzw. -walzen oder Doppelspiegel in Augenhöhe zum Mitlesen lassen sich diese Beschwerden danach leicht beseitigen. Natürlich gibt es auch die echten Sehnenscheidenentzündungen. Diese sind primär durch die übliche Gestaltung der Schreibmaschinentastatur hervorgerufen. Deren Anordnung führt u.a. dazu, daß die Hände an den Handwurzeln abgeknickt werden müssen. Die Arbeitswissenschaftler schlagen daher eine trapezförmige Tastatur vor, wie sie schon in den 20er Jahren von einigen kalifornischen Ingenieuren entwickelt wurde. Durch den Einsatz von Computer und Bildschirm können derartige Probleme teilweise beseitigt werden.

Informationsgestaltung

Informationsgestaltungsgrundlagen

Das Problem des Kontextes umfaßt nicht nur die Tätigkeitsumwelt, sondern auch die Gestaltung der Arbeit selbst. Hierbei sind zunächst die für die Arbeitsausführung benötigten Informationen zu berücksichtigen. Auch sie müssen den Eigenarten der Spezies Mensch angepaßt werden. Die Psychologie und die Sinnesphysiologie liefern wesentliche Hinweise dazu. Auch hierbei gibt es naturgemäß große individuelle Unterschiede, was auch für die Tätigkeiten und ihre Gestaltung zu beachten ist. Viele Tätigkeiten im Betrieb verlangen Reaktionen auf Informationen. Vielfach geht es dabei um Fragen nach Tempo und Genauigkeit. Um die Tätigkeit menschengerecht zu gestalten, muß man daher die Reaktionszeiten des Informationsverarbeitungssystems Mensch genau kennen.

- - Begrenztheit der gleichzeitigen Wahrnehmungsgegenstände auf etwa 3 bis 5 im Normalfalle
- - psychisches Moment, das bei 0.1 bis 0.05 s liegt und eine Trennung von Reizen nur dann erlaubt, wenn ihr Abstand größer als dieses Moment ist.

Hofstätter gibt zusätzlich folgende Orientierungswerte an[100]

Reaktionszeiten	
AufgabenNiederdrücken einer Taste auf Licht oder Tonsignal	Millisekunden
Niederdrücken einer Taste auf Licht oder Tonsignal	140 bis 250
Lesen eines vorgezeigten Wortes	350 bis 550
Benennung vorgezeigter Gegenstände des täglichen Lebens	600 bis 800
Wahlreaktionen, bei denen mehrere Reize in spezifischer Weise zu beantworten sind	200 bis 1000
freie Assoziationen (Antworten auf Stichworte)	>1200

[100] Hofstätter: Psychologie, Ausgabe 1975, S. 284

Kompatibilitätsproblem nach Graf Hoyos:[101]

(Zusammenspiel von Reizen und Bewegungsreaktionen)

„a) Das Erlernen einer Operation erfolgt wesentlich rascher bei kompatiblen Vorrichtungen als bei nicht kompatiblen.

b) Werden inkompatible Vorrichtungen verwandt, so ist die Gefahr eines Unfalls wesentlich größer, da in Notfällen der Operateur. auf übliche Bewegungsrichtungen zurückgreift und nicht auf die erlernten.

c) Die Leistung im System mit inkompatiblen Komponenten wird bei irgendeinem Streß rascher abfallen als bei kompatiblen Komponenten. Die Wirkung des Systems wird entsprechend geringer sein.

d) Alle Teilkomponenten einer Steuereinrichtung sollten zum gleichen Effekt führen. Lassen sich nicht alle Elemente kompatibel machen, so sei es besser, wenn alle Elemente inkompatibel sind, als daß einige kompatibel und andere inkompatibel sind.

e) Alle Steuerungen, die einem bestimmten Zweck dienen (Öffnen oder Schließen), sollten die gleiche Drehrichtung haben.

f) Elemente gleicher Kompatibilität sollten in verschiedenen Teilen des Systems verwendet werden, besonders wenn ein Operateur von Systemteil zu Systemteil zu gehen hat.

g) Erweist sich ein bei der Entwicklung des Systems entworfener Systemteil später als inkompatibel, so sollte man ihn so ändern, daß er mit einer starken inzwischen etablierten Sterotypie übereinstimmt.

h) Die Anzeigen und Steuerungen sollten sich auch in ihren räumlichen Anordnungen entsprechen.

i) Alle genannten Forderungen haben für ältere Mitarbeiter größere Bedeutung."

optische Informationen:

- **Ablesen**

Zu den **optischen Informationen** gehören u.a. die Anzeigen (Uhren, Meßinstrumente usw.). Hierbei ist zwischen Analog- und Digitalanzeigen zu unter-

[101] Graf Hoyos in Schmidtke Ergonomie 2, S. 93ff, zum Thema der Adäquanz der Anordnungs- und Reaktionsfolgen

scheiden. Im Falle der Analoganzeigen kann man zwischen solchen mit bewegtem Zeiger und solchen mit bewegten Skalen unterscheiden. Letztere sind für den Menschen weniger geeignet. Digitalanzeigen eignen sich gut zum Ablesen numerischer Werte, aber auch zum Einstellen genauer Werte.[102]

Das setzt allerdings voraus, daß die Änderungen recht langsam erfolgen, da sonst die Größe des psychischen Moments und der Ablesereaktionen (s.o.) zu Verfälschungen führen.

Analoganzeigen mit bewegtem Zeiger eignen sich gut für qualitative Wertbestimmungen und Vergleiche. Auch zum Einstellen von Werten, die sich relativ stetig verändern, und zum Regeln sind solche Analoganzeigen einzusetzen.

Soweit Ziffern verwendet werden, spielt die Klarheit und Einfachheit der Formen und die unverwechselbare Unterschiedlichkeit derselben eine äußerst wichtige Rolle. Das wird oft nicht einmal bei den Ziffern von Schreibmaschinentypen beachtet.

Werden mehr als 4 Ziffern angezeigt, so ist es sinnvoll, sie zu gruppieren, da die menschliche Wahrnehmung im Zuge der Gestalttendenz zu Zusammenschlüssen neigt. Am zweckmäßigsten sind bei Geübten Dreier- und bei Ungeübten Zweierkombinationen. Auch hierbei muß das verwendete und das den betreffenden vertraute Zahlensystem berücksichtigt werden. Vor allem aber sollte man beachten, daß die menschliche Wahrnehmung durch schulische und alltägliche Gewöhnung, zahlenmäßig an das dekadische System, gebunden ist.

- Bei allen Anzeigen muß darauf geachtet werden, daß es beim Ablesen nicht zu Parallaxenfehlern kommt. Das läßt sich bei Rundinstrumenten am leichtesten durch hinterlegte Spiegel vermeiden, ist bei Langskalen nur selten auszugleichen.
- Verwendet man aber Langskalen, sollte man möglichst horizontale einsetzen, die rascher und mit weniger Ermüdungsgefahr abgelesen werden können.
- Evtl. Sollwerte müssen senkrecht untereinander angeordnet werden.

[102] Schmidtke: Ergonomie 2, S. 79

- Fensterskalen sind ausschließlich für Ablesearbeiten zu verwenden, wobei mindestens 3 Ziffern sichtbar sein sollten, um die Arbeit zu erleichtern, denn dann kann die Aufmerksamkeit auf den Ablesemoment konzentriert werden.

Von großer Bedeutung ist die Skalenteilung. Schmidtke gibt in seiner Ergonomie 2 die Zusammenhänge zwischen Fehlerzahl und Teilstrichabstand bei einer Ableseentfernung von 78 cm an[103]. Das Optimum liegt dann bei einem Teilstrichabstand von 18 bis 19 mm.

Zudem spielen die bestehenden Interpolationsmöglichkeiten eine Rolle. Je weiter die Ablesestelle von der Skaleneinteilung oder ihrer Mitte abweicht, umso größer wird die Fehlerquote.

- Für die zu verwendenden Schriftgrößen gilt nach DIN 1451

$$h= (D+250)/F$$

Darin ist h die Schriftgröße, D die Ableseentfernung in mm und F ein Faktor für die Schriftart und die Lichtverhältnisse, wobei auch der Kontrast zu beachten ist. Für eine Durchschnittsschrift liegt F bei etwa 550 bei sehr günstigen Lichtverhältnissen, bei 350 bei mittleren Lichtverhältnissen. Allerdings sind diese nicht genau genug definiert, ebensowenig wie die Schriftarten.

Auch für die Bezifferung macht Schmidtke[104] nähere Angaben. Am günstigsten erweist sich die Folge der natürlichen Zahlen ohne Auslassung, es folgt die Anordnungsweise der geraden Zahlen und daraufhin die 0....5...10..15..20. *Auf jeden Fall sollte man darauf achten, daß Skalenteile und Ziffern nie vom Zeiger der Anzeige verdeckt werden, da das zu schwerwiegenden Fehlern führen kann.

Allerdings darf die Zeigerspitze auch nicht weit von den Skalenstrichen entfernt sein, da dann ebenfalls Ablesefehler auftreten und zusätzlich eine erhöhte Belastung für den Mitarbeiter auftritt.

---

[103] Schmidtke: a.a. O. S. 84

[104] Schmidtke: a.a.O. S. 89

Ferner muß darauf geachtet werden, daß die Zeiger nicht zu fein sind, weil sie und ihre Ausschläge dann leicht übersehen werden bzw. die Konzentrationsbeanspruchung unzulässig anwächst.

Zu grobe Zeiger führen demgegenüber zu Ungenauigkeiten der Ableseergebnisse. Hier wird ein arbeitswirtschaftlich orientiertes Personalwesen zu enger Zusammenarbeit mit Einkauf und Technikern finden müssen.

- Besondere Bedeutung haben heute **Lichtsignale**, bei deren Gestaltung im Zeitalter der LEDs häufig gesündigt wird. Es müssen dabei vor allem folgende Gesichtspunkte beachtet werden:

Die **Helligkeit** muß sich deutlich vom Hintergrund abheben, wobei einerseits die Intensität der einfallenden Beleuchtung zu berücksichtigen ist, andererseits darauf geachtet werden muß, daß umso größere Helligkeit erforderlich ist, je weiter die Signale von der Gesichtsfeldmitte entfernt aufgenommen werden müssen.

Hinsichtlich der **Anordnung** muß ein Mindestabstand eingehalten werden, um Verwechslungen zu vermeiden. Dieser Abstand darf nicht dem Abstand zwischen dem gelben und dem blinden Fleck der Netzhaut entsprechen. Er muß zudem umso größer sein, je weiter die Signalquellen entfernt sind und je mehr ihre Beobachtung außerhalb des Gesichtsfeldzentrums erfolgt.

Eine Lageanordnung, die eine automatische Zuordnung zu Bedienungsorganen ermöglicht, ist im Sinne der Kompatibilität anzustreben.

Zu beachten ist ferner, daß die Farbempfindlichkeit für verschiedene Farben unterschiedlich ist und daß der nutzbare Gesichtsfeldwinkel für manche Farben beschränkt ist (s.o.).

Den größten Aufmerksamkeitswert haben **Blinksignale**, deren Taktfrequenzen zwischen 1 und 2 Hz liegen.

- Besonders für die geistige Arbeit, aber auch auf anderen Gebieten spielen **optisch-sprachliche Nachrichten**[105] eine wesentliche Rolle. Hierbei gelten nach Peters folgende Gestaltungsgesichtspunkte:

---

[105] vgl. auch Kropf: Neue Psychologie in der Neuen Werbung, Stuttgart 1950, S. 308 ff

1. Die **Größe** der Zeichen in mm sollte gleich dem Abstand vom Auge in mm dividiert durch 200 sein.
2. Die **Breite** der Zeichen sollte 2/3 der Zeichengröße betragen.
3. Die **Strichdicke** sollte bei 1/6 der Zeichengröße liegen.
4. Der **Abstand** der Buchstaben sollte 1/5 bis 1/6 der Zeichengröße, der zwischen Worten und Zahlen 2/3 der Zeichengröße einnehmen.

Normalsichtigkeit bzw. volle Brillenkorrektur vorausgesetzt, liegt der **normale Leseabstand** bei 50 cm, was einer Zeichengröße von 2,5 mm entsprechen würde. Diese wird von vielen Druckerzeugnissen heute nicht eingehalten. Da der Leseabstand bei der Bildschirmarbeit meistens größer ist, müssen auch die Buchstabenhöhen gesteigert werden, was in etwa auf 14 Pkt. Schriften verweist.

Die optimale **Zeilenlänge** liegt bei Normalausführung bei 10 bis 14 cm, weil nur dann wenig belastende Kopfbewegungen erforderlich werden. was bei der Bildschirmarbeit auf 15 bis 20 cm Zeilenlänge verweist, wozu eine 30cm Bildschirmdiagonale ausreicht.

- Vom Text her sollte das Schriftgut dem Empfänger und seinen Gewohnheiten angepaßt werden. Hier bestehen allerdings - schon von der Vorbildung her - vielfach beträchtliche Unterschiede.

Immer wieder wird in diesem Zusammenhang die Forderung nach größter Einfachheit der sprachlichen Gestaltung erhoben, doch liegen auch darin beträchtliche Fehlerquellen, weil Menschen mit komplizierten und abstrakten Denkgewohnheiten bei einfacher und konkreter Textgestaltung ermüden und evtl. wesentliche Informationen übersehen.

Außerdem besteht die Gefahr, daß unsere sprachlichen Mitteilungen im Laufe der Zeit in primitive Urzustände zurückfallen, wenn man sich immer nur nach den Schwächsten richtet.

Fachsprache sollte allerdings nur dort verwendet werden, wo gewährleistet ist, daß nur auf dem betreffenden Gebiet vorgebildete Personen den Text lesen müssen bzw. solche, die das Fach erlernen wollen, sich mit ihm vertraut machen sollen.

- Mehr und mehr tritt an die Stelle beschriebenen Papiers - wobei handschriftliche Angaben generell zu vermeiden sind - **die optische Wiedergabe über Lese- bzw. Datensichtgeräte**: Hierbei sind nach dem heutigen Erkenntnisstand folgende Grundsätze und Werte unbedingt zu beachten:
- auf die Bildschirmhelligkeit abgestimmte Hintergrundhelligkeit, die erstere nicht voll erreichen, aber auch nicht wesentlich unterschreiten sollte
- möglichst dunkle Schrift auf hellem Grund bei Kontrastwerten um 1:7 bis 1:10 für Anwender
- Entspiegelung des Bildschirms
- absolute Flimmerfreiheit des Bildschirms
- schräggestellte Lesefläche, besser noch Bildschirm in Augenhöhe; bei Schrägstellung Verstellbarkeit der Schräglage
- verkürzte Tätigkeitszeiten
- 30 Minutenpausen nach 45 bis 60 Minuten dauerndem Arbeiten bzw. Lesen am Bildschirm
- Vorlagenhalterungen direkt neben dem Bildschirm und zur Bildschirmoberfläche parallel liegende Vorlagenflächen
- regelmäßige augenärztliche Kontrolle
- möglichst einfache und klare Schriften, keine punktierten Buchstabenstriche.
- (Die vielfach empfohlenen Gaben von Vitamin A dürfen nur unter ärztlicher Aufsicht erfolgen, sollten generell vermieden werden, zumal über evtl. Spätfolgen nichts bekannt ist.)

Der Überprüfung kann das Arbeitsprogramm EB dienen. Im übrigen kommen immer mehr Datensichtgeräte bzw. Monitore auf den Markt, bei denen dunkle Schrift auf hellem Grund erscheint, wobei die Röhrengeräte inzwischen als überholt gelten können.

Lediglich im **Mikrofilmbereich** scheint man hinsichtlich dunkler Schrift auf hellem Grunde keine Anstalten zu machen. Begründet wird dieses meistens mit der entstehenden Blendung bei größeren Leerflächen. Nun ist bei dieser Technik zunächst nicht einzusehen, warum mit Durchlicht- statt mit Auflichtprojektion gearbeitet wird, wie man es anfangs getan hat. Zum anderen werden die meisten Mikrofilmunterlagen für den ständigen Gebrauch von den Originalaufnahmen kopiert, wobei es problemlos und vielleicht auch noch billiger wäre, dabei ein Positivverfahren zu verwenden.

Bei Programmierarbeiten scheint nach Aussagen von Programmierern übrigens helle Schrift auf dunklem Hintergrund zweckmäßiger zu sein.

akustische Informationen

Wie im Falle optischer Signale ist zu beachten, daß es unterschiedliche Empfindlichkeiten des menschlichen Ohres gibt[106]

Empfindlichkeit	Frequenzbereich
sehr große	4000 bis 6000 Hz
Große	600 bis 4000 Hz; 6000 bis 11000 Hz
Geringe	unter 100 Hz ; über 12000 Hz

Zusätzlich muß die Einengung des Hörbereiches mit steigendem Alter berücksichtigt werden, so daß für die Praxis der akustischen Nachrichtengestaltung Werte unter 100 und über 8 000 Hz nicht zu verwenden sind.

Ferner ist noch zu beachten, daß akustische Signale deutlich intensiver als der in der Umgebung herrschende Schallpegel sein müssen und sich in ihrer Frequenz merklich von den im Übertragungskanal herrschenden Frequenzen absetzen sollten.

Wichtige akustische Warnsignale sollten ungleichförmig sein, und das vor allem in ihrem Amplitudenverlauf.

Bei **sprachlichen akustischen Nachrichten** muß man für möglichst störungs- und rauschfreie Übertragungskanäle sorgen. Die Abstände zwischen Sender und Empfänger sollten gering gehalten werden.

1. Ist das nicht zu verwirklichen, müssen technische Hilfs- und Verstärkereinrichtungen eingesetzt werden, die unbedingt klirrfrei sein sollten.

---

[106] Hofstätter: a.a.O. S. 140

2. Auch die Frequenztreue solcher Einrichtungen ist wesentlich.
3. Aus sozialen Gründen ist die Möglichkeit direkter verbaler Verständigung der Menschen untereinander zu schaffen.
4. Sobald es um formelle sprachliche Mitteilungen geht, sollte wegen der erforderlichen Präzision und allgemeinen Verständlichkeit unbedingt nur die Hochsprache verwendet werden.
5. Schnellsprechen ist stets zu vermeiden, da die durchschnittliche akustische Aufnahmeleistung von Menschen etwa 8 bit /sec nicht überschreitet.
6. Wichtig ist - etwa bei Warnrufen -, daß die Redundanz auf die Besonderheit des jeweiligen Übertragungskanals abgestimmt wird.

Mehr und mehr werden auch auf diesem Gebiete technische Einrichtungen verwendet, wie elektronische Sprachverstärker, drahtlose Verständigungseinrichtungen sowie elektronisch speichernde Aufnahme- und Wiedergabegeräte, letztere sowohl als Nachrichtenträger als auch als Diktiergeräte, Zwar sind in den letzten 20 Jahren erhebliche Verbesserungen dieser Geräte erzielt worden, dennoch bestehen gegenüber manchen Einrichtungen und Verwendungsformen vom Standpunkte ihrer Anpassung an den Menschen immer noch große Bedenken.

- Soweit es Diktiergeräte betrifft, ist auf einen einwandfreien und geradlinigen Frequenzgang zwischen 250 und mindestens 5000 Hz zu achten.
- Zu geringe Tonträgergeschwindigkeiten müssen vermieden werden. Am zweckmäßigsten ist die heute in Kassettengeräten der Unterhaltungselektronik verwendete Bandgeschwindigkeit von 4.75 cm/sec.
- Alles Anforderungen, denen viele Diktiergeräte nicht genügen. Man sollte dann lieber auf entsprechende Geräte der Unterhaltungselektronik zurückgreifen, die oft noch weniger kosten.
- Natürlich ist eine scharfe und akzentuierte, genau artikulierende Sprechweise des Diktierenden ebenso wichtig.
- Er sollte auch alle Satzzeichen mitsprechen, um die Schreibenden zu entlasten.

- In der Wiedergabe ist der vielfach verwendete beidseitige Ohrhörer abzulehnen, da er einerseits eine Isolierung gegenüber der akustischen und sozialen Umwelt bewirkt und andererseits sein Tragen bei sensiblen Menschen die Ohren übermäßig belastet.
- Am geeignetsten ist die Wiedergabe über Lautsprecher, die gehörrichtig im Raume angeordnet sind, deren Frequenzbereich geradlinig und gehörrichtig sowie breit genug ist.
- Soweit eine Lautsprecherwiedergabe nicht möglich ist, sollte ein einohriges Abhören erfolgen. Das setzt allerdings erstens einen niedrigen Geräuschpegel des Raumes voraus und verlangt außerdem eine hohe Wiedergabequalität der Ohrhörer, wie man sie im Elektronikfachhandel, aber kaum im Organisationsmittelfachhandel findet.

Zusammenfassung

In diesem Bändchen habe ich versucht, all jene Verfahren der Verhaltensdiagnostik zusammenzustellen und zu erläutern, die uns helfen können, Beeinträchtigungen und Frust aus dem berufs- und Arbeitsleben zu erkennen und zu bekämpfen. Ich habe mich dabei auf wenige Beispiele beschränkt, denn die Situation eines jeden Lesers ist anders, und Rezepte zur Lösung individueller Probleme gibt es nicht. Man kann dazu nur immer wieder die Ziele und die Mittel vor Augen führen, die zur Verfügung stehen, und kann, wie es hier versucht wurde, Gefahren für die Selbstverwirklichung und psychische Gesundheit aufzeigen.

Im Arbeitsleben gibt es naturgemäß eine Fülle von beeinträchtigenden Faktoren, deren Um- und Neugestaltung eine wesentliche Aufgabe der Führung ist[107], auf die der einzelne Mitarbeiter oft nur wenig, wenn überhaupt Einfluß hat. Er wird vor allem danach trachten müssen, unnötigen und seine Integrität gefährdenden Belastungen durch Arbeitsanforderungen, Sozialkörper und Lenkungsinstanzen, durch Meinungen, Einstellungen und Gruppenbildungen auszuweichen. Auf der anderen Seite wird es erforderlich, daß Unternehmen die Gefahren sehen, die psychische und physische Belastungen aus der Arbeitswelt für sie und ihre Mitarbeiter bergen. Erkauft wird der psychophysische Gesundheitsschutz allerdings, wie Wottawa deutlich macht, mit einem Verlust im Datenschutz, doch bin ich der Meinung, daß etwas weniger Datenschutz vertretbar ist, wenn dadurch die psychophysische und psychosoziale Intaktheit der Menschen im Arbeitsleben verbessert wird,[108] zumal ihre Leistungsfähigkeit und Effektivität dadurch steigt.

---

[107] vgl. dazu Waszkewitz: Arbeitswissenschaftliche Personalarbeit der Zukunft, Stuttgart 1998

[108] vgl. dazu Wottawa: Der „gläserne" Mitarbeiter in Feix: Personal 2000 a.a.O.

Literaturverzeichnis

Aiken, L.R.	Assessment of Intellectual Functioning, Newton, Massechusetts, 1987
Allport, G.W.	Persönlichkeit, Stuttgart 1949
Amthauer, R.	I.-S.-T., Intelligenz-Struktur-Test, 2. Aufl. Göttingen
Anschütz, H.	Kybernetik, 4. Aufl. Würzburg 1979
Arnold, W.	Person, Charakter, Persönlichkeit, Göttingen 1957
Arnold/ Eysenck/ Meili	Lexikon der Psychologie, Freiburg 1987
Berg,J. van den	Grundriß der Psychiatrie, 3. Aufl. Stuttgart
Bettelheim, B.	Die Geburt des Selbst, Frankfurt 1984
Bohm, E.	Lehrbuch der Rorschach-Diagnostik, 5. Aufl. Bern 1975
Cattell, R.B.	Personality, 1950
Cattell, R.B.	Die empirische Erforschung der Persönlichkeit, 2. Aufl. Weinheim
Correl, W.	Lernpsychologie, Donauwörth 1970
Delay/ Pichot	Medizinische Psychologie, 2. Aufl. München 1970
Delhees, K.H.	Motivation und Verhalten, München 1975
DGB:	Menschengerechte Arbeitsgestaltung, Köln 1978
Dirks, H.	Psychologische Faktoren der Berufsarbeit, Göttingen 1957
Eibl-Eibesfeld, I.	Die Biologie des menschlichen Verhaltens (Sonderausgabe der 3. Aufl. Weyarn 1997)
Eibl-Eibesfeld, I.	Der vorprogrammierte Mensch, 4. Aufl. München 1982
Flechtner, H.J.	Grundbegriffe der Kybernetik, dtv, München 1984
Freud, S.	Über Psychoanalyse, Wien 1949
Hardenacke/ Peetz/ Wichardt:	Arbeitswissenschaft, München 1985
Hauser, E.	Coaching: Führung für Geist und Seele; in W.E. Feix: Personal 2000, Frankfurt-Wiesbaden 1991
Hemling, H.	Taschenbuch der Psychologie, München 1974
Hofstätter, P.R.	Psychologie (Fischer-Lexikon) Ausgabe Frankfurt 1975
Klages, H.	Wertewandel: Rückblick, Gegenwartsanalyse, Ausblick; in W.E. Feix: Personal 2000, Frankfurt-Wiesbaden 1991
Klaus, G.	Kybernetik in philosophischer Sicht, Berlin 1961
Klaus, G. (Hrsg.)	Wörterbuch der Kybernetik, 2 Bände, Frankfurt 1969
Krech/Crutschfield u.a.;Hersg. H. Benesch	Grundlagen der Psychologie, Augsburg 1998
Lückert, H.R.	Konfliktpsychologie, München-Basel 1972

Miller, A.	Am Anfang war Erziehung, Frankfurt 1980
Mitscherlich, A.	Auf dem Wege zur vaterlosen Gesellschaft, Serie Piper 45
Penrose, R.	Computerdenken, Spektrum-Heidelberg, ohne Jahreszahl
Pervin, L.A.	Persönlichkeitstheorien, München-Basel 1993
Peter&Hull	Das Peter Prinzip
Peters, Th.	Arbeitswissenschaft für die Büropraxis, 2.Aufl.,Ludwigshafen/Rh. 1976
Pieroth (Herausgeber)	Sozialbilanzen in der Bundesrepublik Deutschland, Düsseldorf 1978
Roth, E.	Persönlichkeitspsychologie, 6. Aufl., Stuttgart 1981
Ruch/Zimbardo	Lehrbuch der Psychologie, 2. Aufl. 1975
Schepank, H.(Hrsg.)	Psychogene Erkrankungen der Stadtbevölkerung, Berlin-Heidelberg 1987
Schmidtke (Herausgeber)	Ergonomie 1 und 2, München 1973/74
Skiba, R.	Taschenbuch der Arbeitssicherheit, 2. Aufl. Bielefeld 1975
Sternberg, R.J.	"Erfolgsintelligenz" in Psychologie heute, März 1998 S.21ff als Buch bei Droemer, Kindler
Stettbacher	Wenn Leiden einen Sinn haben soll, 2. Aufl. Hamburg
Waszkewitz, B.	Eignung und Neigung als Fundamente menschlicher Leistung (Wirtschaft und Berufserziehung Heft 9/57)
Waszkewitz, B.	Einstellung zur Arbeit (in W.E. Feix: Personal 2000, Wiesbaden-Frankfurt 1991
Waszkewitz, B.	Arbeitswissenschaftliche Personalarbeit der Zukunft, Stuttgart 1998
Waszkewitz, B.	Organisation von Systemen, Stuttgart 1998
Waszkewitz, B.	Mitarbeiterführung 2000, Stuttgart 1999
Waszkewitz, B.	Mensch und Gesellschaft, Stuttgart 2000
Waszkewitz, B.	UP TO DATE 2002, Stuttgart 2002
Waszkewitz, B.	Psychologie der Persönlichkeit, Stuttgart 2003
Wottawa, H.	Der "gläserne" Mitarbeiter; in W.E. Feix: Personal 2000, Frankfurt-Wiesbaden 1991
Zimbardo, Ph.G.	Psychologie, 6 Aufl. Berlin... 1995

Terminikurztabellen

Basistabellen

Im allgemeinen steht erst der Code für die Individualinstanz, dann in Klammern eine sprachliche Übersetzung, dann der Code für die Sozialstruktur, dahinter jener für Umweltsysteme, anschließend für die Verhaltensperson.[109]

IN (Allgemeineindruck), INW, INX, INV

Wert	Realwertbedeutungen	Imaginärwertbedeutungen
>+6,0	stark expansiv	in besonderem Maße außengelenkt
5,6 bis 6,0	expansiv	ausgesprochen außengelenkt
5,1, bis 5,5	mäßig expansiv	außengelenkt
4,6 bis 5,0	ausgesprochen extravertiert	stark umweltabhängig
4,1 bis 4,5	extravertiert	umweltabhängig
3,6 bis 4,0	mäßig extravertiert	eher umweltabhängig
3,1 bis 3,5	ausgesprochen weltzugewandt	sehr unbestimmt
2,6 bis 3,0	weltzugewandt	unbestimmt
2,1 bis 2,5	mäßig weltzugewandt	eher unbestimmt
1,6 bis 2,0	sehr offen	ungezwungen
1,1 bis 1,5	offen	eher ungezwungen
0,6 bis 1,0	mäßig offen	recht uneindeutig
0,0 bis 0,5	ausgeglichen	uneindeutig
-0,0 bis –0,5	eher ausgeglichen	leicht uneindeutig
-0,6 bis –1,0	mäßig gedämpft	leicht übersteuert
-1,1 bis –1,5	gedämpft	eher übersteuert
-1,6 bis –2,0	stark gedämpft	leicht unfrei
-2,1 bis –2,5	mäßig gesteuert	unfrei
-2,6 bis –3,0	gesteuert	recht unfrei
-3,1 bis –3,5	straff gesteuert	leicht verspannt
-3,6 bis –4,0	eher innengelenkt	verspannt
-4,1 bis –4,5	innengelenkt	deutlich verspannt
-4,6 bis –5,0	stark innengelenkt	eher gezwungen
-5,1 bix –5,5	eher in sich gekehrt	gezwungen
-5,6 bis –6,0	in sich gekehrt	leicht verkrampft
<-6,0	ausgesprochen in sich gekehrt	verkrampft

[109] Die grammtikalischen Formen sind dem jeweiligen Textprogramm anzupassen, die es auch für die Sozialstruktur und die allgemeine Umweltstruktur gibt.

In (Gesamtstruktur) Inw; Dy(Ablaufstruktur) Dyw; Dyx; My(Bedürfnisstruktur) Myw, Myx, Inv

Wert	**Realwertbedeutungen**	**Imaginärwertbedeutungen**
0,0 bis 0,5	unselbständig	abhängigen
0,6 bis 1,0	unbestimmten	anfälligen
1,1 bis 1,5	eher unauffälligen	störbaren
1,6 bis 2,0	unauffälligen	kraftlosen
2,1 bis 2,5	sehr unauffälligen	lässigen
2,6 bis 3,0	annähernd realistischen	inkonsequenten
3,1 bis 3,5	realistischen	unentschiedenen
3,6 bis 4,0	ausgesprochen realistischen	legeren
4,1 bis 4,5	annähernd selbständigen	gewollten
4,6 bis 5,0	selbständigen	forcierten
5,1 bis 5,5	sehr selbständigen	gespannten
5,6 bis 6,0	eher eigenständigen	leicht verspannten
6,1 bis 6,5	eigenständigen	verspannten
6,6 bis 7,0	sehr eigenständigen	verstärkt verspannten
7,1 bis 7,5	bedingt eigenwilligen	leicht eigensinnigen
7,6 bis 8,0	eigenwilligen	eigensinnigen
8,1 bis 8,5	verstärkt eigenwilligen	sehr eigensinnigen
8,6 bis 9,0	übersteigert eigenwilligen	verkrampften
>9,0i	----------	zwiespältigen

Reifegrade			**Ing (Inwg), Xwng ,Ingv**	**Dyg (Dygw), Dygx**	**Myg (Mygw), Mygx**
mäßig	(Text)	**ausgesprochen**			
	>7,00		unbeirrbaren	idealen	unverwüstlichen
3,01 bis 4,00	4,01 bis 5,50	5,51 bis 7,00	geprägten	robusten	unbeirrbaren
1,01 bis 1,50	1,51 bis 2,00	2,01 bis 3,00	gefestigten	stabilen	gerichteten
0,81 bis 1,00	0,51 bis 0,80	<0,51	schwankenden	labilen	uneindeutigen

Ty,	**Begabungsniveau**	|**In**| |**Inw**| |**Inc**| |Vn|	**Vitalitätsstärke**
36,00-36,96	geringen	<1,00	fehlender
36,97-37,58	schwachen	1,01 – 2,00	schwacher
37,59-39,00	sehr mäßigen	2,01 – 3,00	kraftloser
39,01-41,69	mäßigen	3,01 – 4,00	mäßiger
41,70-44,00	durchschnittlichen	4,01 – 4,50	ansprechbarer
44,01-46,22	gut durchschnittlichen	4,51 – 5,00	reaktiver
46,23-50,00	gehobenen	5,01 – 5,50	durchschnittlicher
50,01-53,62	überdurchschnittlichen	5,51 – 6,00	überdurchschnittlicher
53,63-59,00	beträchtlichen	6,01 – 7,00	kraftvoller
59,01-65,62	ausgeprägten	7,01 – 8,00	robuster
65,63-71,00	höheren	8,01 – 9,00	enormer
71,01-77,00	guten		
77,01-85,42	sehr guten		
85,43-93,00	herausragenden		
93,01-100,0	überragenden		

Eg (Form, Stil des Selbst), Egw, Egx, Egv

Wert	Realwertbedeutungen	Imaginärwertbedeutungen
>+6,0	stark assimilierende	verwahrloste
5,6 bis 6,0	assimilierende	abhängige
5,1, bis 5,5	eher assimilierende	undisziplinierte
4,6 bis 5,0	besonders impulsstarke	unbeherrschte
4,1 bis 4,5	impulsstarke	ungesteuerte
3,6 bis 4,0	eher impulsstarke	außengelenkte
3,1 bis 3,5	sehr lebendige	unbesonnene
2,6 bis 3,0	lebendige	zwanglose
2,1 bis 2,5	eher lebendige	unbestimmte
1,6 bis 2,0	nicht unlebendige	vage
1,1 bis 1,5	bedingt ausgewogene	eher uneindeutige
0,6 bis 1,0	ausgewogene	uneindeutige
0,0 bis 0,5	ausgeglichene	ziemlich uneindeutige
-0,0 bis –0,5	eher gedämpfte	leicht gespannte
-0,6 bis –1,0	gedämpfte	gespannte
-1,1 bis –1,5	deutlich gedämpfte	recht gespannte
-1,6 bis –2,0	eher gezügelte	stark gespannte
-2,1 bis –2,5	gezügelte	leicht übersteuerte
-2,6 bis –3,0	straff gezügelte	übersteuerte
-3,1 bis –3,5	eher kontrollierte	stark übersteuerte
-3,6 bis –4,0	kontrollierte	gezwungene
-4,1 bis –4,5	stark kontrollierte	verregelte
-4,6 bis –5,0	eher disziplinierte	versteifte
-5,1 bis –5,5	disziplinierte	unfreie
-5,6 bis –6,0	streng disziplinierte	verklemmte
<-6,0	überdisziplinierte	verkrampfte

Egs (Struktur des Selbst), Egsw, Egsx

Wert	Realwertbedeutungen	Imaginärwertbedeutungen
0,0 bis 0,5	unselbständig	abhängigen
0,6 bis 1,0	unbestimmten	anfälligen
1,1 bis 1,5	eher unauffälligen	störbaren
1,6 bis 2,0	unauffälligen	kraftlosen
2,1 bis 2,5	sehr unauffälligen	lässigen
2,6 bis 3,0	annähernd realistischen	inkonsequenten
3,1 bis 3,5	realistischen	unentschiedenen
3,6 bis 4,0	ausgesprochen realistischen	legeren
4,1 bis 4,5	annähernd selbständigen	gewollten
4,6 bis 5,0	selbständigen	forcierten
5,1 bis 5,5	sehr selbständigen	gespannten
5,6 bis 6,0	eher eigenständigen	leicht verspannten
6,1 bis 6,5	eigenständigen	verspannten
6,6 bis 7,0	sehr eigenständigen	verstärkt verspannten
7,1 bis 7,5	bedingt eigenwilligen	leicht eigensinnigen
7,6 bis 8,0	eigenwilligen	eigensinnigen
8,1 bis 8,5	verstärkt eigenwilligen	sehr eigensinnigen
8,6 bis 9,0	übersteigert eigenwilligen	verkrampften
>9,0i	----------	zwiespältigen

Sbg (Erlebnisstil), Sbgw, Sbgx, Sbgv

Wert	**Realwertbedeutungen**	**Imaginärwertbedeutungen**
>+6,0	ausgeprägt ursprünglichen	übertrieben irrationalen
5,6 bis 6,0	ursprünglichen	stark irrationalen
5,1, bis 5,5	eher ursprünglichen	irrationalen
4,6 bis 5,0	sehr lebensnahen	wenig nachdenklichen
4,1 bis 4,5	lebensnahen	ausgesprochen augenblickshaften
3,6 bis 4,0	bedingt lebensnahen	augenblickshaften
3,1 bis 3,5	ausgesprochen praktischen	eher augenblicksbestimmten
2,6 bis 3,0	praktischen	eindrucksabhängigen
2,1 bis 2,5	eher praktischen	eher eindrucksabhängigen
1,6 bis 2,0	stark anschauungsbestimmten	stark eindrucksbestimmten
1,1 bis 1,5	anschauungsbestimmten	eindruckshaften
0,6 bis 1,0	eher anschauungsbestimmten	eher eindrucksbestimmten
0,0 bis 0,5	ausgeglichenen	uneindeutigen
-0,0 bis –0,5	ausgewogenen	unbestimmten
-0,6 bis –1,0	eher gesteuerten	eher nüchternen
-1,1 bis –1,5	gesteuerten	nüchternen
-1,6 bis –2,0	straff gesteuerten	sehr nüchternen
-2,1 bis –2,5	eher überlegten	eher lebensfernen
-2,6 bis –3,0	überlegten	lebensfernen
-3,1 bis –3,5	sehr überlegten	ausgesprochen lebensfernen
-3,6 bis –4,0	eher kritischen	eher rationalistischen
-4,1 bis –4,5	kritischen	rationalistischen
-4,6 bis –5,0	sehr kritischen	stark rationalistischen
-5,1 bis –5,5	eher formalen	eher formalistischen
-5,6 bis –6,0	formalen	formalistischen
<-6,0	besonders formalen	besonders formalistischen

Sbs (Erlebnisweise), Sbsw, Sbsx

Wert	Realwertbedeutungen	Imaginärwertbedeutungen
0,0 bis 0,5	unselbständig	abhängigen
0,6 bis 1,0	unbestimmten	anfälligen
1,1 bis 1,5	eher unauffälligen	störbaren
1,6 bis 2,0	unauffälligen	kraftlosen
2,1 bis 2,5	sehr unauffälligen	lässigen
2,6 bis 3,0	annähernd realistischen	inkonsequenten
3,1 bis 3,5	realistischen	unentschiedenen
3,6 bis 4,0	ausgesprochen realistischen	legeren
4,1 bis 4,5	annähernd selbständigen	gewollten
4,6 bis 5,0	selbständigen	forcierten
5,1 bis 5,5	sehr selbständigen	gespannten
5,6 bis 6,0	eher eigenständigen	leicht verspannten
6,1 bis 6,5	eigenständigen	verspannten
6,6 bis 7,0	sehr eigenständigen	verstärkt verspannten
7,1 bis 7,5	bedingt eigenwilligen	leicht eigensinnigen
7,6 bis 8,0	eigenwilligen	eigensinnigen
8,1 bis 8,5	verstärkt eigenwilligen	sehr eigensinnigen
8,6 bis 9,0	übersteigert eigenwilligen	verkrampften
>9,0i	----------	zwiespältigen

Pp (Es, Primitivperson), Pw, Px, Pv

Wert	Realwertbedeutungen	Imaginärwertbedeutungen
0,0 bis 0,5	suchtfreies	trockenes
0,6 bis 1,0	genußunabhängiges	emotionsloses
1,1 bis 1,5	eher genußfernes	eher emotionsloses
1,6 bis 2,0	ausgesprochen nüchternes	intentional gehemmtes
2,1 bis 2,5	nüchternes	ausgesprochen eruptionsarmes
2,6 bis 3,0	betont eindrucksunabhängiges	eruptionsarmes
3,1 bis 3,5	unabhängiges	eher eruptionsarmes
3,6 bis 4,0	unauffälliges	eher alltägliches
4,1 bis 4,5	anregbares	alltägliches
4,6 bis 5,0	leicht naturnahes	leicht impulsives
5,1 bis 5,5	naturnahes	impulsives
5,6 bis 6,0	sehr naturnahes	ausgesprochen impulsives
6,1 bis 6,5	eher emotionales	leicht irrationales
6,6 bis 7,0	emotionales	irrationales
7,1 bis 7,5	ausgeprägt emotionales	ausgesprochen irrationales
7,6 bis 8,0	eher sinnenhaftes	triebhaftes
8,1 bis 8,5	sinnenhaftes	ausgesprochen triebhaftes
8,6 bis 9,0	ausgeprägt sinnenhaftes	suchthaftes
>9,0i	----------	süchtiges

Rp (Ich, Ichperson), Rw, Rx, Rv

Wert	Realwertbedeutungen	Imaginärwertbedeutungen
0,0 bis 0,5	ausgesprochen lässiges	ausgesprochen verwahrlostes
0,6 bis 1,0	lässiges	verwahrlostes
1,1 bis 1,5	eher lässiges	eher verwahrlostes
1,6 bis 2,0	sehr einfaches	ausgesprochen nachlässiges
2,1 bis 2,5	ungezwungenes	nachlässiges
2,6 bis 3,0	eher ungezwungenes	eher nachlässiges
3,1 bis 3,5	gelöstes	stark naives
3,6 bis 4,0	lockeres	naives
4,1 bis 4,5	verhaltenes	eher naives
4,6 bis 5,0	gesteuertes	gespanntes
5,1 bis 5,5	überlegendes	verspanntes
5,6 bis 6,0	erkennendes	verengtes
6,1 bis 6,5	besonnenes	verregeltes
6,6 bis 7,0	prüfendes	schematisches
7,1 bis 7,5	kritisches	lebensfremdes
7,6 bis 8,0	intellektuelles	rationalistisches
8,1 bis 8,5	theoretisches	intellektualistisches
8,6 bis 9,0	vergeistigtes	formalistisches
>9,0i	----------	überwertig formalistisches

Säg (Weltbegegnungsstil), Sägw, Sägx, Sägv

Wert	Realwertbedeutungen	Imaginärwertbedeutungen
>+6,0	besonders weltzugewandter	besonders umweltabhängiger
5,6 bis 6,0	weltzugewandter	umweltabhängiger
5,1, bis 5,5	eher weltzugewandter	eher umweltabhängiger
4,6 bis 5,0	ausgeprägt kommunikativer	ausgesprochen darstellerischer
4,1 bis 4,5	kommunikativer	darstellerischer
3,6 bis 4,0	eher kommunikativer	eher darstellerischer
3,1 bis 3,5	ausgesprochen weltoffener	stark beeinflußbarer
2,6 bis 3,0	weltoffener	beeinflußbarer
2,1 bis 2,5	eher weltoffener	eher beeinflußbarer
1,6 bis 2,0	sehr aufgeschlossener	stark nachgebender
1,1 bis 1,5	aufgeschlossener	nachgebender
0,6 bis 1,0	eher aufgeschlossener	eher nachgebender
0,0 bis 0,5	ansprechbarer	relativierender
-0,0 bis –0,5	verhaltener	neutralistischer
-0,6 bis –1,0	ausgesprochen verhaltener	begrenzender
-1,1 bis –1,5	eher diskreter	eher eingeengter
-1,6 bis –2,0	diskreter	eingeengter
-2,1 bis –2,5	besonders diskreter	besonders eingeengter
-2,6 bis –3,0	eher wertorientierter	eher ideologischer
-3,1 bis –3,5	wertorientierter	ideologischer
-3,6 bis –4,0	ausgeprägt wertorientierter	ausgesprochen ideologischer
-4,1 bis –4,5	eher eigenständiger	eher orthodoxer
-4,6 bis –5,0	eigenständiger	orthodoxer
-5,1 bis –5,5	sehr eigenständiger	stark orthodoxer
-5,6 bis –6,0	eindeutiger	fundamentalistischer
<-6,0	ausgesprochen eindeutiger	stark fundamentalistischer

Säs(Weltbegegnungsverhalten), Säsw, Säsx

Wert	Realwertbedeutungen	Imaginärwertbedeutungen
0,0 bis 0,5	unselbständig	abhängigen
0,6 bis 1,0	unbestimmten	anfälligen
1,1 bis 1,5	eher unauffälligen	störbaren
1,6 bis 2,0	unauffälligen	kraftlosen
2,1 bis 2,5	sehr unauffälligen	lässigen
2,6 bis 3,0	annähernd realistischen	inkonsequenten
3,1 bis 3,5	realistischen	unentschiedenen
3,6 bis 4,0	ausgesprochen realistischen	legeren
4,1 bis 4,5	annähernd selbständigen	gewollten
4,6 bis 5,0	selbständigen	forcierten
5,1 bis 5,5	sehr selbständigen	gespannten
5,6 bis 6,0	eher eigenständigen	leicht verspannten
6,1 bis 6,5	eigenständigen	verspannten
6,6 bis 7,0	sehr eigenständigen	verstärkt verspannten
7,1 bis 7,5	bedingt eigenwilligen	leicht eigensinnigen
7,6 bis 8,0	eigenwilligen	eigensinnigen
8,1 bis 8,5	verstärkt eigenwilligen	sehr eigensinnigen
8,6 bis 9,0	übersteigert eigenwilligen	verkrampften
>9,0i	----------	zwiespältigen

Up (Weltzuwendung), Uw, Ux, Uv

Wert	Realwertbedeutungen	Imaginärwertbedeutungen
0,0 bis 0,5	keineswegs	höchstens abwehrend
0,6 bis 1,0	kaum	eher abwehrend
1,1 bis 1,5	wenig	äußerst scheu
1,6 bis 2,0	höchstens unauffällig	nur scheu
2,1 bis 2,5	mehr unauffällig	eher schüchtern
2,6 bis 3,0	höchstens indirekt	ohne Interesse
3,1 bis 3,5	indirekt	mit wenig Interesse
3,6 bis 4,0	eher indirekt	unbeteiligt
4,1 bis 4,5	teilweise	eher unbeteiligt
4,6 bis 5,0	ansatzweise	begrenzt beteiligt
5,1 bis 5,5	eher lebhaft	eher unstet
5,6 bis 6,0	lebhaft	unstet
6,1 bis 6,5	sehr lebhaft	ausgesprochen unstet
6,6 bis 7,0	interessiert	eher neugierig
7,1 bis 7,5	besonders interessiert	neugierig
7,6 bis 8,0	eher unmittelbar	vor allem aus Neugier
8,1 bis 8,5	unmittelbar	forciert
8,6 bis 9,0	ausgesprochen unmittelbar	demonstrativ
>9,0i	----------	exhibitionistisch

Üp (Überich), Üw, Üx, Üv

Wert	Realwertbedeutungen	Imaginärwertbedeutungen
0,0 bis 0,5	kaum	keine
0,6 bis 1,0	wenig	sehr flache
1,1 bis 1,5	uneindeutige	flache
1,6 bis 2,0	unbestimmte	eher flache
2,1 bis 2,5	neutrale	neutralistische
2,6 bis 3,0	relative	relativistische
3,1 bis 3,5	ausgesprochen liberale	stark verschwommene
3,6 bis 4,0	meistens liberale	verschwommene
4,1 bis 4,5	teilweise liberale	eher verschwommene
4,6 bis 5,0	ansatzweise bestimmte	ansatzweise illiberale
5,1 bis 5,5	bedingt bestimmte	illiberale
5,6 bis 6,0	bestimmte	streng illiberale
6,1 bis 6,5	sehr bestimmte	eher prinzipienhafte
6,6 bis 7,0	eher eindeutige	prinzipienhafte
7,1 bis 7,5	eindeutige	ausgesprochen prinzipienhafte
7,6 bis 8,0	sehr eindeutige	eher unrealistische
8,1 bis 8,5	eher strenge	unrealistische
8,6 bis 9,0	strenge	stark unrealistische
>9,0i	----------	überwertig fundamentalistische

Mn (sozialer Stil), Mnw, Mnx, Mnv

Wert	Realwertbedeutungen	Imaginärwertbedeutungen
> +6,0	stark expansiv	in besonderem Maße außengelenkt
5,6 bis 6,0	expansiv	ausgesprochen außengelenkt
5,1, bis 5,5	mäßig expansiv	außengelenkt
4,6 bis 5,0	ausgesprochen extravertiert	stark umweltabhängig
4,1 bis 4,5	extravertiert	umweltabhängig
3,6 bis 4,0	mäßig extravertiert	eher umweltabhängig
3,1 bis 3,5	ausgesprochen weltzugewandt	sehr unbestimmt
2,6 bis 3,0	weltzugewandt	unbestimmt
2,1 bis 2,5	mäßig weltzugewandt	eher unbestimmt
1,6 bis 2,0	sehr offen	ungezwungen
1,1 bis 1,5	offen	eher ungezwungen
0,6 bis 1,0	mäßig offen	recht uneindeutig
0,0 bis 0,5	ausgeglichen	uneindeutig
-0,0 bis –0,5	eher ausgeglichen	leicht uneindeutig
-0,6 bis –1,0	mäßig gedämpft	leicht übersteuert
-1,1 bis –1,5	gedämpft	eher übersteuert
-1,6 bis –2,0	starkt gedämpft	leicht unfrei
-2,1 bis –2,5	mäßig gesteuert	unfrei
-2,6 bis –3,0	gesteuert	recht unfrei
-3,1 bis –3,5	straff gesteuert	leicht verspannt
-3,6 bis –4,0	eher innengelenkt	verspannt
-4,1 bis –4,5	innengelenkt	deutlich verspannt
-4,6 bis –5,0	stark innengelenkt	eher gezwungen
-5,1 bis –5,5	eher in sic gekehrt	gezwungen
-5,6 bis –6,0	in sich gekehrt	leicht verkrampft
<-6,0	ausgesprochen in sich gekehrt	verkrampft

Mns (soziale Verhaltensart), Mnsw, Mnsx

Wert	Realwertbedeutungen	Imaginärwertbedeutungen
0,0 bis 0,5	unselbständig	abhängigen
0,6 bis 1,0	unbestimmten	anfälligen
1,1 bis 1,5	eher unauffälligen	störbaren
1,6 bis 2,0	unauffälligen	kraftlosen
2,1 bis 2,5	sehr unauffälligen	lässigen
2,6 bis 3,0	annähernd realistischen	inkonsequenten
3,1 bis 3,5	realistischen	unentschiedenen
3,6 bis 4,0	ausgesprochen realistischen	legeren
4,1 bis 4,5	annähernd selbständigen	gewollten
4,6 bis 5,0	selbständigen	forcierten
5,1 bis 5,5	sehr selbständigen	gespannten
5,6 bis 6,0	eher eigenständigen	leicht verspannten
6,1 bis 6,5	eigenständigen	verspannten
6,6 bis 7,0	sehr eigenständigen	verstärkt verspannten
7,1 bis 7,5	bedingt eigenwilligen	leicht eigensinnigen
7,6 bis 8,0	eigenwilligen	eigensinnigen
8,1 bis 8,5	verstärkt eigenwilligen	sehr eigensinnigen
8,6 bis 9,0	übersteigert eigenwilligen	verkrampften
>9,0i	----------	zwiespältigen

Geg (Gemeinschaftseinstellung), Gegw, Gegx, Gegv

Wert	Realwertbedeutungen	Imaginärwertbedeutungen
>+6,0	ausgeprägt schöngeistige	ausgeprägt illusionistische
5,6 bis 6,0	schöngeistige	illusionistische
5,1, bis 5,5	eher schöngeistige	eher illusionistische
4,6 bis 5,0	ausgesprochen kulturelle	ausgeprägt schwärmerische
4,1 bis 4,5	kulturelle	schwärmerische
3,6 bis 4,0	ansatzweise kulturelle	eher schwärmerische
3,1 bis 3,5	ausgeprägt universale	stark funktionalistische
2,6 bis 3,0	universale	funktionalistische
2,1 bis 2,5	eher universale	eher funktionalistische
1,6 bis 2,0	sehr einfühlsame	stark irritierbare
1,1 bis 1,5	einfühlsame	irritierbare
0,6 bis 1,0	eher einfühlsame	teilweise irritierbare
0,0 bis 0,5	ausgewogene	uneindeutige
-0,0 bis –0,5	ausgeglichene	unbestimmte
-0,6 bis –1,0	eher verständige	eher beeinflußbare
-1,1 bis –1,5	verständige	beeinflußbare
-1,6 bis –2,0	teilnehmende	schwankende
-2,1 bis –2,5	eher humane	eher romantische
-2,6 bis –3,0	humane	romantische
-3,1 bis –3,5	ausgesprochen humane	ausgesprochen romantische
-3,6 bis –4,0	eher partnerschaftliche	eher persönliche
-4,1 bis –4,5	partnerschaftliche	persönliche
-4,6 bis –5,0	ausgesprochen partnerschaftliche	stark persönliche
-5,1 bis –5,5	eher individualistische	eher ichhafte
-5,6 bis –6,0	individualistische	ichhafte
<-6,0	ausgesprochen individualistische	besonders ichhafte

Ges (innere Gemeinschaftsreaktionen), Gesw, Gesx

Wert	Realwertbedeutungen	Imaginärwertbedeutungen
0,0 bis 0,5	unselbständig	abhängigen
0,6 bis 1,0	unbestimmten	anfälligen
1,1 bis 1,5	eher unauffälligen	störbaren
1,6 bis 2,0	unauffälligen	kraftlosen
2,1 bis 2,5	sehr unauffälligen	lässigen
2,6 bis 3,0	annähernd realistischen	inkonsequenten
3,1 bis 3,5	realistischen	unentschiedenen
3,6 bis 4,0	ausgesprochen realistischen	legeren
4,1 bis 4,5	annähernd selbständigen	gewollten
4,6 bis 5,0	selbständigen	forcierten
5,1 bis 5,5	sehr selbständigen	gespannten
5,6 bis 6,0	eher eigenständigen	leicht verspannten
6,1 bis 6,5	eigenständigen	verspannten
6,6 bis 7,0	sehr eigenständigen	verstärkt verspannten
7,1 bis 7,5	bedingt eigenwilligen	leicht eigensinnigen
7,6 bis 8,0	eigenwilligen	eigensinnigen
8,1 bis 8,5	verstärkt eigenwilligen	sehr eigensinnigen
8,6 bis 9,0	übersteigert eigenwilligen	verkrampften
>9,0i	----------	zwiespältigen

Kp (Kulturperson, soziale Ansprechbarkeit), Kw, Kx, Kv

Wert	Realwertbedeutungen	Imaginärwertbedeutungen
0,0 bis 0,5	stark nützlichkeitsbestimmte	kulturfeindliche
0,6 bis 1,0	nützlichkeitsbestimmte	kulturfremde
1,1 bis 1,5	eher nützlichkeitsbestimmte	kulturferne
1,6 bis 2,0	sehr zivilisatorisch orientierte	rein funktionalistische
2,1 bis 2,5	zivilisatorisch orientierte	funktionalistische
2,6 bis 3,0	eher zivilisatorisch orientierte	eher funktionalistische
3,1 bis 3,5	sehr realistische	besonders materialistische
3,6 bis 4,0	realistische	materialistische
4,1 bis 4,5	eher realistische	eher materialistische
4,6 bis 5,0	anregbare	veräußerlichte
5,1 bis 5,5	sehr anregbare	eher veräußerlichte
5,6 bis 6,0	eher kulturgebundene	eher unwirkliche
6,1 bis 6,5	kulturgebundene	unwirkliche
6,6 bis 7,0	ausgesprochen kulturgebundene	ausgesprochen unwirkliche
7,1 bis 7,5	eher geistige	eher kultische
7,6 bis 8,0	geistige	kultische
8,1 bis 8,5	ausgesprochen geistige	ausgesprochen kultische
8,6 bis 9,0	vergeistigte	illusionistische
>9,0i	----------	halluzinäre

Bp (Beziehungsperson, Humanität), Bw, Bx, Bv

Wert	Realwertbedeutungen	Imaginärwertbedeutungen
0,0 bis 0,5	eindeutig unbeteiligten	sehr unpersönlichen
0,6 bis 1,0	unbeteiligten	unpersönlichen
1,1 bis 1,5	wenig beteiligten	eher unpersönlichen
1,6 bis 2,0	ausgesprochen objektiven	stark abwehrenden
2,1 bis 2,5	objektiven	abwehrenden
2,6 bis 3,0	eher objektiven	eher abwehrenden
3,1 bis 3,5	ausgesprochen sachlichen	sich zumeist sperrenden
3,6 bis 4,0	sachlichen	sich sperrenden
4,1 bis 4,5	eher sachlichen	sich hin und wieder sperrenden
4,6 bis 5,0	eher aufgeschlossenen	eher romantischen
5,1 bis 5,5	aufgeschlossenen	romantischen
5,6 bis 6,0	sehr aufgeschlossenen	sehr romantischen
6,1 bis 6,5	ansatzweise beteiligten	eher persönlichen
6,6 bis 7,0	beteiligten	persönlichen
7,1 bis 7,5	ausgesprochen beteiligten	stark persönlichen
7,6 bis 8,0	eher partnerschaftlichen	eher egozentrischen
8,1 bis 8,5	partnerschaftlichen	egozentrischen
8,6 bis 9,0	ausgeprägt partnerschaftlichen	stark egozentrischen
>9,0i	----------	überwertig parteilichen

Gbg (Sozialverhaltensstil), Gbgw, Gbgx, Gbgv

Wert	Realwertbedeutungen	Imaginärwertbedeutungen
> +6,0	besonders angreifende	sehr herrische
5,6 bis 6,0	angreifende	herrische
5,1, bis 5,5	teilweise angreifende	eher herrische
4,6 bis 5,0	ausgesprochen leitende	ausgesprochen aggressive
4,1 bis 4,5	leitende	aggressive
3,6 bis 4,0	bedingt leitende	bedingt aggressive
3,1 bis 3,5	ausgesprochen aktive	besonders heftige
2,6 bis 3,0	aktive	heftige
2,1 bis 2,5	eher aktive	eher heftige
1,6 bis 2,0	ausgesprochen bestimmende	ausgesprochen bemächtigende
1,1 bis 1,5	bestimmende	bemächtigende
0,6 bis 1,0	eher bestimmende	eher bemächtigende
0,0 bis 0,5	anleitende	scharfe
-0,0 bis –0,5	fortführende	unfeste
-0,6 bis –1,0	eher ausgestaltende	eher folgsame
-1,1 bis –1,5	ausgestaltende	folgsame
-1,6 bis –2,0	starke ausgestaltende	ausgesprochen folgsame
-2,1 bis –2,5	eher sorgende	eher nachgiebige
-2,6 bis –3,0	sorgende	nachgiebige
-3,1 bis –3,5	besonders sorgende	ausgesprochen nachgiebige
-3,6 bis –4,0	eher anpassende	besänftigende
-4,1 bis –4,5	anpassende	ausgesprochen besänftigende
-4,6 bis –5,0	unbedingt anpassende	eher fürsorgerische
-5,1 bis–5,5	eher beeindruckbare	fürsorgerische
-5,6 bis –6,0	beeindruckbare	stark fürsorgerische
<-6,0	weiche	feministische

Gbs (Sozialverhaltensstruktur), Gbsw, Gbsx

Wert	Realwertbedeutungen	Imaginärwertbedeutungen
0,0 bis 0,5	unselbständig	abhängigen
0,6 bis 1,0	unbestimmten	anfälligen
1,1 bis 1,5	eher unauffälligen	störbaren
1,6 bis 2,0	unauffälligen	kraftlosen
2,1 bis 2,5	sehr unauffälligen	lässigen
2,6 bis 3,0	annähernd realistischen	inkonsequenten
3,1 bis 3,5	realistischen	unentschiedenen
3,6 bis 4,0	ausgesprochen realistischen	legeren
4,1 bis 4,5	annähernd selbständigen	gewollten
4,6 bis 5,0	selbständigen	forcierten
5,1 bis 5,5	sehr selbständigen	gespannten
5,6 bis 6,0	eher eigenständigen	leicht verspannten
6,1 bis 6,5	eigenständigen	verspannten
6,6 bis 7,0	sehr eigenständigen	verstärkt verspannten
7,1 bis 7,5	bedingt eigenwilligen	leicht eigensinnigen
7,6 bis 8,0	eigenwilligen	eigensinnigen
8,1 bis 8,5	verstärkt eigenwilligen	sehr eigensinnigen
8,6 bis 9,0	übersteigert eigenwilligen	verkrampften
>9,0i	---------	zwiespältigen

Gp (soziale Bewältigungsweise), Gw, Gx, Gv

Wert	Realwertbedeutungen	Imaginärwertbedeutungen
0,0 bis 0,5	stark zögernden	ausgesprochen lahmen
0,6 bis 1,0	zögernden	lahmen
1,1 bis 1,5	eher zögernden	eher lahmen
1,6 bis 2,0	deutlich abwartenden	sehr zaghaften
2,1 bis 2,5	abwartenden	zaghaften
2,6 bis 3,0	eher abwartenden	eher zaghaften
3,1 bis 3,5	sehr rücksichtsvollen	ausgesprochen unentschiedenen
3,6 bis 4,0	rücksichtsvollen	unentschiedenen
4,1 bis 4,5	eher rücksichtsvollen	eher unentschiedenen
4,6 bis 5,0	ausgesprochen kooperativen	sehr unbestimmten
5,1 bis 5,5	kooperativen	unbestimmten
5,6 bis 6,0	eher kooperativen	eher unbestimmten
6,1 bis 6,5	eher entscheidenden	eher forcierten
6,6 bis 7,0	entscheidenden	forcierten
7,1 bis 7,5	energisch entscheidenden	ausgesprochen forcierten
7,6 bis 8,0	eher eigenwilligen	eher rücksichtslosen
8,1 bis 8,5	eigenwilligen	rücksichtslosen
8,6 bis 9,0	sehr eigenwilligen	sehr rücksichtslosen
>9,0i	---------	selbstherrlichen

Sp (Hingabestil), Sw, Sx, Sv

Wert	Realwertbedeutungen	Imaginärwertbedeutungen
0,0 bis 0,5	ausgesprochen unbeeinflußbaren	ausgesprochen spröden
0,6 bis 1,0	unbeeinflußbaren	spröden
1,1 bis 1,5	eher unbeeinflußbaren	eher spröden
1,6 bis 2,0	sehr unnachgiebigen	ausgeprägt rigiden
2,1 bis 2,5	unnachgiebigen	rigiden
2,6 bis 3,0	eher unnachgiebigen	eher rigiden
3,1 bis 3,5	besonders freien	sehr uninteressierten
3,6 bis 4,0	freien	uninteressierten
4,1 bis 4,5	eher freien	eher uninteressierten
4,6 bis 5,0	ansprechbaren	sensitiven
5,1 bis 5,5	ausgesprochen ansprechbaren	ausgesprochen sensitiven
5,6 bis 6,0	eher sensiblen	eher affizierbaren
6,1 bis 6,5	sensiblen	affizierbaren
6,6 bis 7,0	ausgesprochen sensiblen	ausgesprochen affizierbaren
7,1 bis 7,5	eher mitgehenden	eher nachgebenden
7,6 bis 8,0	mitgehenden	nachgebenden
8,1 bis 8,5	besonders mitgehenden	stark nachgebenden
8,6 bis 9,0	engagierten	bestimmbaren
>9,0i	----------	haltlosen

Wt (Handlungsstil), Wtw, Wtx, Wtv

Wert	Realwertbedeutungen	Imaginärwertbedeutungen
>+6,0	stark expansiv	in besonderem Maße außengelenkt
5,6 bis 6,0	expansiv	ausgesprochen außengelenkt
5,1, bis 5,5	mäßig expansiv	außengelenkt
4,6 bis 5,0	ausgesprochen extravertiert	stark umweltabhängig
4,1 bis 4,5	extravertiert	umweltabhängig
3,6 bis 4,0	mäßig extravertiert	eher umweltabhängig
3,1 bis 3,5	ausgesprochen weltzugewandt	sehr unbestimmt
2,6 bis 3,0	weltzugewandt	unbestimmt
2,1 bis 2,5	mäßig weltzugewandt	eher unbestimmt
1,6 bis 2,0	sehr offen	ungezwungen
1,1 bis 1,5	offen	eher ungezwungen
0,6 bis 1,0	mäßig offen	recht uneindeutig
0,0 bis 0,5	ausgeglichen	uneindeutig
-0,0 bis –0,5	eher ausgeglichen	leicht uneindeutig
-0,6 bis –1,0	mäßig gedämpft	leicht übersteuert
-1,1 bis –1,5	gedämpft	eher übersteuert
-1,6 bis –2,0	starkt gedämpft	leicht unfrei
-2,1 bis –2,5	mäßig gesteuert	unfrei
-2,6 bis –3,0	gesteuert	recht unfrei
-3,1 bis –3,5	straff gesteuert	leicht verspannt
-3,6 bis –4,0	eher innengelenkt	verspannt
-4,1 bis –4,5	innengelenkt	deutlich verspannt
-4,6 bis –5,0	stark innengelenkt	eher gezwungen
-5,1 bis –5,5	eher in sich gekehrt	gezwungen
-5,6 bis –6,0	in sich gekehrt	leicht verkrampft
<-6,0	ausgesprochen in sich gekehrt	verkrampft

Wts (Handlungsstruktur), Wtsw, Wtsx

Wert	Realwertbedeutungen	Imaginärwertbedeutungen
0,0 bis 0,5	unselbständig	abhängigen
0,6 bis 1,0	unbestimmten	anfälligen
1,1 bis 1,5	eher unauffälligen	störbaren
1,6 bis 2,0	unauffälligen	kraftlosen
2,1 bis 2,5	sehr unauffälligen	lässigen
2,6 bis 3,0	annähernd realistischen	inkonsequenten
3,1 bis 3,5	realistischen	unentschiedenen
3,6 bis 4,0	ausgesprochen realistischen	legeren
4,1 bis 4,5	annähernd selbständigen	gewollten
4,6 bis 5,0	selbständigen	forcierten
5,1 bis 5,5	sehr selbständigen	gespannten
5,6 bis 6,0	eher eigenständigen	leicht verspannten
6,1 bis 6,5	eigenständigen	verspannten
6,6 bis 7,0	sehr eigenständigen	verstärkt verspannten
7,1 bis 7,5	bedingt eigenwilligen	leicht eigensinnigen
7,6 bis 8,0	eigenwilligen	eigensinnigen
8,1 bis 8,5	verstärkt eigenwilligen	sehr eigensinnigen
8,6 bis 9,0	übersteigert eigenwilligen	verkrampften
>9,0i	----------	zwiespältigen

Weg (Welterfassungsstil), Wegw, Wegx, Wegv

Wert	Realwertbedeutungen	Imaginärwertbedeutungen
> +6,0	besonders unbefangen	äußerst unsystematisch
5,6 bis 6,0	unbefangen	unsystematisch
5,1, bis 5,5	weitgehend unbefangen	eher unsystematisch
4,6 bis 5,0	bedingt unbefangen	ausgesprochen oberflächlich
4,1 bis 4,5	ausgesprochen zwanglos	oberflächlich
3,6 bis 4,0	zwanglos	weitgehend oberflächlich
3,1 bis 3,5	sehr umrißartig	teilweise oberflächlich
2,6 bis 3,0	umrißartig	betont flüchtig
2,1 bis 2,5	weitgehend in Umrissen	flüchtig
1,6 bis 2,0	teilweise umrißhaft	eher flüchtig
1,1 bis 1,5	sehr global	sehr wenig exakt
0,6 bis 1,0	global	wenig exakt
0,0 bis 0,5	eher global	bedingt exakt
-0,0 bis –0,5	teilweise geordnet	nicht ungenau
-0,6 bis –1,0	geordnet	eher sammelnd
-1,1 bis –1,5	ausgesprochen geordnet	sammelnd
-1,6 bis –2,0	eher gegliedert	eher registrierend
-2,1 bis –2,5	gegliedert	registrierend
-2,6 bis –3,0	straff gegliedert	eher einzelheitlich
-3,1 bis –3,5	eher organisierend	einzelheitlich
-3,6 bis –4,0	organisierend	stark einzelheitlich
-4,1 bis –4,5	straff organisierend	eher bürokratisch
-4,6 bis –5,0	eher systematisch	bürokratisch
-5,1 bis –5,5	systematisch	besonders bürokratisch
-5,6 bis –6,0	ausgesprochen systematisch	eher pedantisch
<-6,0	streng systematisch	ausgesprochen pedantisch

Wes (Weltauffassung), Wesw, Wesx

Wert	Realwertbedeutungen	Imaginärwertbedeutungen
0,0 bis 0,5	unselbständig	abhängigen
0,6 bis 1,0	unbestimmten	anfälligen
1,1 bis 1,5	eher unauffälligen	störbaren
1,6 bis 2,0	unauffälligen	kraftlosen
2,1 bis 2,5	sehr unauffälligen	lässigen
2,6 bis 3,0	annähernd realistischen	inkonsequenten
3,1 bis 3,5	realistischen	unentschiedenen
3,6 bis 4,0	ausgesprochen realistischen	legeren
4,1 bis 4,5	annähernd selbständigen	gewollten
4,6 bis 5,0	selbständigen	forcierten
5,1 bis 5,5	sehr selbständigen	gespannten
5,6 bis 6,0	eher eigenständigen	leicht verspannten
6,1 bis 6,5	eigenständigen	verspannten
6,6 bis 7,0	sehr eigenständigen	verstärkt verspannten
7,1 bis 7,5	bedingt eigenwilligen	leicht eigensinnigen
7,6 bis 8,0	eigenwilligen	eigensinnigen
8,1 bis 8,5	verstärkt eigenwilligen	sehr eigensinnigen
8,6 bis 9,0	übersteigert eigenwilligen	verkrampften
>9,0i	----------	zwiespältigen

Ep (Einstellung zum Geschehen), Ew, Ex, Ev

Wert	**Realwertbedeutungen**	**Imaginärwertbedeutungen**
0,0 bis 0,5	sehr nüchtern	ausgesprochen amusisch
0,6 bis 1,0	nüchtern	amusisch
1,1 bis 1,5	eher nüchtern	eher amusisch
1,6 bis 2,0	sehr sachlich	übervorsichtig
2,1 bis 2,5	sachlich	vorsichtig
2,6 bis 3,0	eher sachlich	eher vorsichtig
3,1 bis 3,5	ausgesprochen realistisch	sehr irritierbar
3,6 bis 4,0	realistisch	irritierbar
4,1 bis 4,5	eher realistisch	eher irritierbar
4,6 bis 5,0	bedingt frei	unbestimmt
5,1 bis 5,5	eher sicher	eher selbstunkritisch
5,6 bis 6,0	sicher	selbstunkritisch
6,1 bis 6,5	besonders sicher	ausgesprochen selbstunkritisch
6,6 bis 7,0	eher optimistisch	eher leichtfertig
7,1 bis 7,5	optimistisch	leichtfertig
7,6 bis 8,0	ausgesprochen optimistisch	ausgesprochen leichtfertig
8,1 bis 8,5	risikobereit	unrealistisch
8,6 bis 9,0	ausgesprochen risikobereit	ausgesprochen unrealistisch
>9,0i	----------	irreal

Op (Verarbeitungsweise), Ow, Ox, Ov

Wert	Realwertbedeutungen	Imaginärwertbedeutungen
0,0 bis 0,5	höchstens in Umrissen	sehr umtriebig
0,6 bis 1,0	hier und da in Umrissen	umtriebig
1,1 bis 1,5	eher umrißhaft	weitgehend umtriebig
1,6 bis 2,0	sehr lässig	ausgesprochen chaotisch
2,1 bis 2,5	lässig	chaotisch
2,6 bis 3,0	eher lässig	bedingt chaotisch
3,1 bis 3,5	höchstens registrierend	sehr nachlässig
3,6 bis 4,0	nur registrierend	nachlässig
4,1 bis 4,5	teilweise nur registrierend	teilweise nachlässig
4,6 bis 5,0	teilweise besonnen	mit einiger Vorsicht
5,1 bis 5,5	eher besonnen	eher vorsichtig
5,6 bis 6,0	besonnen	vorsichtig
6,1 bis 6,5	eher umfassend	eher katalogisierend
6,6 bis 7,0	umfassend	katalogisierend
7,1 bis 7,5	ausgesprochen umfassend	sorgfältig katalogisierend
7,6 bis 8,0	eher durchdringend	eher bedenkend
8,1 bis 8,5	durchdringend	bedenkend
8,6 bis 9,0	voll durchdringend	formalistisch
>9,0i	----------	übertrieben formalistisch

Wbg (Aktionsstil), Wbgw, Wbgx, Wbgv

Wert	Realwertbedeutungen	Imaginärwertbedeutungen
> +6,0	unerschütterlichen	sehr unelastischen
5,6 bis 6,0	eher unerschütterlichen	unelastischen
5,1, bis 5,5	besonders unbeirrbaren	stark opponierenden
4,6 bis 5,0	unbeirrbaren	opponierenden
4,1 bis 4,5	eher unbeirrbaren	eher trotzigen
3,6 bis 4,0	eindeutigen	eher abwehrenden
3,1 bis 3,5	eher eindeutigen	prinzipienhaften
2,6 bis 3,0	besonders konsequenten	eher prinzipienhaften
2,1 bis 2,5	konsequenten	inflexiblen
1,6 bis 2,0	eher konsequenten	wenig flexiblen
1,1 bis 1,5	sehr gleichmäßigen	sehr gleichförmigen
0,6 bis 1,0	gleichmäßigen	gleichförmigen
0,0 bis 0,5	eher gleichmäßigen	eher gleichförmigen
-0,0 bis –0,5	eher regen	eher ungleichmäßigen
-0,6 bis –1,0	regen	ungleichmäßigen
-1,1 bis –1,5	sehr regen	eher betriebsamen
-1,6 bis –2,0	eher eifrigen	betriebsamen
-2,1 bis –2,5	eifrigen	sehr betriebsamen
-2,6 bis –3,0	sehr eifrigen	eher unruhigen
-3,1 bis –3,5	schwungvollen	unruhigen
-3,6 bis –4,0	sehr schwungvollen	sehr unruhigen
-4,1 bis –4,5	dynamischen	hektischen
-4,6 bis –5,0	sehr dynamischen	eher heftigen
-5,1 bis –5,5	eher expansiven	heftigen
-5,6 bis –6,0	expansiven	eher hitzigen
< -6,0	besonders expansiven	hitzigen

Wbs (Weltbewältigungsstruktur), Wbsw, Wbsx

Wert	Realwertbedeutungen	Imaginärwertbedeutungen
0,0 bis 0,5	unselbständig	abhängigen
0,6 bis 1,0	unbestimmten	anfälligen
1,1 bis 1,5	eher unauffälligen	störbaren
1,6 bis 2,0	unauffälligen	kraftlosen
2,1 bis 2,5	sehr unauffälligen	lässigen
2,6 bis 3,0	annähernd realistischen	inkonsequenten
3,1 bis 3,5	realistischen	unentschiedenen
3,6 bis 4,0	ausgesprochen realistischen	legeren
4,1 bis 4,5	annähernd selbständigen	gewollten
4,6 bis 5,0	selbständigen	forcierten
5,1 bis 5,5	sehr selbständigen	gespannten
5,6 bis 6,0	eher eigenständigen	leicht verspannten
6,1 bis 6,5	eigenständigen	verspannten
6,6 bis 7,0	sehr eigenständigen	verstärkt verspannten
7,1 bis 7,5	bedingt eigenwilligen	leicht eigensinnigen
7,6 bis 8,0	eigenwilligen	eigensinnigen
8,1 bis 8,5	verstärkt eigenwilligen	sehr eigensinnigen
8,6 bis 9,0	übersteigert eigenwilligen	verkrampften
>9,0i	----------	zwiespältigen

Fp (Fortschrittsperson), Fw, Fx, Fv

Wert	Realwertbedeutungen	Imaginärwertbedeutungen
0,0 bis 0,5	ausgesprochener Beständigkeit	Impulslosigkeit
0,6 bis 1,0	Beständigkeit	Impulsarmut
1,1 bis 1,5	einiger Beständigkeit	Impulsschwäche
1,6 bis 2,0	viel Beschaulichkeit	ausgesprochener Schwunglosigkeit
2,1 bis 2,5	Beschaulichkeit	Schwunglosigkeit
2,6 bis 3,0	einiger Beschaulichkeit	ausgesprochener Vorgestrigkeit
3,1 bis 3,5	starkem Ruhestreben	Vorgestrigkeit
3,6 bis 4,0	Ruhestreben	einiger Risikoscheu
4,1 bis 4,5	einigem Streben nach Ruhe	wenig Interesse
4,6 bis 5,0	einiger Rührigkeit	einigen Veränderungswünschen
5,1 bis 5,5	größerer Rührigkeit	Veränderungsabsichten
5,6 bis 6,0	einiger Expansivität	Wechselhaftigkeiten
6,1 bis 6,5	größerer Expansivität	einiger Neugier
6,6 bis 7,0	Unternehmungsdrang	Neugier
7,1 bis 7,5	Suche nach Neuem	gesteigerter Neugier
7,6 bis 8,0	Forschungsdrang	einigem Abenteurertum
8,1 bis 8,5	Zukunftsorientierung	Abenteurertum
8,6 bis 9,0	Wissensdrang	starkem Abenteurertum
>9,0i	----------	überwertiger Neuerungssucht

Tp (Traditionsperson), Tw, Tx, Tv

Wert	Realwertbedeutungen	Imaginärwertbedeutungen
0,0 bis 0,5	besonders schweifender Art	ausgesprochener Wurzellosigkeit
0,6 bis 1,0	mehr schweifender Art	Wurzellosigkeit
1,1 bis 1,5	teilweise schweifender Art	einiger Wurzellosigkeit
1,6 bis 2,0	erhöhter Beweglichkeit	fehlender Bodenständigkeit
2,1 bis 2,5	Beweglichkeit	teilweise fehlender Bodenständigkeit
2,6 bis 3,0	einiger Beweglichkeit	erhöhter Hinreißbarkeit
3,1 bis 3,5	erhöhter Elastizität	Hinreißbarkeit
3,6 bis 4,0	Elastizität	einiger Hinreißbarkeit
4,1 bis 4,5	einiger Elastizität	erhöhter Unbestimmtheit
4,6 bis 5,0	einigem Gleichmaß	Unbestimmtheit
5,1 bis 5,5	Gleichmaß	einigen Verfestigungen
5,6 bis 6,0	erhöhtem Gleichmaß	Verfestigungen
6,1 bis 6,5	einiger Solidität	starken Verfestigungen
6,6 bis 7,0	Solidität	Unbeweglichkeit
7,1 bis 7,5	betonter Solidität	gesteigerter Unbeweglichkeit
7,6 bis 8,0	einiger Beharrlichkeit	einigem Eigensinn
8,1 bis 8,5	Beharrlichkeit	Eigensinn
8,6 bis 9,0	ausgesprochener Beharrlichkeit	gesteigertem Eigensinn
>9,0i	----------	Negativismus

FW-werte	Iy; ; (IyW), IyX; IyV	Wy; (WyW), WyX, WyV
36,00 bis 36,69	mangelhafte	ungenügend
36,97 bis 37,58	wenig ausgebildete	gering
37,59 bis 39,02	geringe	unterdurchschnittlich
39,03 bis 41,69	mäßige	knapp durchschnittlich
41,70 bis 44,00	mittlere	durchschnittlich
44,01 bis 46,22	gut durchschnittliche	gut durchschnittlich
46,23 bis 50,00	gehobene	überdurchschnittlich
50,01 bis 53,62	über mittlere	deutlich
53,63 bis 59,00	beträchtliche	betont
59,01 bis 65,62	ausgeprägte	markant
65,63 bis 71,00	höhere	beträchtlich
71,01 bis 77,00	gute	stark
77,01 bis 85,42	sehr gut	sehr stark
85,43 bis 93,00	herausragende	außergewöhnlich
93,01bis 100,00	überragende	überragend

(<4.0 =k, 4.0 bis 5,9 =m; > 6,0-7,5 =g, 7,6-9,0=h)

we,wm,wk(wev,wmv,wkv)	
-kkk	eine verminderte
-kkm	eine eingeengte
-kkg	eine unentschiedene und unflexible
-kkh	eine pedantische
-kmk	eine flüchtige
-kmm	eine unbestimmte
-kmg	eine unbestimmte scharfe
-kmh	eine unbestimmte konzentrierte
-kgk	eine oberflächliche
-kgm	eine lockere
-kgg	eine flexible
-kgh	eine wenig klare, flexible und konzentrierte
-khk	eine oberflächliche, aber unklare und unscharfe
-khm	eine reagible unbestimmte
-khg	eine scharfe und flexible, aber unbestimmte
-khh	eine unbestimmte reagibel und pedantische
-mkk	eine träge und nachlässige
-mkm	eine gespannte-bestimmte
-mkg	eine enge und bestimmte
-mkh	eine klare, aber eingeengte pedantische
-mmk	eine unscharfe, aber bestimmte und reagible
-mmm	eine klare und bestimmte
-mmg	eine klare und konzentrierte
-mmh	eine klare, reagible und scharfe
-mgk	eine wechselhafte
-mgm	eine vielgleisige
-mgg	eine straffe, horizontweite
-mgh	eine klare und flexible und konzentrierte

-mhk	eine klare, aber unscharfe und fließende
-mhm	eine klare, fließende
-mhg	eine klare, scharfe fließende
-mhh	eine klare, pedantische ausgreifende
-gkk	eine einseitige
-gkm	eine entschiedene
-gkg	eine sture
-gkh	eine entschiedene, pedantische einseitige
-gmk	eine heftige
-gmm	eine klare und entschiedene
-gmg	eine gespannte und entschiedene
-gmh	eine entschiedene, superscharfe reagible
-ggk	eine eruptive, schwankende
-ggm	eine weite und energische
-ggg	eine weite, klare und bestimmte
-ggh	eine weite, scharfe und bestimmte
-ghk	eine sehr weite, bestimmte, aber eher unscharfe
-ghm	eine sehr weite, bestimmte und nicht unscharfe
-ghg	eine sehr weitere, bestimmte und scharfe
-ghh	eine sehr weitere, sehr scharfe und bestimmte
-hkk	eine energische, enge und unscharfe
-hkm	eine energische. enge und deutliche
-hkg	eine energische. enge und scharfe
-hkh	eine energische, überscharfe einseitige
-hmk	eine energische reagible und unscharfe
-hmm	eine energische reagible und deutliche
-hmg	eine energische. reagible und scharfe
-hmh	eine energische. reagible und überscharfe
-hgk	eine energisch, flexible und unscharfe
-hgm	eine energische, flexible und deutliche

-hgg	eine energische. flexible und scharfe
-hgh	eine energisch flexible und überscharfe
-hhk	eine fließende, oberflächliche energische
-hhm	eine fließende, deutliche energische
-hhg	eine fließende, aber scharfe und energische
-hhh	eine energische und überscharfe ausladende

dk,dp,de;(dkv,dpv,dev)	
-kkk	ein eintöniges und stumpfes
-kkm	ein oberflächlich kombinierendes
-kkg	ein flaches scheingeistiges
-kkh	ein flaches routinehaftes
-kmk	ein unkritisch intuitives
-kmm	ein alltägliches
-kmg	ein unkritisches routinehaftes
-kmh	ein oberflächliches routiniertes
-kgk	ein sporadisches unkritisches
-kgm	ein flüchtiges und sprunghaftes
-kgg	ein unkritisches einfallsreiches
-kgh	ein phantastisches
-khk	ein unkritisches rezeptives
-khm	ein unkritisches reproduktives
-khg	ein urteilsschwaches intuitives
-khh	ein urteilsschwaches phantastisches
-mkk	ein einspuriges, begrenztes
-mkm	ein einspuriges Alltags-
-mkg	ein geschicktes, aber einspuriges Alltags-
-mkh	ein sehr geschicktes, aber einspuriges Alltags-
-mmk	ein lineares Alltags-
-mmm	ein gehobenes Alltags-

-mmg	ein klares und gewandtes
-mmh	ein vielseitiges gehobenes
-mgk	ein lineares Einfalls-
-mgm	ein bewegliches und phantasievolles
-mgg	ein vielseitiges und einfallsreiches
-mgh	ein einfallsreiches facettenreiches
-mhk	ein gradliniges und klares einfallsreiches
-mhm	ein variables, klares und einfallsreiches
-mhg	ein klares, bewegliche und einfallsreiches
-mhh	ein klares, sprühendes und phantasiereiches
-gkk	ein einseitiges, begrenztes analytisches
-gkm	ein scharfes und bewegliches Alltags-
-gkg	ein scharfes und gewandtes in gewohnten Inhalten und Bahnen bleibendes
-gkh	ein scharfes und gewandtes nüchternes
-gmk	ein kritisches lineares
-gmm	ein kritisch-analytisches
-gmg	ein geschicktes kritisches
-gmh	ein sprühendes, kritisches
-ggk	ein gradliniges kritisches Einfalls-
-ggm	ein vielseitiges einfallsreiches
-ggg	ein vielseitiges vernetztes
-ggh	ein kritisches, einfallsreiches und vielseitiges
-ghk	ein kritisches, phantasievolles lineares
-ghm	ein kritisches, phantasiereiches nicht unbewegliches
-ghg	ein kritisches, phantasievolles und gewandtes
-ghh	ein kritisches, phantasievolles, sprühendes
-hkk	ein scharfes, gradliniges Alltags-
-hkm	ein scharfes, variables Alltags-
-hkg	ein scharfes, gewandtes Alltags-
-hkh	ein scharfes sprühendes Alltags-

-hmk	ein gradliniges aufgeschlossenes analytisches
-hmm	ein variables aufgeschlossenes analytisches
-hmg	ein bewegliches aufgeschlossenes analytisches
-hmh	ein sprühendes aufgeschlossenes analytisches
-hgk	ein scharfes, einfallsreiches gradliniges
-hgm	ein scharfes, einfallsreiches variables
-hgg	ein scharfes bewegliches einfallsreiches
-hgh	ein scharfes sprühendes einfallsreiches
-hhk	ein kreatives analytisches
-hhm	ein variables kreatives analytisches
-hhg	ein scharfes. kreatives vielseitiges
-hhh	ein scharfes vernetztes kreatives

we#dk	we, wex, wev	dk, dkx, dkv
0,0 bis 1,0	unentschlossener	nicht
1,1 bis 1,5	völlig uneindeutiger	häufig nicht
1,6 bis 2,5	ausgesprochen unbestimmter	sehr unscharf
2,6 bis 3,0	unbestimmter	unscharf
3,1 bis 3,5	stark lavierender	selten scharf
3,6 bis 4,0	lavierender	teilweise in Ansätzen
4,1 bis 4,5	ausgesprochen kompromißbereiter	in Ansätzen
4,6 bis 5,0	eher kompromißbereiter	in alltäglichen Umständen
5,1 bis 5,5	ansatzweise bestimmter	über alltägliche Umstände hinaus
5,6 bis 6,0	bestimmter	annähernd klar
6,1 bis 6,5	sehr bestimmter	klar
6,6 bis 7,0	eher entschlossener	deutlich
7,1 bis 7,5	entschlossener	sehr deutlich
7,6 bis 8,0	ziemlich kompromißloser	scharf
8,1 bis 9,0	kompromißloser	ausgesprochen scharf

we, wex						dk, dkx,
	1,0 b. 2,6	2,6 b. 3,9	4,0 b. 4,9	5,0 b. 5,9	6,0 b. 7,5	7,6 b. 9,0
7,6 b. 9,0	engstirnige	eigensinnige	unbeirrbare	entschlossene	eigenwillige	dominierende
6,0 b. 7,5	einspurige	einseitige	alltägliche	gezielte	konsequente	unabhängige
5,0 b. 5,9	enge	unkomplizier-te	einfache	übliche	sichere	selbständige
4,0 b. 4,9	beeinflußbare	bestimmbare	nachgiebige	unsichere	kooperative	rationale
2,6 b. 3,9	unscharfe	abhängige	vage	begrenzte	offene	klare
1,0 b. 2,6	uneindeutige	unbestimmte	inkonsequente	unfestgelegte	wechselnde	kompromiß-hafte

wm#dp (Informationsverarbeitung)

	wm, wmx, wmv	dp, dpx, dpv
0,0 bis 1,0	höchst selten	äußerst selten
1,1 bis 1,5	kaum	selten
1,6 bis 2,5	nur hin und wieder	in geringem Umfange
2,6 bis 3,0	besonders bedächtig	höchstens teilweise
3,1 bis 3,5	bedächtig	teilweise
3,6 bis 4,0	eher bedächtig	ansatzweise
4,1 bis 4,5	sehr ruhig	manchmal
4,6 bis 5,0	ruhig	häufiger
5,1 bis 5,5	annähernd normal	im allgemeinen
5,6 bis 6,0	normal	vielfach
6,1 bis 6,5	leicht beschleunigt	ziemlich weitgehend
6,6 bis 7,0	beschleunigt	weitgehend
7,1 bis 7,5	besonders beschleunigt	annähernd umfassend
7,6 bis 8,0	schnell	umfassend
8,1 bis 9,0	sehr schnell	vollständig

wm, wmx						dp, dpx,
	1,0 b. 2,6	2,6 b. 3,9	4,0 b. 4,9	5,0 b. 5,9	6,0 b. 7,5	7,6 b. 9,0
7,6 b. 9,0	hektische	rastlose	voreilige	bewegliche	vielseitige	gelehrige
6,0 b. 7,5	oberflächliche	flüchtige	unbedachte	reagible	flexible	geschickte
5,0 b. 5,9	eingeengte	begrenzte	enge	anstellige	aufgeschlosse-ne	empfängliche
4,0 b. 4,9	geringe	ausschnittswei-se	teilweise	alltägliche	formbare	folgsame
2,6 b. 3,9	unzulängliche	unzureichende	zögernde	abwartende	anregbare	ansprechbare
1,0 b. 2,6	mangelhafte	lückenhafte	bedächtige	bedachtsame	recht langsame	träge

wk#de (Kombinationsweise)

	wk, wkx, wkv	**de, dex, dev**
0,0 bis 1,0	kaum	äußerst selten
1,1 bis 1,5	nur wenig	selten
1,6 bis 2,5	wenig	nur sehr ungeschickt
2,6 bis 3,0	nur begrenzt	eher ungeschickt
3,1 bis 3,5	lediglich sehr mäßig	wenig gewandt
3,6 bis 4,0	lediglich mäßig	ausschließlich in gewohnten Bahnen
4,1 bis 4,5	hin und wieder einigermaßen	eher bedächtig
4,6 bis 5,0	annähernd einigermaßen	mehr rein routinehaft
5,1 bis 5,5	einigermaßen	einigermaßen locker
5,6 bis 6,0	noch befriedigend	locker
6,1 bis 6,5	befriedigend	beweglich
6,6 bis 7,0	recht gut	recht vielseitig
7,1 bis 7,5	annähernd straff	vielseitig
7,6 bis 8,0	straff	eher vielfältig
8,1 bis 9,0	sehr straff	vielfältig

wk, wkx						**de, dex,**
	1,0 b. 2,6	2,6 b. 3,9	4,0 b. 4,9	5,0 b. 5,9	6,0 b. 7,5	7,6 b. 9,0
7,6 b. 9,0	klebende	haftende	einspurige	konsequente	zielsichere	gekonnte
6,0 b. 7,5	unbewegliche	wenig variierende	begrenzte	aufmerksame	gezielte	geschickte
5,0 b. 5,9	ungewandte	wenig gewandte	einfache	elastische	variable	bewegliche
4,0 b. 4,9	unelastische	undifferenzierte	primitive	lockere	inkonsequente	unbestimmte
2,6 b. 3,9	einförmige	unflexible	naive	sorglose	flüchtige	sprunghafte
1,0 b. 2,6	unbeholfene	ungeschickte	ziellose	unaufmerksame	wechselnde	zerfahrene

FW		Vy (Vorstellpotential), VyX, VyV	Fy (Fertigungspotential), FyX, FyV
36.00	- 36.96	mangelhafte	kaum
36.97	- 37.58	geringe	wenig
37.59	- 39.02	unterdurchschnittliche	unterdurchschnittliche
39.03	- 41.69	knapp durchschnittliche	knapp durchschnittliche
41.70	- 44,00	durchschnittliche	mittlere
44,01	- 46.22	gut durchschnittliche	deutliche
46.23	- 50,00	überdurchschnittliche	über mittlere
50,01	- 53.62	höhere	beträchtliche
53.63	- 59,00	beträchtliche	markante
59,01	- 65.62	gute	sehr markante
65.63	- 71,00	sehr gute	besonders markante
71,01	- 77,00	hohe	geschickte
77,01	- 85.42	sehr hohe	sehr geschickte
85.43	- 93,00	sehr markante	herausragende
93,01	- 100.00	umfassende	überragende

vl#ff (Feingeschick)

	vl, vlx, vlv	ff, ffx, ffv
0,0 bis 1,0	fehlende	fehlendem
1,1 bis 1,5	mangelhaft ausgebildete	äußerst minimalem
1,6 bis 2,5	sehr geringe	minimalem
2,6 bis 3,0	geringe	sehr wenig
3,1 bis 3,5	ziemlich geringe	wenig
3,6 bis 4,0	sehr mäßige	eher mäßigem
4,1 bis 4,5	mäßige	mäßigen
4,6 bis 5,0	annähernd normale	einigem
5,1 bis 5,5	ziemlich normale	eher mittlerem
5,6 bis 6,0	durchschnittliche	mittlerem
6,1 bis 6,5	gut durchschnittliche	übermittlerem
6,6 bis 7,0	größere	leicht erhöhtem
7,1 bis 7,5	gesteigerte	erhöhtem
7,6 bis 8,0	beträchtliche	viel
8,1 bis 9,0	sehr beträchtliche	besonders viel

ff, ffx						vl, vlx,
	1,0 b. 2,6	2,6 b. 3,9	4,0 b. 4,9	5,0 b. 5,9	6,0 b. 7,5	7,6 b. 9,0
7,6 b. 9,0	oberflächli-chem	einigem	beweglichen	gewandtem	sicherem	gekonntem
6,0 b. 7,5	flüchtigem	begrenztem	gelöstem	geschmeidi-gem	geschicktem	gezieltem
5,0 b. 5,9	unsicherem	ungenauem	gelockertem	lockerem	genauem	präzisem
4,0 b. 4,9	ziellosem	zielunsicherem	unbestimmtem	einigem	gerichtetem	gelenkten
2,6 b. 3,9	wenig	eingeschränk-tem	vermindertem	mäßigem	unbeholfenem	unausgebilde-tem
1,0 b. 2,6	fehlendem	mangelndem	unwesentli-chem	geringem	recht steifem	ungelenkem

vp#fh (handwerkliches Geschick)

	vp, vpx, vpv	fh, fhx, fhv
0,0 bis 1,0	fehlendem	äußerst begrenzt
1,1 bis 1,5	mangelhaft ausgebildetem	äußerst minimal
1,6 bis 2,5	sehr geringem	minimal
2,6 bis 3,0	geringem	sehr wenig
3,1 bis 3,5	ziemlich geringem	wenig
3,6 bis 4,0	sehr mäßigem	eher mäßig
4,1 bis 4,5	mäßigem	mäßig
4,6 bis 5,0	annähernd normalem	einigermaßen
5,1 bis 5,5	ziemlich normalem	eher mittel
5,6 bis 6,0	durchschnittlichem	mittel
6,1 bis 6,5	gut durchschnittlichem	übermittel
6,6 bis 7,0	größerem	stärker
7,1 bis 7,5	gesteigertem	markant
7,6 bis 8,0	beträchtlichem	ausgesprochen
8,1 bis 9,0	sehr beträchtlichem	besonders

fh, fhx						vp, vpx,
	1,0 b. 2,6	2,6 b. 3,9	4,0 b. 4,9	5,0 b. 5,9	6,0 b. 7,5	7,6 b. 9,0
7,6 b. 9,0	oberflächlich	etwas	beweglich	gewandt	sicher	gekonnt
6,0 b. 7,5	flüchtig	begrenzt	gelöst	geschmeidig	geschickt	gezielt
5,0 b. 5,9	unsicher	ungenau	gelockert	locker	genau	präzise
4,0 b. 4,9	ziellos	zielunsicher	unbestimmt	einigermaßen	gerichtet	gelenkt
2,6 b. 3,9	wenig	eingeschränkt	vermindert	mäßig	unbeholfen	unausgebildet
1,0 b. 2,6	kaum	mangelhaft	unwesentlich	gering	recht steif	ungelenk

vk#fk (Gestaltungsausführung)

	vk, vkx, vkv	fk, fkx, fkv
0,0 bis 1,0	nicht	nicht
1,1 bis 1,5	mangelhaft	äußerst minimal
1,6 bis 2,5	sehr gering	minimal
2,6 bis 3,0	gering	sehr wenig
3,1 bis 3,5	ziemlich gering	wenig
3,6 bis 4,0	sehr mäßig	ausgesprochen mäßig
4,1 bis 4,5	mäßig	mäßig
4,6 bis 5,0	annähernd normal	begrenzt
5,1 bis 5,5	ziemlich normal	eher mittel
5,6 bis 6,0	durchschnittlich	mittel
6,1 bis 6,5	gut durchschnittlich	übermittel
6,6 bis 7,0	größer	leicht erhöht
7,1 bis 7,5	gesteigert	erhöht
7,6 bis 8,0	beträchtlich	stark
8,1 bis 9,0	sehr beträchtlich	besonders stark

fk, fkx						vk, vkx,
	1,0 b. 2,6	2,6 b. 3,9	4,0 b. 4,9	5,0 b. 5,9	6,0 b. 7,5	7,6 b. 9,0
7,6 b. 9,0	oberflächlichen	einigen	beweglichen	gewandten	sicheren	gekonnten
6,0 b. 7,5	flüchtigen	begrenzten	gelösten	geschmeidigen	geschickten	gezielten
5,0 b. 5,9	unsicheren	ungenauen	gelockerten	lockeren	genauen	präzisen
4,0 b. 4,9	ziellosen	zielunsicheren	unbestimmten	einigen	gerichteten	gelenkten
2,6 b. 3,9	wenig	eingeschränk-ten	verminderten	mäßigen	unbeholfenen	unausgebilde-ten
1,0 b. 2,6	fehlenden	mangelnden	unwesentli-chen	geringen	recht steifen	ungelenken

Sozialsystem-Syntaktik

(dkw#wew)	1,0-2,5	2,6-4,0	4,1-5,9	6,0-7,5	7,6-9,0
-wew	geringer	mäßiger	einiger	deutlicher	extremer
-dkw	pluralistisch	vielfältig	gelockert	einheitlich	monoton
-wew		**Urteilsstruktur**			-dkw
1,0-2,5	uneindeutige	unbestimmte	unfestgelegte	wechselnde	kompromißhafte
2,6-4,0	unscharfe	abhängige	begrenzte	kooperative	rationale
4,1-5,9	enge	unkomplizierte	alltägliche	sichere	selbständige
6,0-7,5	einspurige	einseitige	gezielte	konsequente	unabhängige
7,6-9,0	engstirnige	eigensinnige	unbeirrbare	eigenwillige	dominierende
dpw#wmw	1,0-2,5	2,6-4,0	4,1-5,9	6,0-7,5	7,6-9,0
-wmw	vielfältig	vielseitig	flexibel	begrenzt	beschränkt
-dpw	geringen	mäßigen	begrenzten	erhöhten	markanten
-wmw		**Informations-**	**verarbeitung**		-dpw
1,0-2,5	mangelhafte	lückenhafte	bedächtige	eher langsame	folgsame
2,6-4,0	unzulängliche	unzureichende	zögernde	anregbare	ansprechbare
4,1-5,9	eingeengte	begrenzte	anstellige	aufgeschlossene	empfängliche
6,0-7,5	oberflächliche	flüchtige	reagible	flexible	geschickte
7,6-9,0	hektische	rastlose	bewegliche	vielseitige	gelehrige
(dew#wkw)	1,0-2,5	2,6-4,0	4,1-5,9	6,0-7,5	7,6-9,0
wkw	kaum	geringe	einige	deutliche	beträchtliche
dew	keine	unsichere	einige	klare	exakte
wkw		**Handlungs-**	**Organisation**		dew
1,0-2,5	wirre	lockere	geordnete	systematische	vielseitige
2,6-4,0	unklare	unsystematische	übersichtliche	flexible	elastische
4,1-5,9	unflexible	gleichmäßige	klare	stabile	umfassende
6,0-7,5	einförmige	verspannte	transparente	eindeutige	begrenzende
7,6-9,0	monotone	gleichförmige	unelastische	einengende	starre

(vlw#ffw)	1,0-2,5	2,6-4,0	4,1-5,9	6,0-7,5	7,6-9,0
-vlw	minimale	kleine	mittlere	große	markante
-ffw	fehlende	geringe	mäßige	beträchtliche	umfassende
-ffw		**Einstellungs-**	**Änderungen**		-vlw
1,0-2,5	gar nicht	kaum	begrenzt	vorübergehend	gewaltsam
2,6-4,0	schwerlich	sehr beschränkt	zeitweise	einigermaßen	mit Macht
4,1-5,9	selten	evtl.	von Fall zu Fall	im allgemeinen	recht leicht
6,0-7,5	teilweise	u.U.	leicht	ohne Verzögerung	gut
7,6-9,0	nicht immer	unschwer	recht schnell	ohne Umstände	sehr gut
(vpw#fhw),	1,0-2,5	2,6-4,0	4,1-5,9	6,0-7,5	7,6-9,0
-vpw	fehlende	geringe	normale	beträchtliche	große
-fhw	minimale	geringe	mäßige	ausgeprägte	umfassende
-fhw		**Verstehens-**	**Basis**		-vpw
1,0-2,5	indolente	ungenügende	eingeengte	verminderte	einseitige
2,6-4,0	mangelhafte	lückenhafte	beschränkte	verengte	verbreiterte
4,1-5,9	enge	gedämpfte	ausgewogene	breite	unbeengte
6,0-7,5	begrenzte	bedingte	weite	vielfältige	umfangreiche
7,6-9,0	unsichere	erhöhte	vielseitige	einfühlsame	vielseitige
(vkw#fkw)	1,0-2,5	2,6-4,0	4,1-5,9	6,0-7,5	7,6-9,0
-vkw	fehlender	geringer	einiger	erhöhter	umfassender
-fkw	minimale	begrenzte	normale	unterschiedliche	vielerlei
-vkw		**Gestaltungs-**	**möglichkeithen**		-fkw
1,0-2,5	unbeholfene	ungelenke	unsichere	wenig organisierte	wenig zielsichere
2,6-4,0	unkoordinierte	ungeschickte	zielunsichere	desorientierte	flüchtige
4,1-5,9	stockende	unelastische	nicht unsichere	recht sichere	bewegliche
6,0-7,5	steife	wenig flexible	flüssige	elastische	zielsichere
7,6-9,0	wenig flüssige	wenig gewandte	wendige	gewandte	flexible

optimale Einsatzgebiete

	Elementenbasen (y): |Y| <2,0 in (); y bzw. iy>6,0
P	Tätigkeiten, die emotionales Handeln und Reagieren sowie unmittelbare natürliche Beteiligung am Geschehen verlangen, anschauungsgebundene Arbeitsweise, emotionales Engagement an dem Tun, unmittelbares Handeln, lebendiges Reagieren. Praktische Inhalte, Anschauliches, Körperliches, Land- und Forstwirtschaft, Organisches, Biologisches, Nahrungs- und Genußmittel, sinnliche Inhalte,
iP	Tätigkeiten, die Handeln aus dem Augenblick und in Abhängigkeit momentaner Eindrücke erfordern, Inhalte des Genusses bieten, der Affektivität freien Lauf lassen, primitive und kreatürliche Inhalte bieten
(P)	Tätigkeiten und Aufgaben, die nüchternes, asketisches und evtl. trockenes Reagieren auf die Umstände voraussetzen, die wenig praxisnah sind, nüchterne Tätigkeiten, bei denen Eindrücke und Emotionen ausgeschaltet sind. Asketisches, Anschauungs- und Alltagsfernes, Erlebnisfernes, Anorganisches, Tätigkeiten, die keinerlei Initiative verlangen, genußfeindliche Tätigkeiten, lebensferne Tätigkeiten, naturfeindliche Tätigkeiten, Unlebendiges.
R	Tätigkeiten, die Ichsteuerung, bewußte, überlegte und kontrollierte Handlungen verlangen, die mehr kritischer und prüfender disziplinierter Haltung bedürfen, Planungs-, Prüfungs- und Kontrollfunktionen, selbstdisziplinierte Haltung, schematische und formalisierte Arbeiten. Ideen, Geistiges, Wissenschaft, Philosophie, Erkenntnislehre, Gedankliches, Abstraktes, Theoretisches, Ätherisches, Esoterik, Spekulatives, Neugier-Weckendes, Intellektualistisches
iR	schematisierte Tätigkeiten, formalistische Arbeiten, einengende Tätigkeiten, esoterische, ätherische, spekulative, intellektualistische Inhalte, Neugier-Befriedigung
(R)	Berufe, die eine eher naive, undifferenzierte und wenig reflektierende Einstellung verlangen, unkomplizierte und einfache Arbeiten, Tätigkeiten, die wenig Disziplin und eigene Steuerung erfordern. Alltägliches, Konkretes, eher primitive Arbeiten, Tätigkeiten, die keine Disziplin und eigene Steuerung erfordern, kein Planen verlangen. Undifferenziertes, Ungeistiges,
U	der Außenwelt zugewandte Arbeiten, extraversives gesellschaftliches Handeln, Tätigkeiten, die auf Wirkung und Ansehen nach außen angelegt sind bzw. bei denen sich der Arbeitende von der Außenwelt leiten lassen muß, weltliche Aufgaben, Arbeit im unmittelbaren Kontakt mit der Umwelt, von der Umwelt bestimmte und gelenkte Tätigkeiten, Außen- und Kontaktberufe, Repräsentationstätigkeiten. Weltliches, Öffentlichkeit, Gesellschaft, Publikum, Ansehen, Status, Geselligkeit.
iU	Status, Prestige, Auszeichnungen, Äußeres, posierende Tätigkeiten
(U)	weltabgewandte, weltfremde Tätigkeiten und Berufe, in denen kein Bezug zur Außenwelt nötig ist, in die auch äußere Umstände und gesellschaftliche Einflüsse nicht dringen, Arbeit ohne Kontakt mit anderen, ohne solchen mit Umwelt und Publikum, Tätigkeiten, die keine eigene Zuwendung zu anderen Menschen und zum Geschehen verlangen. Unauffälliges, Privatleben, Sachlichkeit, Weltferne, Abwesenheit von Rummel und Trubel, Tätigkeiten, die Weltflucht ermöglichen, die auch bei Schüchternheit und Scheu zu erfüllen sind, Tätigkeiten ohne gesellschaftliche Berührungen

Ü	Tätigkeiten, bei denen sich der Mensch auf sich selbst besinnen muß. bei denen er sich aus sich heraus zu orientieren hat und von inneren Maßstäben leiten lassen muß, Allein- und Einzelarbeit, Distanz zur Umwelt, Innendienst, Labortätigkeit, Arbeit im Verborgenen und Dunkeln sowie im Geheimen. Weltanschauliches, Werte und Wertungen, Religiöses, Ideologisches, Ethik, Moral, richterliche Tätigkeiten
IÜ	Tätigkeiten im Dunkeln, im Verborgenen, im Versteck, in der Isolierung, orthodoxe weltanschauliche und moralische Inhalte, Bewertungsfundamentalismus, Verurteilungstätigkeiten
(Ü)	Tätigkeiten, bei denen ideologische und Wertmaßstäbe keine Rolle spielen bzw. der Tätige sich innerlich nicht mit Berechtigungsfragen auseinandersetzen muß. Tätigkeit unter dem Einfluß der Umwelt, Tätigkeiten, die weder Abstand noch Zurückhaltung erfordern, bei denen innere Verarbeitung und Lenkung von innen nicht gefragt sind. Liberalismus, Neutralismus, Relativismus, Freiheit, Säkularisiertes, Neutralismus, Relativismus, Amoralität, Abstands- und Distanzlosigkeiten in Arbeit und Umgang
K	Tätigkeiten, die eine erhöhte soziale Ansprechbarkeit und Äußerungsweise verlangen, die lebhafte, nicht unbedingt tiefere innere Beziehungen zu einer Vielzahl von Menschen verlangen. Einfühlende, kriminalistische Tätigkeiten, unverbindliche Beratungsfunktionen, Assistententätigkeiten, Entwicklungsaufgaben, soziale Unverbindlichkeit bei sprühender und lebhafter Reaktionsweise und Äußerungsweise, ständiger Wechsel sozialer Beziehungen. Kultur, Theater, Literatur, Sprache, Geschichte, Überlieferung, Pädagogik, Erziehung, Bildung, Ausbildung, Geisteswissenschaften, Klassik,
iK	Tätigkeiten mit überschwenglicher Äußerungsweise, unsteten Gefühlsreaktionen, schwärmerischer Vorgehensweise, schöngeistige, utopische Inhalte, Tätigkeiten, bei denen gefühlsmäßige Erregtheit nicht schadet
(K)	Tätigkeiten, die keine innere Umstellung in sozialen Bezügen erfordern. Ruhige, sozial beständige Situationen, Arbeiten, die keine eigenen sozialen und gefühlsmäßigen Äußerungen und Reaktionen verlangen. Zivilisation, Funktionalistisches, Nutzbarkeit, Zweckmäßiges, Verwendbarkeit; Tätigkeiten, die keine lebhafte Äußerungsweise dulden oder benötigen, die eine gewisse soziale Trägheit und Unansprechbarkeit vertragen. Rein nutzenorientierte Aufgaben und Inhalte, indolente, träge Reaktionsweise
B	Tätigkeiten, die Individualität und Eigenständigkeit von innen heraus in sozialen Bezügen verlangen, bei denen ein innerliches Engagement für andere Menschen verlangt wird. Tätigkeiten in enger Teambeziehung, Arbeiten mit festen sozialen Bindungen, die wenig wechseln, gefühls- und gemütsbezogene Arbeiten, personenbezogene Beratungs- und pädagogisch-führende Tätigkeiten, Arbeiten, Individuation, Selbstgestaltung, Selbstverwirklichung, Partnerschaft, , Psychologie, Individualtherapie,
iB	Tätigkeiten, die eine romantische Einstellung fordern, bei denen Subjektivität nicht schadet bzw. gefordert ist. Ichhaftes, Romantik, Singletum
(B)	Tätigkeiten, die mehr sachliches Verhalten verlangen, die wenig inneres soziales Engagement fordern. Arbeiten, die menschliche Kühle und unpersönliche Objektivität und Sachlichkeit erfordern. Sachgebundenheit, Aufgehen in Aufgabe und Sache, Aufgaben, die menschliche Bindungslosigkeit erfordern, kollektives Arbeiten und Fühlen verlangen, bei denen menschliche Kälte nicht schadet

G	Tätigkeiten, die Durchsetzung, Domination, Lenkung und Gestaltung verlangen, bei denen es darauf ankommt, durch Machen etwas zu schaffen, und das auch in sozialen Bezügen. Arbeiten, die Durchsetzung, Angreifen und Selbständigkeit, Gestaltung und Eroberung verlangen, hartes Material, Stein, Metalle. Bewältigung, bewältigende Technik, Macht, Führung, Konstruktion, Machen, Naturwissenschaften, Regieren, Domination, Bauen, Aufbauen, Gestalten
iG	Aufgaben, die aggressives, überwältigendes Arbeiten, aber auch rücksichtsloses Vorgehen erfordern, Diktieren, Kommandieren, Zerstörung, Vernichtung, Krieg, Überwältigen, Unterdrücken,
(G)	Tätigkeiten, bei denen Folgsamkeit entscheidend ist. Aufgaben, die rücksichtsvolles, Vorgehen verlangen. Einfügen, Einordnen, Unterordnen, Nachvollziehen, Folgen; Aufgaben für eher zaghaftes und zögerndes Vorgehen, Arbeiten, bei denen Unterordnung und Unselbständigkeit gefordert werden.
S	Tätigkeiten, die Pflege und Erhaltung sowie Verbesserung sozialer Gegebenheiten verlangen, die Pflege, Wartung und Schutz für Dinge und Menschen bringen sollen. Arbeiten, die Anpassung verlangen, Tätigkeiten, bei denen fortführende Ausführung erforderlich ist, mehr pflegende als gestaltende Arbeiten, Arbeiten nach Weisung, Wartungsarbeiten, Dienstleistungen. weiches Material, matschige und schleimige Materialien, Textilien, Soziales, Menschen, Gruppen, Kinder, Hilfsbedürftige, Pflege, Instandhaltung, Heilen, Fürsorge, Verhätscheln, Bemuttern, Wartung, Dienen, Mitmachen, Unterstützen
iS	Aufgaben, die ständiges Nachgeben verlangen, schleimige Materialien aufweisen, die fürsorgliche Bevormundung Schwacher und Kranker ermöglichen, Verführbarkeit und Beeinflußbarkeit werden verlangt
(S)	Tätigkeiten, die Freiheit und Lösung von sozialen Bindungen und Anforderungen bringen, wie sie u.a. auch in Wegwerfgesellschaften üblich sind. Ungebundenheit, Unabhängigkeit, Freiheit, Arbeiten, die keine Sensibilität und Anpassung verlangen, Nicht-Dienen, Nichtpflegen, keine Wartungsinhalte
E	Tätigkeiten, die eine erhöhte aktive qualitätsgerechte Auffassung der Welt und des Geschehens verlangen. Unterhaltende, lustige und brillierende Tätigkeiten, Arbeiten, die Optimismus und Risikobereitschaft verlangen, all-round-Tätigkeiten, Edelmetalle, glänzende Stoffe, Effekte, besonders auch Lichteffekte. Qualität, Güte, Schönheit, Ästhetik, Musisches, Musik, Kunst, Künstlerisches, Kunsthandwerk, Mode, Werbung, Schmuck,
iE	lustbringende, riskante Tätigkeiten, Effekte, Flitter, Tand, Effekte, Äußerlichkeiten, Kitsch
(E)	Tätigkeiten, bei denen die Welt und das Geschehen eher störend und belastend empfunden werden, bei denen keine aktive Zuwendung in der Auffassung erforderlich ist. Sachgebundende, risokoarme, unauffällige Arbeiten. Nützlichkeit, Quantität, Qualitätslosigkeit, Amusisches, Brauchbares, Unauffälliges, Amusisches, reine Zweckergebnisse, unsichere Arbeitsweise, eher pessimistische Arbeitshaltung, die der Stützung und Ermunterung bedarf
O	Tätigkeiten, bei denen es auf eine systematische und formale innere Verarbeitung der Qualitäten ankommt. Arbeit in kleinen Schritten, Fein- und Ordnungsarbeiten, Präzisionsarbeiten, Innendienst, Büroarbeit, Bearbeitung von Kleinigkeiten, besinnliche und ernste Arbeitshaltung mit Vorliebe zum Abwägen erforderlich. Verwaltung, Organisation, Logistik, Ordnung, Zahlen, Gliederung, Systematik, Formales, Informatik, EDV, Ordnungsvorschriften

iO	einzelheitliche Arbeitsweise, Umgang mit Kleindetails, Fieselarbeit, Zählarbeit, bürokratische Arbeiten, Schemata, Registratur, Listenführung
(O)	Lässige, ungezwungene, lockere und freie Arbeitsweise, Improvisation, Natürliches, Gewachsenes, Tätigkeiten, bei denen Aufgefaßtes nicht verarbeitet werden muß, wo alles Aufgenommene aus dem Geschehen ohne eigene Verarbeitung stehen bleiben kann. Nachlässiges und oberflächliches Arbeiten. Chaos,
F	Tätigkeiten, die Handlungsaktivität und Aneignungsaktivität sowie ausgeprägtes Expansionsstreben verlangen, wo Neues und Zukünftiges wesentlich sind. Arbeiten, die Schwung und Dynamik, Unternehmungsgeist und Expansion verlangen, unkonventionelle Tätigkeiten, Abwechslung in der Arbeit. Fernes, Neues, Fortschritt, Reise, Reisen, Verkehr, Zukünftiges, Forschung, Neuheiten, Progressives, Handel, Handeln
iF	Tätigkeiten, die Expansion um jeden Preis verlangen, sprunghafte und wechselnhafte Arbeitsweisen erfordern, ständigen Veränderungen unterworfen sind, Unbeständigkeit erwarten, Zukunftsutopien, Abenteuer
(F)	Tätigkeiten, in denen Neuheiten, neue Wege und Inhalte nicht zur Debatte stehen. Arbeiten, die in Ruhe und Beschaulichkeit auszuführen sind. Ruhe, Beschaulichkeit, Erhaltung, starre Unwandelbarkeit; schwunglose, träge, lahme und matte Arbeitsweise, Gestriges, Überholtes,
T	Tätigkeiten, bei denen Sicherheit und Erhaltung des Gegenwärtigen bzw. Gestrigen im Vordergrunde stehen, die Beständigkeit und Konservatismus erfordern. Tätigkeiten, die eine stetige und gleichmäßige Arbeitsweise erfordern, bewahrende, sammelnde Tätigkeiten, erdiges Material, graphisches Gewerbe, keine Umstellungen, kein Wandel. Bau, Boden, Immobilien, Geld, Bankwesen, Rechnungswesen, Land- und Forstwirtschaft, Vertrautes, Bekanntes, Besitz, Tradition, Überlieferung, Sicherheit, Nahes
iT	Gewohnheiten, Vergangenes, keine Umstellungen, kein Wandel, gleichförmige Arbeitsweise, Monotonie, Prinzipien,
(T)	Tätigkeiten, bei denen Sicherheit und Vertrautes klein geschrieben werden, die mehr ein Umherschweifen und Flexibilität erfordern. Tätigkeiten, die Schwankungen unterworfen sind. Aufgaben, bei denen es auf Flexibilität ankommt. Unbekanntes, Freiräume, Gewohnheitsfernes, Heutiges, Gegenwärtiges, Ungewisses, Wechsel und Unstetheit, hohe Sicherheitsrisiken

Störungsquellen (>5,0) in In, Inw und Inx Systemformen

δP:	*emotionale Gehemmtheit*: Welt hat keinen Aufforderungscharakter, Starre, Leere, Impulslosigkeit, Affektarmut,

δ R:	*rationale Gehemmtheit*: es fehlt der Bezug zu Ordnungen und Regeln, es fehlt aber auch das Leiden daran, Züge neurotischer Verwahrlosung treten hervor, Irrationalität, Unvernunft, Augenblicksabhängigkeit, Uninteressiertheit,
δ U:	*Zuwendungsgehemmtheit:* Umweltangst, Scheu, Kontakthemmungen in dinglicher und menschlicher Hinsicht,
δ Ü:	*integrative Gehemmtheit* : Verlust der inneren Orientierung, fehlende Werthaltungen und Distanz, Abhängigkeit von Außenlenkung, fehlende Fluchtdistanz, Angst vor dem Alleinsein, rücksichtslose Aufdringlichkeit, Neutralismus,
δ K:	*Gefühlsreaktionsgehemmtheit:* Verlust der Mitte, Funktionalismus, Gefühlsindolenz und –trägheit, gefühlshaftes Kleben, Zweckfanatismus, Kulturabwehr und Überbetonung des Zivilisatorisch-Funktionellen
δ B:	*Humanitätsängste:* Angst vor dem Menschlichen, vor Partnerschaften, aber auch der Selbstverwirklichung, Rückzug ins Kollektiv, Züge der Kälte und Unpersönlichkeit, Kälte und Gemütsarmut
δ G:	*Machtängste:* Gestaltungsgehemmtheiten, Aggressionsgehemmtheiten, Bewältigungsgehemmtheiten, Angst, anderen ins Gehege zu kommen, Angst vor dem Sichdurchsetzen, fehlender sozialer Ehrgeiz aus Angst,
δ S:	*Sozialängste:* Angst vor der Anpassung an soziale Gegebenheiten, Neigung zu unangemessenem Freiheitsdrang, unsensibel, Rigidität, Vertrauenslosigkeit, Anpassungsunfähigkeit,
δE:	*Minderwertigkeitsgefühle:* manische Gehemmtheit, Lebensangst, Depressionen, depressive Verstimmungen, reine Nützlichkeitshaltungen, Quantitätssucht als Kompensation, Minderwertigkeitsgefühle
δ O:	*Ordnungsängste:* Chaotismus, Angst vor Ordnung, Systematik und Regeln, Mangel an Ernst und Besinnlichkeit, Flachheit, Verantwortungslosigkeit, Nachlässigkeit, Schlamperei, Chaotismus
δ F:	*Fremdheitsängste:* Angst etwas zu unternehmen, Zukunftsängste, ängstliche Lahmheit und Mattheit,Angst vor Neuem, Fremdem, Fernem und Unbekanntem.
δ T:	*Traditions- und Vertrautheitsängste:* Wurzellosigkeit, Mangel an Standpunkt, haltloses Schwanken, Mangel an Bodenständigkeit, kann nicht nein sagen, Flucht vor Sicherem, Gewohntem und Vertrautem
γ P:	*motorische Störungen*, bizarre Haltungen, wiederholte eigenartige und manierierte Gesichts- und Körperbewegungen, Hyperkinese; Primitivismen, Echopraxien, pervertierte Genußsucht, Zurück-zur-Natur- Wahn

γ R:	*Desorientierung*, funktionale Desorientierung hinsichtlich Zeit und Ort, traumhaftes und nebelhaftes Erleben, Verwirrtheitszustände, paranoide Neugier,
γ U:	*Erregungszustand* mit beschleunigter Sprache, laut, schwer zu unterbrechen, erhöhte Stimmungslage und Selbstwertschätzung, hysterische Reaktionen, Selbstbespiegelungen, narzißtische Reaktionen, exhibitionistische Zwänge,
γ Ü:_	*ängstliche Verstimmung*, von unbestimmter Angst, aber auch bestimmten Sorgen wird berichtet, zusätzlich sind Schuldgefühle und Gewissensbisse über wirkliche oder eingebildete Verfehlungen zu beobachten, Verfolgungsängste,
γ K:	Phobischer Zwang mit unkontrollierbaren Handlungen und Ritualen, wiederkehrende ungewollte Ideen, bestimmte Ängste und Ideen über Persönlichkeitsveränderungen und Irreales,
γ B:	*Verfolgungswahn* mit ungerechtfertigten fixen Ideen, die Personen aus der Umgebung des Individuums aggressive, verfolgerische und kontrollierende Absichten zuschreiben, Hundeheimweh,
γ G:	*aggressive Streitsucht*, bei der Beschwerden über Aggressivität und Ressentiment gegen andere üblich sind, die Schuld an Schwierigkeiten und Versagen anderen gegeben wird,
γ S:	*Funktionale Schwäche* mit Beschwerden über die Unfähigkeit, sich zu konzentrieren, zu arbeiten oder Entscheidungen zu treffen;
γ E:	*Größenwahn*, eine Einstellung der Überlegenheit verbunden mit unberechtigten Gefühlen, über ungewohnte Kräfte zu verfügen; göttliches Sendungsbewußtsein Qualitätswahn, Künstlerwahn,
γ O:	*Wahrnehmungsstörungen*, Erlebnisse unechter Wahrnehmungen in Form von Stimmen, Beeinträchtigungswahn, Verfolgungsängste, Hoffnungslosigkeit und verschrobene Schuldgefühle, hypochondrische Reaktionen, Kontroll- und Ordnungszwänge,
γ F:	*Auffassungsstörungen*, Sprache weitschweifig, unzusammenhängend und ohne Bezug zu gestellten Fragen ist; die gleichen Wörter oder Sätze werden in stereotyper Weise wiederholt, Veränderungssucht, Nichtseßhaftigkeit,
γ T	*Verlangsamung* von Sprache und Vorstellung, Verminderung der motorischen Aktivität bis zur Blockierung, Apathie und Desinteresse an der Zukunft , Stuporerscheinungen, negativistische Haltungen, Katzenheimweh,

Orientierungsweise und Arbeitsstil

[Pv]	0 bis 2,5i	2,6 bis 3,9i	4,0 bis 4,9i	5,0 bis 5,9i	6,0 bis 7,5	7,6 bis 9,0i
7,6 bis 9,0	lebendige	unmittelbare	ursprüngliche	unmittelbare	sinnliche	sinnenverhaftete
6,0 bis 7,5	aufgeschlossene	natürliche	lebhafte	emotionale	eruptive	irrationale
5,0 bis 5,9	anregbare	ansprechbare	alltägliche	naturnahe	lebenssüch-tige	triebhafte
4,0 bis 4,9	nüchterne	naturferne	genußferne	ungehemmte	genußabhän-gige	süchtige
2,6 bis 3,9	unansprechbare	lebensferne	trockene	beeinflußbare	triebhafte	hyperkinetische
1,0 bis 2,5	leere	emotionsarme	unanregbare	augenblicks-hafte	übererregte	bizarre
[Rv]	0 bis 2,5i	2,6 bis 3,9i	4,0 bis 4,9i	5,0 bis 5,9i	6,0 bis 7,5i	7,6 bis 9,0i
7,6 bis 9,0	rationale	prüfende	disziplinierende	vergeistigte	verregelte	intellektualis-tische
6,0 bis 7,5	lenkende	erkennende	besonnene	kritische	theoretisie-rende	formalistische
5,0 bis 5,9	verhaltene	überlegende	planvolle	straffe	gespannte	verspannte
4,0 bis 4,9	unvernünftige	unüberlegte	lässige	lebensferne	einengende	verengte
2,6 bis 3,9	unbestimmte	uneindeutige	naive	schematisie-rende	irreale	traumhafte
1,0 bis 2,5	stumpfe	unbesonnene	unkritische	weltfremde	verwirrte	desorientierte
[Uv]	0 bis 2,5i	2,6 bis 3,9i	4,0 bis 4,9i	5,0 bis 5,9i	6,0 bis 7,5i	7,6 bis 9,0i
7,6 bis 9,0	Ursprüngliche	überzeugende	weltzugewand-te	kommunikative	repräsentative	exhibitionistische
6,0 bis 7,5	unmittelbare	extraversive	weltoffene	auffällige	demonstrative	hysteroide
5,0 bis 5,9	lebhafte	lebendige	agile	beteiligte	Beachtung heischende	geltungssüchtige
4,0 bis 4,9	anregbare	affizierbare	indirekte	forcierte	ansprüchige	Prestige su-chende
2,6 bis 3,9	unlebendige	scheue	uninteressierte	gewollte	übersteigerte	posenhafte
1,0 bis 2,5	gehemmte	unauffällige	unbeteiligte	absondernde	posierende	darstellerische

[Üv]	0 bis 2,5i	2,6 bis 3,9i	4,0 bis 4,9i	5,0 bis 5,9i	6,0 bis 7,5i	7,6 bis 9,0i
7,6 bis 9,0	unabhängige	Eigenständige	eigenwillige	auf Abstand bedachte	prinzipienhafte	orthodoxe
6,0 bis 7,5	feste	bestimmte	dämpfender	distanzierende	ideologisierte	illiberale
5,0 bis 5,9	tolerante	verständnisvolle	ungezwungene	verfestigte	abwertende	unrealistische
4,0 bis 4,9	neutralistische	ambivalente	liberale	strenge	einspurige	übersteigerte
2,6 bis 3,9	uneindeutige	verschwommene	schwankende	enge	fundamentalistische	verängstigte
1,0 bis 2,5	flache	oberflächliche	unbestimmte	gezwungene	zwiespältige	ängstliche

[Kv]	0 bis 2,5i	2,6 bis 3,9i	4,0 bis 4,9i	5,0 bis 5,9i	6,0 bis 7,5i	7,6 bis 9,0i
7,6 bis 9,0	ideelle	empfängliche	agile	vergeistigte	zweckfremde	schöngeistige
6,0 bis 7,5	sinnhafte	einfühlsame	begeisterte	kulturgebundene	idealistische	geistige
5,0 bis 5,9	natürliche	anregbare	lebhafte	aufgeschlossene	rituelle	kultische
4,0 bis 4,9	realistische	zivilisatorische	technologische	veräußerlichte	utopische	weltfremde
2,6 bis 3,9	materialistische	kulturferne	funktionale	realitätsferne	schwärmerische	illusionistische
1,0 bis 2,5	indolente	funktionalistische	nützlichkeitsbestimmte	unwirkliche	esoterische	halluzinäre
[Bv]	0 bis 2,5i	2,6 bis 3,9i	4,0 bis 4,9i	5,0 bis 5,9i	6,0 bis 7,5i	7,6 bis 9,0i
7,6 bis 9,0	tiefen	empfänglichen	hingebenden	partnerschaftlichen	übersteigerten	schwülstigen
6,0 bis 7,5	beteiligten	warmen	dauerhaften	engagierten	ausgrenzenden	individualistischen
5,0 bis 5,9	ansprechbaren	aufgeschlossenen	beständigen	romantischen	ichhaften	sachfremden
4,0 bis 4,9	anregbaren	irritierbaren	störbaren	persönlichen	unsachlichen	ichbetonten
2,6 bis 3,9	unpersönlichen	nivellierenden	egalisierenden	seichten	verschrobenen	ichbezogenen
1,0 bis 2,5	unbeteiligten	unterdrückten	gefühlsarmen	irrealen	projizierenden	egozentrischen

[Gv]	0 bis 2,5i	2,6 bis 3,9i	4,0 bis 4,9i	5,0 bis 5,9i	6,0 bis 7,5i	7,6 bis 9,0i
7,6 bis 9,0	bewältigende	aktive	energische	eigenwillige	eigensinnige	rücksichtslose
6,0 bis 7,5	selbständige	bestimmte	entschiedene	kämpferische	bedenkenlose	skrupellose
5,0 bis 5,9	ausführende	fortführende	verändernde	bestimmende	überwältigende	herrische
4,0 bis 4,9	rücksichtsvolle	zögernde	kooperierende	regierende	machtbesessene	aggressive
2,6 bis 3,9	matte	zaghafte	unbestimmte	unterdrückende	forcierte	selbstherrliche
1,0 bis 2,5	inaktive	lahme	unentschiedene	scharfe	vernichtende	zerstörerische

[Sv]	0 bis 2,5i	2,6 bis 3,9i	4,0 bis 4,9i	5,0 bis 5,9i	6,0 bis 7,5i	7,6 bis 9,0i
7,6 bis 9,0	hingebende	beteiligte	engagierte	beeindruckbare	mitgehende	bevormun-dende
6,0 bis 7,5	sensible	anpassende	ausgestaltende	aufgeschlossene	dienende	betreuungs-süchtige
5,0 bis 5,9	anregbare	aufnehmende	verstehende	ansprechbare	bestimmbare	verführbare
4,0 bis 4,9	freie	unbeeinflußbare	wenig inter-essierte	abhängige	nachgiebige	haltlose
2,6 bis 3,9	unnachgiebige	unanregbare	unsensible	sensitive	beeinflußbare	sorgenvolle
1,0 bis 2,5	rigide	steife	verspannte	uneindeutige	unterwürfige	subalterne

[Ev]	0 bis 2,5i	2,6 bis 3,9i	4,0 bis 4,9i	5,0 bis 5,9i	6,0 bis 7,5i	7,6 bis 9,0i
7,6 bis 9,0	lebendig	optimistisch	risikobereit	unbefangen	selbstüberzeugt	effekthasche-risch
6,0 bis 7,5	natürlich	unabhängig	locker	ungezwungen	selbstdarstelle-risch	hysteroid
5,0 bis 5,9	realistisch	sachbezogen	lebhaft	leichtblütig	abartig	selbstbetont
4,0 bis 4,9	amusisch	zaghaft	abhängig	unrealistisch	illusionär	überheblich
2,6 bis 3,9	derb	irritierbar	undifferenziert	oberflächlich	irreal	sendungsbe-wußt
1,0 bis 2,5	deprimiert	unsicher	unfroh	selbstunkritisch	ätherisch	wahnhaft

[Ov]	0 bis 2,5i	2,6 bis 3,9i	4,0 bis 4,9i	5,0 bis 5,9i	6,0 bis 7,5i	7,6 bis 9,0i
7,6 bis 9,0	formal	formalisierend	besinnend	tiefsinnig	formalistisch	pedantisch
6,0 bis 7,5	systematisierend	gliedernd	organisierend	besonnen	katalogisierend	registrierend
5,0 bis 5,9	ordnend	verallgemei-nernd	regulierend	bedenkend	schematisierend	mechanistisch
4,0 bis 4,9	flüchtig	nachlässig	unbestimmt	verunsichert	depressiv	unlustig
2,6 bis 3,9	verflachend	umtriebig	ungeordnet	verängstigt	deprimiert	mißmutig
1,0 bis 2,5	wirr	chaotisch	desregulierend	einzelheitlich	übervorsichtig	abartig
[Fv]	0 bis 2,5i	2,6 bis 3,9i	4,0 bis 4,9i	5,0 bis 5,9i	6,0 bis 7,5i	7,6 bis 9,0i
7,6 bis 9,0	Expansivität	Unterneh--mungslust	Abenteuerlust	Neuheitensuche	Neuheitendrang	Abwechslungs-sucht
6,0 bis 7,5	Lebhaftigkeit	Lebendigkeit	Schwung	Forschungs-streben	Forschungs-drang	Futuristisches
5,0 bis 5,9	Eifer	Rührigkeit	Regsamkeit	Erlebnisdrang	Zukunftsorien-tierung	Weitschweifig-keit
4,0 bis 4,9	Ruhe	Beständigkeit	Gewohnheit	Wissensdrang	Neugier	Neuerungs-sucht
2,6 bis 3,9	Schwunglosig-keit	Vorgestriges	Gestrigem	Progressions-drang	Risikosuche	Erlebnissucht
1,0 bis 2,5	Impulslosigkeit	Impulsschwäche	Risikoangst	Veränderungs--drang	Abenteuersucht	Expansions--zwänge

[Tv]	0 bis 2,5i	2,6 bis 3,9i	4,0 bis 4,9i	5,0 bis 5,9i	6,0 bis 7,5i	7,6 bis 9,0i
7,6 bis 9,0	Solidität	Bestimmtheit	Entschiedenheit	Eigenwillen	Prinzipienhaf-tig-keit	Trotz
6,0 bis 7,5	Beständigkeit	Selbstbe-hauptung	Beharrlichkeit	Unbeirrbarkeit	Eigensinn	Abwehr
5,0 bis 5,9	Festigkeit	Stetigkeit	Gleichmäßigkeit	Verfestigung	Unelastizität	Sperrung
4,0 bis 4,9	Schweifen	Schwanken	Unbestimmt-heit	Versteifung	Sturheit	Apathie
2,6 bis 3,9	Wurzellosigkeit	Hinreißbarkeit	Vertrauens-mangel	Ablehnung	Unbeweglichkeit	Negativismus
1,0 bis 2,5	Haltlosigkeit	Orientierungs--mangel	Beziehungs-losigkeit	Inflexibilität	Starre	Stupor

Lügenwerte (Lü)

< 20%	zweifelhaft, (Dissimulation)	60 bis 80%	zweifelhaft (Simulationsgefahr)
20 bis 60%	normal	>80%	nicht interpretierbar

Zusatzmaterial, Analyse- und Auswertung

Zur Betrachtung der Excel (c)-Dateien kann entweder MS-Excel (c) oder ein kostenlos downloadbarer Viewer (http://office.microsoft.com/downloads/2000/xlviewer.aspx), der RTF-Dateien fast jedes Textverarbeitungsprogramm oder ein kostenlos downloadbarer Viewer (http://office.microsoft.com/downloads/2000/wd97vwr32.aspx), der PDF-Dateien der Acrobat (c) Reader (http://www.adobe.de) verwendet werden.

Downloadlink:
http://ibidem-verlag.de/downloads/waszkewitz/3898213757.zip

ibidem-Verlag
Melchiorstr. 15
D-70439 Stuttgart

info@ibidem-verlag.de

www.ibidem-verlag.de
www.edition-noema.de
www.autorenbetreuung.de